采煤区土壤治理与修复

Ecological Restoration in Coal Mining Area

高 永 虞 毅 汪 季 刘美英 等 著

科学出版社

北 京

内 容 简 介

本书由国家林业局林业公益性行业科研专项"采煤沉陷区植被恢复与重建技术研究（201104002-5）"和"风积沙产业化利用及其迹地植被营建技术研究（201204205）"等项目资助。

本书以采煤区土壤治理与修复为主题，针对采煤沉陷区与露天矿复垦区的土壤质量特征，以及变化的规律，提出了采煤沉陷区土壤培肥保水技术，以及露天矿排土场的护坡措施。本书是课题组成员对多年来采煤区的土壤治理与修复研究成果的系统总结，为采煤区的植被恢复重建提供了行之有效的理论支撑，对采煤区土壤环境的保护与建设具有重要指导意义。

本书适合从事矿山开采迹地恢复、环境保护、林业、荒漠化防治、水土保持、土壤等专业的科技工作者及从事相关领域工作的人员阅读，也可作为高等院校相关专业的教材及教学参考书。

图书在版编目（CIP）数据

采煤区土壤治理与修复 / 高永等著. —北京：科学出版社，2016.2
ISBN 978-7-03-045664-9

Ⅰ.①采⋯ Ⅱ.①高⋯ Ⅲ.①煤矿开采–采区–土壤污染–污染防治–研究
Ⅳ.①X752

中国版本图书馆 CIP 数据核字(2015)第 218524 号

责任编辑：张会格　夏　梁 / 责任校对：郑金红
责任印制：赵　博 / 封面设计：北京铭轩堂广告设计公司

科 学 出 版 社出版
北京东黄城根北街 16 号
邮政编码：100717
http://www.sciencep.com
中煤（北京）印务有限公司印刷
科学出版社发行　各地新华书店经销
*
2016 年 2 月第　一　版　　开本：720×1000　B5
2025 年 1 月第三次印刷　　印张：17 1/2
字数：353 000
定价：**108.00 元**
（如有印装质量问题，我社负责调换）

《采煤区土壤治理与修复》编撰委员会

主　　编　　高　永　虞　毅　汪　季　刘美英

副 主 编　　陈士超　蒙仲举　王　健　包斯琴　马迎宾　黄雅茹

著　　者　（以姓氏笔画为序）

丁延龙　马迎宾　王　珊　王　健　牛　星　包斯琴

刘　阳　刘　博　刘　斌　刘美英　李锦荣　杨婷婷

吴　昊　汪　季　宋文娟　张　宇　张晓燕　陈　曦

陈士超　姚国征　贺明辉　党晓宏　高　永　黄　昕

黄雅茹　葛　楠　韩彦隆　蒙仲举　虞　毅　臧荫桐

前　言

煤炭作为我国重要的能源物质，是国民经济发展的物质基础，对经济建设和社会发展起着至关重要的作用，是实现我国经济与环境可持续发展战略的重要保障。但随着现代科学技术与社会经济的发展，矿区煤炭的开采量急剧增加，同时也引发了一系列的生态环境问题。尤其是井工开采引起土地的沉陷，以及露天矿开采导致地表严重破坏与挖损，对矿区的土壤结构与植被造成巨大的破坏，严重影响了矿区生态环境可持续发展。

采煤沉陷引起的土壤质量的变化，使土壤结构组成、土层厚度、土壤含水量等都发生变化，同时，由于采煤沉陷造成的大量沉陷裂缝，土壤水分的蒸发与渗漏的增强，导致灌溉和降雨后土壤养分易于淋溶，降低土壤质量，在一定程度上影响了天然植被的生长，使矿区水土流失加重，严重破坏了矿区自然景观，进一步恶化了本来就已经相当脆弱的矿区生态环境。由于露天矿的开采对原有土地的挖损、压占和占用，加剧地表水土流失、土壤风蚀沙化、盐碱化，输入矿区土壤环境污染物的速度和量超过了土壤环境对该物质的承载和容纳能力，使土壤原有的功能发生了质的变化。

矿区土壤修复是一项利国利民的生态治理系统工程，是我国土地整治和环境保护工作的重要组成部分，所以矿区土壤修复的研究也一直是国内外研究关注的焦点问题。通过土壤修复的整治改造，能使失去生产能力和生态功能的土地资源得到恢复和利用，再因地制宜地发展农、林、牧、副、渔业生产，这对实现矿区经济、环境和社会的协调持续发展具有重要的意义。

本书以毛乌素沙地南缘晋陕蒙交界的神东矿区补连塔矿和呼伦贝尔盟的伊敏露天-煤矿的土壤修复为主题，共分六章：第一章对煤炭资源进行总体概括，介绍煤炭资源在我国及世界范围内的战略地位和作用，阐述由于煤炭开采所造成的一系列生态环境问题，以及我国与世界范围内矿区土地复垦研究的现状。第二章介绍由于采煤沉陷所引发的土壤环境变化，研究了不同时空分布下的土壤结构的改变，土壤水分及养分的变化规律，分析了采煤沉陷裂缝对其周边土壤物理性质、土壤水分及土壤养分的影响。第三章针对采煤沉陷给土壤环境造成的影响，提出了以土壤培肥为手段的煤沉陷区的土壤修复技术，以及使用覆盖材料和保水剂为方法的土壤综合保水技术。第四章通过多年对土壤理化性质及供试植物生长情况的分析，提出了露天矿土壤的培肥技术与保水技术。第五章系统分析了露天矿复垦后土壤结构、土壤养分、土壤生物学质量特征的变化规律，建立了复垦土壤质量评价体系与复垦区土壤质量演变模型。第六章介绍了新型材料的露天矿排土场护坡技术，主要从 PLA 护坡的施工设计、防护效果、材料的机械性能及推广应用的前景进行了系统阐述。

本书所有著者为完成本书进行了大量的数据分析与资料整理工作，为本书的顺利书写完成贡献了辛勤的劳动和智慧，参与编写的有内蒙古农业大学、国际竹藤中心、中国林科院沙漠林业实验中心、水利部牧区水利科学研究所、内蒙古国土资源信息院、中国农科院草原研究所、内蒙古水利科学研究院、内蒙古森林资源资产评估管理中心等单位的 20 余人。第一章"煤炭资源概述"由陈士超、姚国征、刘美英完成。第二章"采煤沉陷区土壤环境"由汪季、陈士超、刘美英、臧荫桐、党晓宏完成。第三章"采煤沉陷区土壤修复技术"由高永、汪季、刘美英、蒙仲举、陈士超完成。第四章"露天矿土壤修复技术"由刘美英、陈士超、包斯琴、马迎宾、王珊、吴昊完成。第五章"复垦区土壤环境与质量特征"由高永、刘美英、陈士超、牛星、李锦荣、王健、韩彦隆、宋文娟、刘博完成。第六章"露天矿排土场聚乳酸纤维护坡技术"由虞毅、张宇、杨婷婷、刘阳、张晓燕、黄雅茹、贺明辉、陈曦、葛楠、黄昕、刘斌、丁延龙完成。本书由党晓宏、贺明辉统稿，由内蒙古农业大学马玉明教授担任主审。

本书在撰写过程中参考和引用了国内外有关书籍和文献，特此感谢。本书承蒙科学出版社的大力支持，编辑人员为此付出了辛勤劳动，在此表示诚挚感谢。

由于著者学术水平有限，书中若有不足之处，敬请各位专家和读者批评指正。

著　者

2015 年 5 月于呼和浩特

目 录

第一章 煤炭资源概述

第一节 世界煤炭资源

一、煤炭资源的战略地位和作用

能源是人类生存、经济发展进步最基本的驱动力，是人类赖以生存的基础，原始社会对火的使用是人类展开文明历史的重要标志，而后每一次人类文明的重大进步都伴随着对能源开发和利用的重大变革，整个人类历史就是一部利用能源并不断发展的历史。

伴随着化石能源的发现、开采与利用，加快了世界能源消费结构的变革，化石能源的开发和利用极大地推进了世界经济和人类社会的发展。18 世纪至 19 世纪中叶，煤炭逐渐替代薪柴并占据能源结构的主导地位；20 世纪 20 年代以后，伴随石油资源的发现和石油工业的发展，世界能源结构再次发生改变；到 20 世纪 60 年代以后，石油与天然气取代煤炭占据了能源结构的主导地位，动摇了煤炭长达一个多世纪的能源主宰地位。20 世纪 70 年代以来，两次石油危机的爆发，加之化石燃料开发和利用造成的越来越多的负面环境问题，使石油在能源中的支配地位开始动摇，相反促进了人类对太阳能、风能、核能、生物质、地热等能源的开发并取得了重大进展。

这里值得指出的是：化石能源为推动人类经济社会发展做出了重大贡献，以煤炭、石油、天然气为代表的化石能源不仅在过去占据了人类能源消费结构的统治地位，而且现在和将来相当长的时期内都将关系着一国的经济命脉和能源安全，占据世界能源供应的主导地位。根据《BP 世界能源统计 2013》的数据，2012 年世界一次能源的消费总量为 124.7 亿 t 油当量，其中石油为 41.3 亿 t 油当量，占能源消费总量的 33%，位居第一；煤炭为 37.3 亿 t 油当量，占能源消费总量的 30%，位居第二；天然气为 29.8 亿 t 油当量，占能源消费总量的 24%，位居第三；水电、核能和可再生能源分别为 8.3 亿 t 油当量、5.6 亿 t 油当量和 2.4 亿 t 油当量，分别占能源消费总量的 7%、4% 和 2%（图 1.1）。

同其他化石燃料资源相比，煤炭是地球上蕴藏量最丰富、分布地域最广、最易使用的化石燃料。近年来，尽管世界能源生产和利用在太阳能、风能、核能、生物质、地热等形式上取得了重要进展，但限于其生产和利用手段及技术上的困

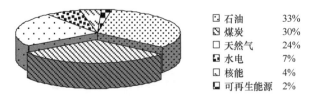

石油	33%
煤炭	30%
天然气	24%
水电	7%
核能	4%
可再生能源	2%

图 1.1　2012 年世界一次能源消费结构

Fig. 1.1　World primary energy consumption structure in 2012

难，加之石油资源的日渐枯竭，煤炭在能源消费结构中的重要地位在短期内不可能发生改变。相反，随着科学技术的飞速发展，煤炭油化、汽化等新技术日趋成熟，并得到广泛应用，煤炭生产和消费比例在今后相当长的一段时间内将继续提高。根据国际能源署预计，未来十年煤炭在能源生产中的比例将提高到 50%，而从 2017 年起，世界煤炭消费量将达到 43.2 亿 t。

二、世界煤炭资源及其分布

煤炭是一种固体可燃性矿物，是古代生物（主要是植物）遗骸埋藏在地下历经复杂的生物化学和物理化学变化逐渐形成的黑色有机可燃沉积岩。它是 18 世纪以来人类使用的主要能源之一，因此被人们誉为黑色的金子、工业的食粮。

根据成煤的原始物质和条件不同，自然界的煤可分为三大类，即腐植煤、残植煤和腐泥煤。在地表常温、常压下，由堆积在停滞水体中的植物遗骸经泥炭化作用或腐泥化作用，转变成泥炭或腐泥；泥炭或腐泥被埋藏后，由于盆地基底下降而沉至地下深部，经成岩作用而转变成褐煤；当温度和压力逐渐增高，再经变质作用转变成烟煤至无烟煤。在整个地质年代中，全球范围内有三个大的成煤期，一是古生代的石炭纪和二叠纪，成煤植物主要是孢子植物，主要煤种为烟煤和无烟煤；二是中生代的侏罗纪和白垩纪，成煤植物主要是裸子植物，主要煤种为褐煤和烟煤；三是新生代的第三纪，成煤植物主要是被子植物，主要煤种为褐煤，其次为泥炭，也有部分年轻烟煤。

一定区域煤层厚度与该地区的地壳下降速度及植物遗骸堆积的厚度有关。一般，地壳下降的速度快，植物遗骸堆积的厚，形成的煤层较厚，反之，地壳下降的速度缓慢，植物遗骸堆积得薄，形成的煤层较薄。煤层的埋深往往与地壳的构造运动有关。地壳的构造运动使原来水平的煤层发生褶皱和断裂，一些煤层被埋到地下更深的地方，有的又被排挤到地表，甚至露出地面。

地球上的煤炭资源丰富但分布不平衡，其主要集中在北半球，北纬 30°~70°分布的煤炭资源约占全球地质储量的 70%。亚洲和北美洲煤炭储量最为丰富，分别占全球地质储量的 58% 和 30%，欧洲仅占 8%，南极洲储量很少。据《BP 世界能源统计 2014》发布：2013 年全球原煤可采储量为 8915.31 亿 t。其中欧洲及欧亚大陆占世界煤炭可采储量的 34.8%，亚太地区占 32.3%，北美洲占 27.5%，中东及非洲占 3.7%，中南美洲仅占 1.6%；世界煤炭可采储量的 57.1%集中在美国、俄罗斯和中国，其中美国占 26.6%，俄罗斯占 17.6%，中国占 12.8%；此外，澳大利亚、印度、德国等其余 7 个可采储量前 10 名的国家共占 34.0%（表 1.1）。按照 2013年煤炭产量和可采储量比例分析，全球储采比为 113 年，其中美国储采比为 266年，俄罗斯为 452 年，而中国仅为 31 年，远远低于可采储量前 10 名的其他国家。世界人均煤炭资源占有量为 312.7t，中国人口众多，人均占有量约为 234.4t，低于世界人均占有量，而美国人均占有量高达 1045t，远高于世界和我国人均水平。

表 1.1　2013 年原煤可采储量世界前 10 位国家
Tab. 1.1　Coal recoverable reserves of the world's top 10 countries in 2013

位次	国家名称	可采储量/亿 t	占世界总量比例/%	储采比/年
1	美国	2372.95	26.6	266
2	俄罗斯	1570.1	17.6	452
3	中国	1145	12.8	31
4	澳大利亚	764	8.6	160
5	印度	606	6.8	100
6	德国	405.48	4.5	213
7	哈萨克斯坦	336	3.8	293
8	乌克兰	338.73	3.8	384
9	南非	301.56	3.4	117
10	印度尼西亚	280.17	3.1	67
	世界原煤总可采储量	8915.31	100	113

资料来源：BP 世界能源统计年鉴，2014

三、世界煤炭生产和消费概况

《BP 世界能源统计 2013》发布：2012 年，全球煤炭产量为 78.64 亿 t，折合 38.5 亿 t 油当量，消费量为 37.3 亿 t 油当量。中国煤炭生产和消费占全球比例分别为 47.5%和 50.2%。全球共有 10 个国家煤炭产量超过亿吨，分别为中国、美国、印度、澳大利亚、印度尼西亚、俄罗斯、南非、德国、波兰、哈萨克斯坦，10 国产量合计为 70.66 亿 t，占全球产量的 91.7%，除美国煤炭产量下降外，其余主要产煤国产量均出现不同程度的增长。

据《BP 世界能源统计》数据：1990～2011 年全球煤炭产量增长 62.3%，消费量由 1990 年的 22.1 亿 t 油当量增长到 2011 年的 37.2 亿 t 油当量。亚太地区产量基数大、增速快，2011年产量占全球总产量的67.9%，较1990年翻一番，消费量增长幅度是世界平均水平的 3 倍，2011 年亚太地区消费量占全球消费总量的68.6%，目前已经成为全球煤炭生产中心和消费中心；欧洲及欧亚大陆产量占全球比例由 1990 年的39.9%下降到2011年的11.6%，生产量和消费量均呈负增长；中南美洲产量仅占世界总产量的 1.6%，但增速最快，北美洲、中东、非洲产量总体保持平稳，北美洲、非洲消费量保持平稳，中东、南美洲消费量占全球消费量比例较低，但增长速度逐步加快。1990~2011 年，印度尼西亚、越南、哥伦比亚、中国、印度、澳大利亚煤炭产量增速居世界前列，年均增速分别为 17.6%、10.9%、7.1%、5.8%、4.7%、3.3%。2011 年我国产量已达到世界总产量的 49.5%。印度尼西亚、中国、韩国、印度消费量增长率居世界前列，年均增速分别为 12.2%、6.3%、5.8%、5.5%。2011 年我国煤炭消费量占全球总消费量的 49.4%。

第二节　中国的煤炭资源

一、我国煤炭资源及其分布

1. 我国成煤地质及赋煤区

我国地质历史上的聚煤期有 14 个，其中早石炭世、晚石炭世—早二叠世、晚二叠世、晚三叠世、早—中侏罗世、早白垩世和第三纪为主要聚煤期，其中又以晚石炭世—早二叠世、晚二叠世、早—中侏罗世和晚侏罗世—早白垩世 4 个聚煤期最为重要，相应煤系地层中赋存的煤炭资源量分别占我国煤炭资源总量的 26%、5%、60%和7%，合计占我国煤炭资源总量的98%。

晚石炭世—早二叠世的聚煤作用形成的含煤地层广泛分布于华北地区，是我国最主要的赋煤区——华北赋煤区。该区大地构造单元为华北地台的主体部分，地理分布范围西起贺兰山—六盘山，东临渤海和黄海，北起阴山—燕山，南到秦岭—大别山，包括了北京、天津、山东、河北、山西、河南、内蒙古南部、辽宁南部、甘肃东部、宁夏东部、陕西大部、江苏北部和安徽北部的广大地区。在华北赋煤区内，还广泛发育了早—中侏罗世含煤盆地，并见零星上三叠统和第三系含煤地层分布。

晚二叠世的聚煤作用在我国南方十分普遍，含煤地层广泛分布于秦岭—大别山以南、龙门山—大雪山—哀牢山以东的华南地区，构成我国的华南赋煤区。该区大地构造单元属扬子地台和华南褶皱系，地理分布范围包括西南、中南、华东和华南的 12 个省区。本区内除有以龙潭组为代表的上二叠统含煤地层外，还有上石炭统、上三叠统—下侏罗统、第三系等含煤地层分布。

早—中侏罗世的聚煤作用在西北地区广泛而强烈，所形成的煤炭资源在该区占绝对优势地位，并构成了我国西北赋煤区的主体。该区大地构造由塔里木地台、天山—兴蒙褶皱系西部天山段和秦祁昆仑褶皱带、祁连褶皱带、西秦岭褶皱带等大地构造单元组成，地理分布范围包括秦岭—昆仑山一线以北、贺兰山—六盘山一线以西的新疆、青海、甘肃、宁夏等省区的全部或大部。此外，该区局部地带尚有石炭—二叠系和晚三叠统含煤地层赋存。早—中侏罗世含煤地层在华北赋煤区的分布也较为广泛。

晚侏罗世—早白垩世含煤地层主要分布在东北赋煤区，是我国东北赋煤区煤层赋存的主要地层。其大地构造单元为兴蒙褶皱系东段、华北地台东北缘及滨太平洋褶皱系，地理范围包括黑龙江、吉林、辽宁中部和北部及内蒙古东部。此外，本区内还有石炭—二叠系、第三系等含煤地层分布。

此外，还有滇藏赋煤区、台湾赋煤区。滇藏赋煤区的聚煤期多，台湾赋煤区以第三纪聚煤作用为主，但两地区的煤层资源意义不大。

2. 我国煤炭资源分布及其特征

我国是世界上煤炭资源储量丰富的国家，仅次于美国和俄罗斯，位居世界第三。从资源赋存、开发利用条件和影响矿区复垦的相关因素上来看，我国煤炭资源分布主要具有以下特点。

1）我国煤炭资源丰富，品种多样，质量、数量和地区分异大。总体来说，我国大陆煤炭资源丰富，分布广泛，品种多样，质量、数量和地区分异大，总体呈现明显的北多南少、西多东少的分布格局，地理分布及地区分布极不平衡。

从资源赋存总量上来看，根据第三次全国煤田预测资料，我国垂深 2000m 以浅的煤炭资源总量为 55 697.49 亿 t，其中探明保有资源量 10 176.45 亿 t，预测资源量 45 521.04 亿 t。在探明保有资源量中，生产、在建井占用资源量 1916.04 亿 t，尚未利用资源量 8260.41 亿 t。

从南北地域上来看，我国煤炭资源主要分布于昆仑秦岭—大别山一线以北地区。该线以北的我国北方省区煤炭资源量之和为 51 842.82 亿 t，占全国煤炭资源总量的 93.08%；其余各省煤炭资源量之和为 3854.67 亿 t，仅占全国煤炭资源总量的 6.98%。该线以北地区探明保有资源量占全国探明保有资源量的 90%以上；而这一线以南探明保有资源量不足全国探明保有资源量的 10%。从东西地域上来看，我国煤炭资源主要分布于大兴安岭—太行山—雪峰山一线以西地区。该线以西的内蒙古、山西、四川、贵州等 11 个省区，煤炭资源量为 51 145.71 亿 t，占全国煤炭资源总量的 91.83%。这一线以西地区，探明保有资源量占全国探明保有资源量的 89%；而这一线以东地区，探明保有资源量仅占全国探明保有资源量的 11%。

从各省区煤炭资源分布上来看，除上海以外其他各省（市、区）均有分布，但分布极不均衡。新疆维吾尔自治区煤炭资源量最多，达 19 193.53 亿 t，浙江省煤炭资源量最少，仅 0.50 亿 t。新疆、内蒙古煤炭资源量均在 10 000 亿 t 以上，其煤炭资源量之和为 33 650.09 亿 t，占全国煤炭资源量的 60.42%；探明保有资源量之和为 3362.35 亿 t，占全国探明保有资源量的 33.04%。除新疆和内蒙古以外，山西、陕西、河南、宁夏、甘肃、贵州等 6 个省区煤炭资源量均在 1000 亿 t 以上。以上 8 省区煤炭资源量之和 50 750.83 亿 t，占全国煤炭资源总量的 91.12%；已探明保有资源量之和为 8566.24 亿 t，占全国探明保有资源量的 84.18%。除以上 8 省区以外，煤炭资源量在 500 亿 t 以上的有安徽、云南、河北、山东 4 省。以上 12 省区煤炭资源量之和为 53 773.78 亿 t，占全国煤炭资源总量的 96.55%；已探明保有资源量之和为 9533.22 亿 t，占探明保有资源量的 93.68%。除台湾省外，煤炭资源量小于 500 亿 t 的 17 个省区煤炭资源量之和仅为 1929.71 亿 t，仅占全国煤炭资源量的 3.46%；探明保有资源量仅为 643.23 亿 t，仅占全国探明保有资源量的 6.32%。

从煤炭品种上来看，因成煤原始物质、成煤年代、还原程度、成因类型上的差异及多种地质因素的作用，我国从褐煤到无烟煤各个煤化阶段的煤都有赋存，品种多样，能为各工业部门提供冶金、化工、气化、动力等各种用途的煤源，但各煤类的数量不均衡，地区间的差别也很大。我国非炼焦用煤储量丰富，占煤炭保有储量的 72.3%，特别是其中的低变质烟煤（长焰煤、不黏煤、弱黏煤及其未分类煤）所占比例较大，占全国煤炭保有储量的 42.5%，无烟煤保有储量仅占全国煤炭保有储量的 10.9%，主要分布在山西和贵州，其次是河南和四川；炼焦用煤（气煤、肥煤、焦煤和瘦煤）的保有储量占全国煤炭保有储量的 27.6%，不仅比例不大，而且品种也不均衡。其中气煤占炼焦用煤的 40.6%，而肥煤、焦煤和瘦煤 3 种炼焦基础煤，分别仅占 18.0%、23.5% 和 15.8%。由此可见，我国一般动力燃料煤资源丰富，但优质无烟煤和炼焦用煤资源不足。

从煤炭质量上来看，我国煤炭热值大于 20MJ/kg 的中高热值煤占未利用资源量的 91.80%，低热值煤很少，低热值煤主要是分布于云南和内蒙古东部的褐煤。特低灰煤（灰分小于 5%）、低灰煤（灰分 5%～10%）占尚未利用资源量的 21.63%；低中灰煤（灰分 10%～20%）占尚未利用资源量的 43.90%；中灰煤（灰分 20%～30%）占尚未利用资源量的 32.67%；特低灰—低中灰煤（灰分小于 20%）共占尚未利用资源量的 65.53%，内蒙古、陕西、新疆和山西 4 省区集中了这一类煤资源量的 52.70%。特低硫和低硫煤占尚未利用资源量的 50.37%，低中硫、中硫煤占尚未利用资源量的 34.18%，硫分大于 2% 的煤占 15.45%。其中内蒙古、陕西、新疆 3 省区占全国特低硫和低硫煤资源量的 39.05%，占全国低中硫、中硫煤资源量的 27.16%。

2）资源丰度与地区经济发达程度呈逆向分布。新疆、内蒙古、山西、陕西、河南、宁夏、甘肃、贵州 8 个省区占全国探明保有资源量的 84.18%，而且煤类齐全，煤质普遍较好，但煤炭资源集中分布的这 8 个省区大多是经济欠发达和不发达的省区。而我国经济最发达、工业产值最高、对外贸易最活跃、需要能源最多、耗用煤量最大的北京、天津、河北、辽宁、山东、江苏、上海、浙江、福建、台湾、广东、海南、香港、广西等 14 个东南沿海省（市、区）只有煤炭资源量 0.27 万亿 t，仅占全国煤炭资源总量的 5.3%，已探明保有资源量之和仅有 548 亿 t，仅占全国煤炭保有储量的 5.5%，不但资源十分贫乏，而且大多是开采条件复杂、质量较差的煤种。

从大区内部来看，煤炭资源分布与消费区分布也极不协调，华东地区煤炭资源储量的 87% 集中在安徽、山东，而工业主要在以上海为中心的长江三角洲地区；中南地区煤炭资源储量的 72% 集中在河南，而工业主要在武汉和珠江三角洲地区；西南煤炭资源储量的 67% 集中在贵州，而工业主要在四川；东北地区相对好一些，但也有 52% 的煤炭资源集中在北部的黑龙江，而工业集中在辽宁。4 种主要炼焦煤种中，瘦煤、焦煤和肥煤有一半左右集中在山西，而拥有大型钢铁企业的华东、中南、东北地区，炼焦煤很少。在东北地区，钢铁工业在辽宁，炼焦煤大多在黑龙江；西南地区，钢铁工业在四川，而炼焦煤主要集中在贵州。这一分布特征决定了我国煤炭基地远离煤炭消费市场、西煤东运、北煤南运的基本生产格局，从而加剧了煤炭运输的压力和成本，并成为制约煤炭工业发展，影响国民经济快速增长难以逾越的障碍。

生态环境的保护与建设是需要以大量资金和技术投入为条件的，生态环境建设最终要依靠经济的发展，因此经济欠发达地区的生态环境保护一直是世界性难题。我国煤炭资源集中分布的省区大多是经济欠发达和不发达的地区，农、林、牧业是这些地区的主要支柱产业，而且许多地区是我国的重要生态屏障。农、林、牧业是受生态环境影响最直接的产业，采矿会带来生态环境的破坏，直接影响当地农、林、牧业的发展。相反，恢复建设因采矿受到破坏的生态环境需要大量的经济和技术投入，这与当地落后的经济发展现状存在着突出的矛盾。如若不能合理处理采矿与生态环境建设之间的关系，采矿后缺乏生态环境恢复建设的认识和投入，有些地方甚至出现贫困与环境问题的恶性循环，给当地经济社会持续发展带来巨大挑战。

3）资源丰度与生态环境及水资源呈逆向分布。我国水资源比较贫乏，人均占有量仅相当于世界人均占有量的 1/4，而且地域分布不均衡，总体分布格局是南多北少，东多西少，水资源的这一分布格局恰与煤炭资源分布格局相反。南北以昆仑山—秦岭—大别山一线为界，该线以南水资源较为丰富，以北水资源短缺。北方以太行山为界，东部水资源较为丰富，西部水资源贫乏。水资源的这一分布格局决定了我国西北地区因水资源贫乏成为生态环境脆弱区。煤炭资源蕴藏量最为丰富、埋深较浅、煤品普遍较好的新疆、内蒙古、山西、陕西、宁夏、甘肃等省区多为我国西北典型的干旱、半干旱生态环境脆弱区，沙漠、沙地广布，植被稀疏, 年均降雨量多在 500mm 以下, 极端地区不足 100mm, 相反, 日照时间长、蒸发强烈、地下水得不到有效补给, 加剧了这些地区水资源的贫乏程度。

当地经济发展、民用水源缺乏, 大规模的采矿活动、煤炭洗选及其他煤炭工业也需要消耗大量水源, 采矿后的生态恢复与建设也需要大量生态用水。显然, 这一分布特征将使当地本就贫乏的水资源在生活用水、工业用水、生态用水上的矛盾更加突出, 盲目的采矿和开发活动将使本就脆弱的生态环境进一步恶化, 使已经得到初步控制的沙漠继续向外蔓延, 不仅不会因采矿推动地方经济, 反而因生态环境恶化给工农业生产和人民生活带来了障碍, 加剧了地方贫困。因此, 水资源短缺是在这些地区进行矿区复垦生态建设的主要限制因子, 合理利用当地充足的光照和热量资源, 综合利用水资源, 大力发展节水灌溉技术是矿区生态复垦的必由之路。

4) 煤层埋藏深, 适于露天开采的储量少。与世界主要产煤国家相比, 我国煤层埋藏较深, 且多以薄、中厚煤层为主, 巨厚煤层很少, 虽然煤炭资源丰富, 但可作为露天开采的储量很少, 仅占总储量的 7% 左右, 其中 70% 是褐煤, 主要分布在内蒙古、新疆和云南。

据第三次全国煤炭资源预测结果, 垂深 2000m 以浅的预测资源量为 45 500 亿 t。其中垂深 600m 以浅的预测资源量为 9400 亿 t, 占预测资源总量的 20.66%; 垂深 600～1000m 的预测资源量为 9000 亿 t, 占预测资源总量的 19.78%; 垂深 1000～2000m 的预测资源量为 27 100 亿 t, 占预测资源总量的 59.56%。垂深 1000m 以浅的预测资源量以新疆最多为 10 500 亿 t, 内蒙古为 3100 亿 t, 在 1000 亿 t 以上的还有山西和贵州, 陕西、云南、宁夏、青海、四川、甘肃、河南、黑龙江等省区为 100～1000 亿 t, 其余省区均不足 100 亿 t, 天津和浙江没有埋深浅于 1000m 的预测资源。垂深 600m 以浅的预测资源以新疆最多, 占全国预测资源的 55.5%, 内蒙古占全国的 23.4%, 其他各省区合计仅为 2000 亿 t。河北、山西、内蒙古、江苏、安徽、山东、河南、陕西等重要产煤省区, 65% 以上的预测资源均在垂深 1000m 以下, 四川、贵州及青海、宁夏等省区垂深 1000m 以下的预测资源在 40% 左右, 其余省区有的资源埋深以浅部为主, 但预测资源量不多, 有的本就是资源贫乏地区。从总体上来看, 京广铁路以西的煤田煤层埋藏较浅, 部分可采用平硐或斜井开采, 其中晋北、陕北、内蒙古、新疆和云南的少数煤田的部分地段可露天开采; 京广铁路以东的煤田煤层埋藏较深, 只能深井开采, 甚至部分地段建井困难。

不同采矿方式对地表环境产生的影响不同, 露天开采大面积剥离表土, 开采区植被将全部被毁, 采后形成巨大的矿坑; 而井工开采主要是形成地下长廊式采空区, 随时间推移逐步形成沉陷区, 进而使土壤、植被受到影响。因此, 在进行采煤区复垦时, 应针对不同开采方式对地表产生的影响, 结合当地实际情况综合分析采煤区的立地条件, 采取不同的复垦措施和手段。

5) 共伴生矿产资源丰富、种类多。我国含煤地层和煤层中的共生、伴生矿产 30 余种，分布广泛，储量丰富，有些矿种是我国的优势资源。含煤地层中有高岭土、铝土矿、耐火黏土、膨润土、硅藻土、硫铁矿、油页岩、石膏、硬石膏、石墨、石英砂岩和煤成气等；煤层中除有煤层气外，还有镓、锗、铀、钍、钒等微量元素和稀土金属元素；含煤地层的基底和盖层中有石灰岩、大理岩、岩盐、矿泉水和泥炭等。据不完全统计，我国在含煤地层中高岭土已查明储量 16.73 亿 t，远景储量 55.29 亿 t，预测资源量 110.86 亿 t，矿床规模一般在数千万吨以上，有的达几亿至几十亿吨，属中型至特大型矿床。我国的耐火黏土几乎全部产于含煤地层中，保有储量 20.13 亿 t。赋存于含煤地层中的膨润土探明储量为 8.88 亿 t。我国硅藻土储量超过 22 亿 t，探明储量 2.7 亿 t，其中含煤地层中储量占 70.5%，多与褐煤共生。我国的油页岩多数与煤层和黏土矿共生，探明储量 320.5 亿 t，保有储量 314.6 亿 t，预测资源量 7277 亿 t，资源十分丰富。我国含煤地层中的共生硫铁矿预测矿石量 113.7 亿 t，保有储量 34.6 亿 t，占各类硫铁矿保有储量的 33.9%。我国石膏类矿的储量居世界首位，全国保有储量 573.7 亿 t，其中位于含煤地层中或其上覆、下伏地层中储量 115.7 亿 t。各种共生、伴生矿产资源的赋存条件优越，有广阔的开发前景，对现有采煤技术和设备略加改造和完善，就可以随着采煤附带或单独开采出来，走以煤为主，综合开发，多矿种经营的路子，既可以大量节约单独建矿投资，充分利用矿产资源，又可以延长煤矿服务年限，大大提高煤矿经济效益，同时可有效降低因单独建矿造成的生态破坏和风险，节约矿区复垦资金。

二、我国煤炭生产及其利用现状

1. 我国主要的煤炭工业基地和矿区

中国富煤、贫油、少气的能源储备特点和经济技术发展现状，决定了煤炭仍是中国目前最主要的一次能源，并且以煤为主的能源消费格局将长期存在。规划建设大型煤炭基地，对维护国家能源安全、满足经济社会发展需要、调整和优化煤炭生产结构、促进资源地区经济社会发展，具有十分重要的意义。

结合我国煤炭资源赋存特点、开采条件和区位优势，目前，我国已经建成和正在规划建设的亿吨级大型煤炭能源工业基地有 13 个，分别是神东基地（主要包括神东、万利、准格尔、包头、乌海、府谷矿区）、陕北基地（主要包括榆神、榆横矿区）、黄陇基地（主要包括彬长、黄陵、旬耀、铜川、蒲白、澄合、韩城、华亭矿区）、晋北基地（主要包括大同、平朔、朔南、轩岗、河保偏、岚县矿区）、晋中基地（主要包括西山、东山、汾西、霍州、离柳、乡宁、霍东、石隰矿区）、晋东基地（主要包括晋城、潞安、阳泉、武夏矿区）、蒙东基地（主要包括扎赉诺尔、宝日希勒、伊敏、大雁、霍林河、平庄、白音华、胜利、阜新、铁法、沈阳、抚顺、鸡西、七台河、双鸭山、鹤岗矿区)、两淮基地(主要包括淮南、淮北矿区)、鲁西基地(主要包括兖州、济宁、新汶、枣滕、龙口、淄博、肥城、巨野、黄河北矿区)、河南基地(主要包括鹤壁、焦作、义马、郑州、平顶山、永夏矿区)、冀中基地(主要包括峰峰、邯郸、邢台、井陉、开滦、蔚县、宣化下花园、张家口北部、平原大型煤田)、云贵基地(主要包括盘县、普兴、水城、六枝、织纳、黔北、老厂、小龙潭、昭通、镇雄、恩洪、筠连、古叙矿区)、宁东基地(主要包括石嘴山、石炭笋、灵武、鸳鸯湖、横城、韦州、马家滩、积家并、萌城矿区)。神东、晋北、晋中、晋东、陕北大型煤炭基地地处我国中西部地区,主要担负向华东、华北、东北等地区供给煤炭的职能,并作为"西电东送"北通道电煤基地;冀中、河南、鲁西、两淮基地地处煤炭消费量大的东中部,担负向京津冀、中南、华东地区供给煤炭的职能;蒙东基地担负向东北三省和内蒙古东部地区供给煤炭的职能;云贵基地担负向西南、中南地区供给煤炭的职能,并作为"西电东送"南通道电煤基地;黄陇、宁东基地担负向西北、华东、中南地区供给煤炭的职能。各煤炭基地建设均按照国家发展循环经济的要求,最大限度综合开发利用煤炭及与煤共伴生资源,实现上下游产业联营和集聚,成为全国主要的煤炭调出基地、电力供应基地、煤化工基地和资源综合利用基地。

我国的露天煤矿主要分布在内蒙古、山西、陕西、新疆、云南、黑龙江、辽宁、宁夏、甘肃。平朔露天煤矿、伊敏露天煤矿、霍林河露天煤矿、元宝山露天煤矿和准格尔露天煤矿是我国五大露天煤矿,其中平朔露天煤矿是我国最大的露天煤矿。

2. 我国煤炭生产和消费现状

我国幅员辽阔,人口众多,经济正处于高速增长阶段,能源消耗总量大。相对缺油、少气、富煤的资源结构决定了煤炭是中国最主要的能源来源。目前,中国是世界上煤炭生产、消费和进口量最大的国家,经济增长对煤炭具有较强的依赖性。据《BP 世界能源统计 2014》,2013 年,世界一次能源总消费量达到 127.3 亿 t 油当量,石油依然是世界一次能源消费量最大的能源种类,煤炭消费是 3 种主要化石燃料中增长最快的。中国继续保持一次能源消费世界第一的地位,消费量达 28.55 亿 t 油当量,占世界总消费量的 22.39%,同时中国能源消费依然保持高速增长,增速超过世界平均水平的 3 倍。煤炭长期以来作为中国的主导能源,2013 年消费量达到 19.2 亿 t 油当量,占一次能源总消费量的 67.50%;中国作为世界第二大石油消费国,共消费 5.1 亿 t 油当量,占一次能源总消费量的 17.79%;天然气消费量 1.5 亿 t 油当量,占一次能源总消费量的 5.10%;水电消费量 2.1 亿 t 油当量,占一次能源总消费量的 7.23%;核能消费量 0.25 亿 t 油当量,占一次能源总消费量的 0.88%；可再生能源（包括风能、太阳能、地热能、生物质能和垃圾发电等）消费量 0.4 亿 t 油当量，占一次能源总消费量的 1.50%（图 1.2）。

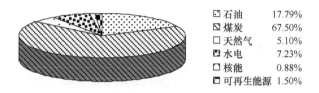

□ 石油	17.79%
☒ 煤炭	67.50%
□ 天然气	5.10%
▨ 水电	7.23%
□ 核能	0.88%
▨ 可再生能源	1.50%

图 1.2　2013 年我国一次能源总消费量百分比

Fig. 1.2　In 2013，the percentage of the total energy consumption in China

我国是一个以煤炭为主要能源的国家，煤炭在能源生产和消费中的比例一直在 70%左右，而且这种格局短期内不会从根本上改变。据专家预测到 2050 年，煤炭在我国能源消费比例中仍占 50%以上。

改革开放以来，我国经济呈现出"高增长"的运行态势，特别是 21 世纪的第一个 10 年，是我国经济高速发展的 10 年，10 年间，我国 GDP 增长近 4 倍，年均增长率达 10.7%，是世界上经济发展最快的国家之一，而与此相伴的是能源消费量的大幅度上升。1985 年，中国煤炭产量超越美国，成为世界上煤炭产量最大的国家。亚洲金融危机期间及之后的复苏阶段，中国煤炭产量有所回落，2001 年煤炭产量回到 1996 年的水平。进入 21 世纪以后，在旺盛的能源需求驱动下，我国煤炭产量急剧增长，呈现占能源生产结构比例高、产量增长快的特点。2001～2009年能源生产总量从 14.39 亿 t 增加到 27.46 亿 t，增长了 13.07 亿 t，增长率为 90.87%，年均增长率为 8.55%。由于经济的高速发展和对能源需求的增加，带动了煤炭开采技术的发展，期间中国煤炭产量也进入快速增长阶段，生产总量从 2001 年的 11.61亿 t 增加到 2009 年的 29.73 亿 t，增长率为 156.12%，明显高于同期能源生产总量的增长率。到 2009 年，我国煤炭生产总量占全球煤炭生产总量的 45%以上。同时，煤炭占能源生产总量的比例也总体呈上升趋势，从 2001 年的 73.0%增加到 2009年的 77.3%。据国家统计局国民经济和社会发展统计公报显示，2013 年全国原煤产量为 39.7 亿 t，2014 年为 38.7 亿 t，同比下降 2.5%，这也是 21 世纪以来我国煤炭产量首次下降。

煤炭在中国一次能源消费中长期占据主导地位，所占能源消费比例基本保持在 70%左右，虽消费比例有小幅度波动，但由于经济发展需求增大，消费总量逐年增长。改革开放后，我国国民经济进入调整和恢复阶段，直到 1996 年，煤炭消费比例一直在 70%以上，期间煤炭消费比例略有波动。1997～2002 年，我国进入产业结构调整阶段，在亚洲金融危机的影响下，我国煤炭消费在一次能源消费中的比例逐年下降，2000 年下降到 70%以下，到 2002 年降至 68.0%。2003 年以后，随着亚洲经济复苏，我国进入经济发展高速期，煤炭在一次能源消费中的比例又缓慢上升，2005 年又回到 70%以上的水平并一直持续到 2009 年（表 1.2）。近年来，随着天然气、太阳能、风能等清洁能源日趋广泛的使用，我国煤炭消费总量在一次能源消费中的比例呈下降趋势。

表 1.2 1990～2010 年中国原煤生产和消费占能源生产和消费总量比例

Tab. 1.2 Chinese coal production and consumption accounted for the production of total energy production and consumption in 1990～2010

年份	生产		消费	
	能源生产总量/ 万 t 标准煤	原煤占能源生产 总量的比例/%	能源消费总量/ 万 t 标准煤	原煤占能源消费 总量的比例/%
1990	103 922	74.2	98 703	76.2
1991	104 844	74.1	103 783	76.1
1992	107 256	74.3	109 170	75.7
1993	111 059	74.0	115 993	74.7
1994	118 729	74.6	122 737	75.0
1995	129 034	75.3	131 176	74.6
1996	133 032	75.0	135 192	73.5
1997	133 460	74.3	135 909	71.4
1998	129 834	73.3	136 184	70.9
1999	131 935	73.9	140 569	70.6
2000	135 048	73.2	145 531	69.2
2001	143 875	73.0	150 406	68.3
2002	150 656	73.5	159 431	68.0
2003	171 906	76.2	183 792	69.8
2004	196 648	77.1	213 456	69.5
2005	216 219	77.6	235 997	70.8
2006	232 167	77.8	258 676	71.1
2007	247 279	77.7	280 508	71.1
2008	260 552	76.8	291 448	70.3
2009	274 619	77.3	306 647	70.4
2010	296 916	76.5	324 939	68.0

资料来源：中国能源统计年鉴，1991～2011

从横向来看，在一次能源消费结构中，中国煤炭消耗量高居世界第一。1990～2010 年，我国煤炭产量由 10.8 亿 t 增加到 33.4 亿 t。2000 年以来，中国煤炭消费一直保持快速增长趋势。其中，2000 年煤炭消费为 6.7 亿 t 油当量，2009 年为 15.4 亿 t 油当量，10 年间增长 130%。全世界煤炭消费 2000 年为 23.4 亿 t 油当量，2009

年为 32.7 亿 t 油当量，10 年间仅增长 40%。期间，中国煤炭消费增速是全世界增速的 3.25 倍，占全世界煤炭消费的比例也由 28.55% 提高到 46.90%。2011 年我国煤炭消费量占全球总消费量的比例达 49.4%，远高于美国（13.5%）、印度（7.9%）、日本（3.2%）、南非（2.5%）和俄罗斯（2.4%）。据国家统计局国民经济和社会发展统计公报显示，我国 2013 年原煤消费量为 36.1 亿 t，2014 年为 35.1 亿 t，同比下降 2.9%，这也是 21 世纪以来我国煤炭消费量的首次下降，主要与 2014 年我国经济增速放缓、主要耗煤行业产品产量增幅下降有关。

从煤炭消费结构上来看，我国第一产业与第三产业煤炭消费量占煤炭消费总量的比例逐年降低。1995 年、2000 年、2009 年第一、第三产业煤炭消费量分别占当年煤炭消费总量的 14.29%、9.03% 和 5.17%，而第二产业煤炭消费量 2000 年以后则占煤炭消费总量的 90% 以上。根据国家统计局数据（表 1.3），目前我国煤炭有 95% 以上用于工业生产，其次是生活消费。2010～2012 年我国用于工业消费的煤炭分别占当年煤炭消费总量的 94.81%、95.12% 和 95.20%，用于生活消费的煤炭分别占当年煤炭消费总量的 2.93%、2.69% 和 2.60%。随着电网、热网覆盖面的扩大，用于生活消费的比例也在逐年降低。

表 1.3　2010～2012 年我国煤炭消费结构

Tab. 1.3　The structure of Chinese coal consumption 2010～2012

	2010 年		2011 年		2012 年	
	消费量	占比/%	消费量	占比/%	消费量	占比/%
农、林、牧、渔、水利业	1 711	0.55	1 757	0.51	1 766	0.50
工业	296 032	94.81	326 230	95.12	335 715	95.20
建筑业	719	0.23	782	0.23	753	0.21
交通运输、仓储和邮政业	639	0.20	646	0.19	614	0.17
批发、零售、住宿、餐饮	1 970	0.63	2 212	0.64	2 362	0.67
生活消费	9 159	2.93	9 212	2.69	9 153	2.60
其他行业	2 007	0.64	2 112	0.62	2 283	0.65
消费总量	312 237	100	342 951	100	352 646	100

资料来源：中国能源统计年鉴，2011～2013

根据中国能源统计年鉴数据分析，我国工业中主要煤炭消耗行业有石油加工、炼焦和核燃料加工业，化学原料和化学制品制造业，非金属矿物制品业，黑色金属冶炼和压延加工业，电力、热力生产和供应业等（图 1.3）。其中电力、热力生产和供应业的煤炭消耗量占比接近 50%，成为我国煤炭消费量最大的行业。根据国家统计局数据，2012 年我国电力、热力生产和供应业共消耗煤炭达到 17.42 亿 t，占我国煤炭消费的 49.42%。

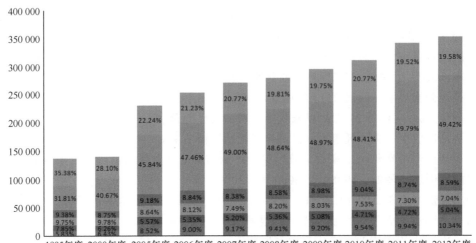

图 1.3　我国主要煤耗行业历年煤炭消费比例（彩图见封二）

Fig. 1.3　The main coal industry in China over the years the proportion of coal consumption

我国是发展中国家，与发达国家相比，在煤炭消费特点上有明显差异。发达国家的煤炭几乎都用于发电，其他用途的占比很小。发达国家进入后工业化时代，其经济发展对高能耗的重工业依赖逐步减少。而在发展中国家，煤炭除了主要用于发电外，还在重工业生产中发挥着重要的作用，其快速的城市化进程离不开大量的基础设施建设，与此相关的工业部门都不同程度地消耗大量的煤炭。我国富煤、贫油、少气的资源禀赋特征和目前所处的经济、技术发展阶段，决定了我国以煤炭为主要能源的格局短期内不会根本改变，在相当长的时期内煤炭资源的开采规模仍将继续扩大。

第三节　采煤对环境的影响

人类生存的环境是由多种环境要素相互联系组成的综合系统，是人类经济社会发展所需物质资料的前提，人类的任何活动都不可避免对这个系统产生影响。煤炭的开发和利用促进了人类社会经济的发展，但同时也对区域社会经济和生态环境带来了一定的负面影响。

一、对地质环境的影响

目前，人类采煤活动绝大部分都集中在地面以下 1000m 以浅地层，部分采矿作业可以深达 2000m 左右。采煤作业不断破坏着沉积岩层的结构层理和层面构造，打破了沉积岩结构和构造的动态平衡。矿井上部顶板由于自重应力及构造应力的作用，发生岩体开裂、塌落与位移，并逐渐延伸到地面产生塌陷、裂缝、错落等地表变形，进而产生山体滑坡、崩塌和泥石流等自然灾害，给人类生命财产安全带来危害和损失。

二、对土地资源和土壤环境的影响

煤矿建设和采矿活动大面积挖损、压占土地资源。主要表现为：大量的煤矿基础设施、设备、道路建设和矸石堆放压占土地资源；露天采煤严重破坏、挖损地表；井工开采后造成的土地沉陷、裂隙、错落破坏土地资源；矸石和露采剥离物压占土地资源。据不完全统计，目前我国仅大中型煤矿现已占地 1 620 000hm²，露天采煤挖掘土地总面积约 8000hm²，井工采煤引起的塌陷总面积达 400 000hm²。

采煤活动对土壤物理和化学环境都会产生影响，从而造成土壤质量下降。露天开采要使表土全部剥离，采矿完成后形成巨大采坑，即使采后进行土体回填，也必然会导致土体结构发生改变，进而使土壤的理化性状完全发生改变。井工开采对土壤环境产生的影响，在物理性状上，造成的地表沉陷、裂隙、错落本身就是土体结构发生改变的表现。同时由于地表沉陷、裂隙、错落，应力发生改变，使土体松散，裂隙附近侧向蒸发加剧，进而使土壤容重、孔隙度、持水保肥性能等性状发生改变。在化学特性上，由于地表沉陷、裂隙、错落及物理性状的改变，使氮、磷、钾等养分从土壤表层向深层渗漏、流失，土壤肥力赋存特征发生了明显改变。除此之外，采矿废水、煤炭洗选废水、矸石中含有重金属、非重金属无机污染物、有机污染物、放射性物质等多种污染物，在长期的暴露、淋溶、吹蚀作用下和排放、堆弃、装卸、运输过程中造成土壤污染。

土地资源和土壤被侵占、挖损、污染后，大面积耕地、林地被毁，破坏了动植物区系，在风蚀、水蚀等因素的共同作用下，加剧了土地退化，造成生态失衡，这将进一步加剧矿区人、地矛盾。

三、对水环境的影响

1. 对地下水的影响

煤矿开采时，为防止带压开采突水事故的发生、顺利作业和确保井下安全，必须排出大量矿井水。从水量上来看，由于人为大量排水打破了地下水原有的自然平衡，形成以矿井为中心的降落漏斗，改变了原有的补、径、排条件，使地下水向矿坑汇流，在其影响半径内，地下水流加快，水位下降，储存量减少。同时，采煤排水截取了山丘区域地下水向河谷盆地的补给，改变了地下水的径流路线，使地下水由水平流向改变为垂直流向，减少了平川地区的侧向补给量。从水质上来看，矿井水在未被扰动之前，是清洁的地下水源，经过井下矿井掘进、煤炭开采和运输过程等生产活动的扰动，大量煤灰、岩粉和机械用油混入水中，成为富含悬浮物、硫化物、石油类等污染物的矿井废水，成为矿区的主要污染源之一。

2. 对地表水的影响

从水量上来看，井工开采导致地表沉陷、裂隙、错落、土体松散，改变了地表入渗条件，使地表水入渗增加，地表径流量减少。从水质上来看，主要影响表现在：矿井废水、煤炭洗选废水排入地表水系，导致地表水水质下降；暴露的矸石、煤炭、物料堆场，在长期或强降水淋洗下产生的污水进入地表水系，导致地表水水质下降；露天采煤作业、物料及渣土的装卸和运输、暴露的矸石和煤炭堆场在吹蚀作用下都会产生颗粒污染物，这些颗粒污染物进入矿区附近水体也会导致水质恶化。

四、对大气环境的影响

采煤对大气环境的影响主要表现在两个方面：一是瓦斯排放，二是粉尘污染。

瓦斯是一种极为危险的气体，不仅对采煤作业及井下人员安全有极其严重的威胁，排放后还会造成大气污染。同时，瓦斯也是一种清洁能源，主要成分是烷烃，其中绝大多数是甲烷，另有少量乙烷、丙烷和丁烷，此外一般还含有硫化氢、二氧化碳及微量的惰性气体。矿井瓦斯现有的处理方式主要是将气体引到地表燃烧处理，这样在燃烧过程中不仅会产生大量的有害气体，同时也是一种资源的浪费。

煤矿开采过程中会产生大量的粉尘，尤其是大风天气露天开采产生的粉尘更甚。煤炭、矸石、物料堆场在吹蚀作用下，以及在装卸、运输过程中也会产生大量粉尘。煤矿产生的粉尘往往含有重金属、硫化物等具有强危害的物质。除此之外，煤炭和矸石自燃、长期暴晒也会释放出二氧化硫、硫化氢、粉尘及二氧化碳等。

煤矿排放出的大量气态污染物和粉尘，对矿区及周边人群和生物长期产生不利影响，如遇逆温等不良气象条件，这些物质长时间在低空漂浮聚集，形成雾霾现象，危害更加严重。

五、固体废物

煤矿的固体废弃物主要是煤矸石、露天矿剥离物，其次为煤泥、粉煤灰和生活垃圾等。随着煤炭开采量的不断增加，排弃的煤矸石逐渐增多。据不完全统计，我国目前煤矸石累计堆存量达40亿t以上,形成的煤矸石山2600多座,占地13 000hm²。煤矸石和露天矿剥离物的堆积不仅占用大量土地,还会不断释放有害气体,长期受雨水冲刷、淋溶,释放的有害物质污染水体和土壤,矸场和露天矿玻璃物堆放不稳还容易形成塌方、滑坡、泥石流等灾害。另外,煤矸石中所含的黄铁矿易被空气氧化,放出的热量可以促使煤矸石中所含煤炭风化以至自燃,释放出更多有害气体。煤炭在洗选加工中产生大量煤泥,长期堆放占用土地,遇风产生大量扬尘。粉煤灰颗粒细小,极易产生扬尘。

六、对声环境的影响

煤矿是强噪声场所,噪声具有声级高、持续时间长、频带宽、强度大等特点。噪声来源于各个生产环节,尤其是地面和井下机电设备运转产生的噪声污染极为严重,露天采场噪声排放更为严重。人和生物长期暴露在高噪声源下会造成听力障碍、感觉迟滞、注意力难以集中,严重的会引发神经系统、消化系统及心血管系统疾患。矿区噪声污染还严重影响矿区居民正常的学习与工作。

七、对植被的影响

剧烈的采矿活动,改变了矿区及周边地区水体、土壤等生境的初始条件,并由此对矿区地表植被造成了不同程度的影响。主要表现为:矿区建设的大量房屋、道路及其他基础设施和设备侵占了大量土地,破坏了原始地表,农田、草原、林地被毁;大量矸石和露采剥离物压占草地、林地,植被遭到毁灭性破坏;露天开采过程中,植被随表土全部被剥离;井工开采造成的地表沉陷、裂隙、错落、变形,使地表植被景观破碎及隔离程度严重;沉陷过程中土壤的拉伸和压缩变形对植物根系造成破断损伤,致使植物死亡率增大;采矿活动导致水分分配、土壤养分赋存发生改变,进而导致植被发育不良。绝大多数因素导致的后果都趋向于地表破碎、土壤理化性状变差、水土流失加剧,加之采矿活动排放大量的污染物,导致植被种群和群落发生变化,而这一变化的直接后果是植被覆盖率的降低,气候的变异,动物和微生物栖息环境的恶化,甚至带来自然灾害,从而更加不利于植被的生长和发育。

八、对生态系统的影响

采煤活动造成植被破坏,其对生态系统的直接影响就是生产者数量的减少甚至消失,从而导致生态系统结构上的失调。由于生产者数量的减少甚至消失,作为消费者的动物会因食物匮乏或栖息地受到破坏而被迫转移或消失，微生物分解者也会因为生产者、消费者残体的减少及环境的恶化而减少，最终导致原有生态系统失调甚至崩溃瓦解。另外，由于生产者数量的减少，不能正常供应消费者所需的物质和能量，或者由于矿区污染等因素的影响，迫使消费者转移或消失，系统的物质循环和能量流动也会发生中断，从而导致系统功能上的失调，进而导致原有系统的恶化或瓦解。

除以上采煤活动对环境产生的影响外，矿区开发还促进人群的密集，导致矿区生产和消费比例失调，环境压力加大；由于地面沉陷不均衡，耕地起伏不平，耕作难度加大，农田废弃；地面沉陷造成地表建筑、设施破坏；渣土及排弃物长期冲刷阻塞河道；矸石及剥离物堆砌不稳，发生垮塌。这一系列问题也在很大程度上与采煤导致的环境恶化有关，并严重影响着矿区居民的正常生活，威胁矿区居民人身和财产安全。

第四节　采煤区土地复垦的目的、现状及任务

一、采煤区土地复垦的目的

如前所述，因煤矿建设和生产挖损、塌陷、压占土地资源，破坏了原来的地表环境，引起水土流失、农田毁坏、植被减少，破坏了动植物区系；导致矿区气、水、声、固体废物及土壤污染加剧，环境恶化；土地沉陷、剥离物及矸石排弃场不稳定引发河道淤塞、坝体溃决、滑坡、泥石流等毁坏田地、房屋及地面设施。如不对这一系列问题采取有效措施，将加剧矿区及其周边地区的人地矛盾，严重影响当地居民的身体健康、正常生产和生活，甚至危及居民生命和财产安全。

随着人地矛盾的加剧和生态环境的恶化，围绕因挖损、塌陷、压占等造成破坏的土地进行复垦的研究一直是国内外研究关注的焦点问题。土地复垦，在我国，矿山、土地、农业等研究领域称为"土地复垦"；环保研究领域有时也称为"生态建设"；生态研究领域现在常称为"生态恢复"、"生态重建"或"生态修复"。虽然不同的研究领域对其有不同的称谓，但从近年来的研究和实践来看，总目标都趋向于一致，即趋向于更综合的生态问题。

土地复垦是指对生产建设活动和自然灾害损毁的土地采取整治措施，使其恢复到可供利用状态的活动。矿区土地复垦是依据矿山生态学、土地经济学、环境科学、土壤学及区域规划等理论，结合采矿工程特点，有计划地对采矿过程中因挖损、塌陷、压占等造成破坏的土地采取整治措施，使其恢复到可供利用状态的活动。

土地复垦是一项利国利民的系统工程，是国土整治和环境保护工作的重要组

成部分。通过合理的整治改造，尽最大限度使失去生产能力和生态功能的土地资源得到恢复与利用，因地制宜地发展农、林、牧、副、渔业生产，是合理利用土地，提高土地生产力，解决工矿用地与农、林、牧、渔用地矛盾，优化产业结构，增加就业，改善生态环境，防治环境污染，保证人民群众正常生产、生活和生命财产安全，恢复生态平衡的有效途径，因而对实现矿区经济、环境和社会的协调持续发展具有重要的意义。概括来讲，矿区土地复垦的最终目的就是恢复土地的生产力，实现矿区生态系统新的平衡。

二、采煤区土地复垦研究现状

1. 国外矿区土地复垦研究现状

美国、苏联、德国、澳大利亚等国家有悠久的开矿历史，于 20 世纪初期就开始了土地复垦的研究，有关土地复垦方面的工作主要集中在开矿废弃地植被的恢复。美国在《1920 年矿山租赁》中明确要求保护土地和自然环境。德国早在 1920 年出台的法律就规定了鲁尔矿区的企业要服从区域的规划，提出了土地复垦应注意事先规划。第二次世界大战后，因采矿造成的土地损毁、环境恶化加剧，各国相继开展了相关的研究工作。

从 20 世纪 50 年代起，许多国家陆续出台了有关土地复垦方面的法律和法规，采取多种措施防治土地荒芜，恢复生态环境，并建立起一些相关的土地复垦企业、科研机构、学术团体等，使土地复垦工作得到了法律、资金上的保障，在技术措施和行政管理上也不断深化和完善，并成为采矿业必需的工程环节。英国 1951 年通过了一项复垦法规，并设立了复垦基金，其使用有较详细的规定。同时，英国还成立了采矿与环境委员会、采矿规划管理委员会等与复垦工作有关的机构配合复垦工作。20 世纪 50 年代末，一些国家的复垦区已系统地进行了绿化，自觉地进入了科学复垦的时代。德国 1962 年实施的《区域规划法》规定，企业要对包括土地复垦在内的开发规划负责，这为土地有计划地开展复垦工作提供了法律保证，使其受破坏土地复垦率高达 90% 以上。

进入 20 世纪 70 年代，复垦技术集采矿、地质、农学、林学等多学科为一体，已发展成为一门涉及多行业、多部门的系统工程，并已形成比较完整的法律体系和管理体系。很多采矿和其他对土地产生较大破坏的生产建设活动，土地复垦都成为其必不可少和十分活跃的一项技术内容和实践活动。1977 年美国联邦政府颁布的《矿山复垦法案》规定了矿区复垦的完整规程，并规定了最低的复田实施标准。为推动土地复垦的研究和技术革新，美国专门成立了"国家矿山土地复垦研究中心（NMLRC）"，并采取一系列措施治理矿区废弃地和防止矿区经济衰退。

20 世纪 90 年代以来，随着科学技术的进步，在可持续发展战略的指导下，土地复垦的方向和技术发生了很大变化。澳大利亚作为矿业为主的国家，土地复垦工作取得了令人瞩目的成绩，被认为是世界上先进而且成功地处置扰动土地的国家。它把土地复垦视为矿区开发整体活动不可缺少的组成部分，目前已形成以高科技指导、多专业联合、综合治理开发为特点的土地复垦模式。此外，英国、法国、加拿大、日本、匈牙利、丹麦、波兰等在土地复垦方面也做了大量研究和实践工作。

2. 我国矿区土地复垦研究现状

我国土地复垦研究探索始于 20 世纪 50 年代。由于缺乏相应的复垦技术体系和资金作为支撑，初期主要采用填埋、剥离、覆土等简单措施，复垦规模小，技术粗糙，基本上处于一种自然修复的状态，其目标主要是实现矿区土地可进行农业耕种。

20 世纪 80 年代以后，生态环境逐渐恶化，土地复垦才被真正重视，并开始关注矿区土地资源的稳定利用，以及相关的基本环境工程的配套问题，使我国土地复垦从自发、零散状态转变为有组织的复垦阶段。1985 年，中国技术经济研究会和中国国土经济学研究会联合举行了全国第一届土地复垦学术讨论会，首次探讨了我国矿区的土地复垦问题。此后，研究队伍的专业化、多学科化和高层次化使我国土地复垦研究有了长足进步。1988 年，国家土地管理局会同国家经委开展了新中国成立以来第一次全国土地复垦资源的调查工作，为编制土地复垦规划及制定有关政策法规提供了科学基础。但是由于国家长期以来没有指导土地复垦工作的专门立法，到 80 年代后期，我国开展复垦工作的矿山企业不足 1%，已复垦的土地不到被破坏土地的 1%。1989 年国务院颁布实施了《土地复垦规定》，标志着我国土地复垦走上了法制的轨道。此后，全国许多科研、生产单位和有关高校都开展了大量的土地复垦的理论与试验研究。1989～1991 年，国家先后在河北、江苏、山东、山西、陕西、河南、湖北、辽宁等省区开展了复垦试点工作，促进了我国土地复垦工作的快速发展。

20 世纪 90 年代以后，在矿区土地复垦问题上更多地强调了生态学方面的观点，在生态恢复中综合考虑景观美化、可持续发展、人与自然的和谐等问题。在利用矿区固体废物回填采坑和沉陷地、土壤重金属的迁移、土壤施肥、植物种选择等方面的研究也有了初步进展。

21 世纪以来，以矿区生态系统健康与环境安全为恢复重建目标的污染土地生物修复在我国逐渐受到重视，在污染土壤的植物修复、动物修复、微生物修复方面的研究逐渐深入。2011 年国务院颁布实施了新的《土地复垦条例》，对矿区土地复垦工作有了新规定，这意味着我国土地复垦工作已经迈上一个新台阶。据统计，目前我国矿区土地复垦率提高到 12%以上，复垦土地的 50%用于农业，24%用于渔业，15%用于建筑，11%用于其他用途。但我国土地复垦率还十分低，与世界先进国家矿区的土地复垦率在 70%以上相比仍有非常大的差距。

目前，我国煤矿区土地复垦理论研究主要集中于：以采矿对土地与生态环境破坏的预测与评价、复垦土地适宜性评价、复垦方案制定与评价等为主要内容的煤矿区土地复垦规划研究；以土壤重构理论原理和重构土壤质量监测与评价理论为主要内容的煤矿区复垦土壤重构技术研究；基于生态演替和景观生态学原理的煤矿区生态重建理论研究等。主要技术成果有：基于复垦土地不同利用方向的沉陷裂隙和露天采坑回填技术；基于不同植被类型和植物种类的矸石山、回填沉陷区及露天采坑复垦土壤重构技术；矸石山与排土场护坡技术；煤矿固体废弃物复垦利用技术；煤矿区复垦土地植被建植及植物生长调节技术；煤矿区复垦土地利用技术；疏排降非充填复垦技术；种养结合的基塘复垦技术等。基于以上技术，进而形成充填复垦、非充填复垦、基塘复垦、工程复垦和生物复垦等多种形式、多种途径、多种手段、多种方法相结合的综合复垦技术体系。

经济的高速增长伴随着能源消费量的不断加大，我国以煤炭为主的能源消费格局在今后相当长的一段时间内不会有大的改变，并且煤炭开采对土地资源的破坏量一直高居所有工业部门之首，因此采煤区土地复垦仍将是我国土地复垦的重点。为了遏制生态环境恶化和耕地锐减的局面，以恢复土地生产能力和保护生态环境为主要目标的农业复垦（复垦后主要用于发展种植业、林业、牧业、渔业）仍将是我国复垦土地的主要利用方向。而土壤是生态环境的基本要素，也是植物生长发育的支持物质和养分源泉，对土壤环境与质量特征、土壤培肥与保水修复技术等问题的研究仍是目前采煤区土地复垦研究的热点。

三、采煤区土地复垦的任务

根据我国《土地复垦条例》的规定，采煤区土地复垦的对象包括露天采矿地表挖掘损毁的土地，地下采矿造成地表沉陷的土地，堆放采矿剥离岩土、矸石、煤炭洗选产生的煤泥、粉煤灰等固体废弃物压占的土地。还包括采矿作业面、生产设施、辅助建筑物和道路等占用后废弃的土地。其中以露天采矿挖损地、露天采矿排土场压占地、地下开采沉陷地、矸石排弃场压占地最为主要。这些废弃地的共同特点是土壤物理结构不良，基质过于坚实或疏松，持水保肥能力差；极端贫瘠或养分不均衡；有害物质含量高；强酸或强碱；干旱或栽植植物后生理干旱严重。要使其恢复到可供利用状态，从土地复垦的工艺流程上来看，一般要经过地貌重塑、土壤重构和植被恢复 3 个步骤；从土地复垦的工艺原理上来看，又可划分为工程复垦和生物复垦 2 个过程。其中各个步骤和过程都涉及大量的工程，需要采取不同的技术措施和手段。因此，采煤区土地复垦是一项复杂的综合工程技术。下面就土地复垦的主要工艺过程来说明复垦工作的主要任务。

1. 编制土地复垦方案

为了保证土地复垦工作的顺利实施，有目的、有计划地完成复垦工作任务，避免复垦工作的盲目性，《土地复垦条例》第十一条规定："土地复垦义务人应当按照土地复垦标准和国务院国土资源主管部门的规定编制土地复垦方案。"复垦方案要切合当地自然环境与社会经济发展情况，体现经济可行、技术科学合理、综合效益最佳和便于操作的要求。复垦方案的内容一般包括项目概况和项目区土地利用状况、损毁土地的分析预测和土地复垦的可行性评价、土地复垦的目标任务、土地复垦应当达到的质量要求和采取的措施、土地复垦工程和投资概算、土地复垦费用的安排、土地复垦工作计划与进度的安排等。

根据《土地复垦条例》的要求，土地复垦应当坚持科学规划、因地制宜、综合治理、经济可行、合理利用的原则。复垦的土地应当优先用于农业。这要求应根据当地自然条件、土地资源状况及土地破坏程度，在进行土地适宜性评价的基础上合理确定复垦后土地的利用方向，选择合适的复垦技术手段。

另外，在采矿规划中应加强采矿与地面保护一体化工艺的应用，如沉陷与排矸一体化工艺、露采矿山的采—剥—复一体化工艺，以减少采煤对土地和环境的破坏，提高土地复垦的效率，降低复垦成本。

2. 地貌重塑和地表整形

地貌重塑和地表整形技术是对复垦土地地形地貌进行整理，以适于土地开发利用的工程技术。主要目的是消除地表附加坡度、沉陷裂隙及波浪状起伏等破坏特征对土地利用的影响。一般用于中低潜水位沉陷地非充填复垦、高潜水位沉陷地充填复垦、与疏排法配合用于高潜水位沉陷地非充填复垦、矿山固体废物堆放场平整等。主要工程任务有修筑梯田、排土（矸）场平盘及道路、疏排法排水系统、基塘法挖深垫浅、沉陷裂隙充填、露天采坑充填等。

除此之外，充填复垦还要考虑充填材料、材料的充填顺序、分层厚度、充填工艺及回填后土地的用途。一般主要是利用矸石回填、粉煤灰回填及其他固体废弃物或客土回填。回填后用于建设的土地，应主要考虑采取合理的工艺防止不均匀沉降，分层厚度的确定与充填物块度、夯实机械类型与质量、含水率等有关。回填后用于种植利用的土地除考虑防止不均匀沉降以外，更重要的是重构适合植物生长的土层及剖面、防治土壤污染等。非充填复垦主要是考虑建立完善的排灌体系、平整土地。

3. 土壤重构

土壤重构的好坏直接影响植被恢复的效果。主要包括土壤培肥改良、有害物质污染治理等。主要目的是针对土壤的不良质地和结构，采取相应的物理、化学或生物措施，改善土壤性状，提高土壤肥力，为植物的生长发育及优质高产提供必需的土壤环境和养分。其方法既有工程技术方法也有生物技术方法。适用于以种植业、林业、牧业为发展方向的土地复垦。主要任务和方法有表土回填，客土覆盖，土壤容重、孔隙度等物理性状改良，土壤酸碱环境改良，土壤重金属污染治理，土壤微生物环境改良，土壤养分状况改良等。

4. 植被恢复

主要任务有植物种选择、植被种植、植被抚育管理。

1）植物种选择：是植被恢复中最为关键的一环。应综合分析当地自然条件、重塑的地形地貌条件和重构后的土壤条件，进行立地类型划分与评价，首先确定植被类型，优先选择速生能力好、适应性强、根系发达、抗逆性强的乡土植物和先锋植物，优先生态功能、兼顾经济价值，着眼近期表现、兼顾长期优势，通过室内模拟试种、现场试种和经验类比筛选确定。

2）植被种植：科学合理的种植工艺可有效提高植物对矿区恶劣环境的耐受能力。充分考虑植被的结构配置、景观格局，进行多植被间种、套种、混种，合理确定植被的密度。

3）植被抚育管理：新建的人工群落尚不稳定，应加强植被的抚育管理，做好灌溉、施肥、病虫害预防等工作，禁止放牧、乱采滥伐。

随着土地复垦技术的发展，其他领域的新材料、新技术也在不断应用到土地复垦中来，如保水剂、PVC（聚氯乙烯材料的简称）、PLA（生物降解塑料聚乳酸的简称）、复合肥、土工布、生根粉等，根据复垦土地的实际情况，在应用之前都应做充分的分析和试验，以使这些材料和技术能够在特定的环境下发挥最大的效能。除此之外，煤矿区固体废物的综合利用也是近年来煤矿土地复垦植被恢复研究的热点，如矸石制肥、粉煤灰作为土壤改良剂等。

参 考 文 献

卞正富. 2005. 我国煤矿区土地复垦与生态重建研究. 资源·产业, 7(2): 18-24

郝智睿. 2013. 井工煤矿生态环境影响研究——以柳林宏盛安泰煤矿为例. 晋中: 山西农业大学硕士学位论文

李金克. 2012. 中国煤炭资源战略储备及其调控机制研究. 北京: 经济管理出版社

刘磊, 金晶, 赵庆庆, 等. 2014. 中国及世界一次能源消费结构现状分析. 能源研究与信息, 30(1): 7-11

毛节华, 许惠龙. 1999. 中国煤炭资源分布现状和远景预测. 煤田地质与勘探, 27(3): 1-4

宋洪柱. 2013. 中国煤炭资源分布特征与勘查开发前景研究. 北京: 中国地质大学博士学位论文

王鉴雪. 2011. 中国煤炭消费及效率评价研究. 北京: 中国矿业大学博士学位论文

王灵梅. 2006. 煤炭能源工业生态学. 太原: 山西大学博士学位论文

王世文. 2011. 中国煤炭消费、生产的现状与挑战. 经济问题, (11): 38-41

郑欢. 2014. 中国煤炭产量峰值与煤炭资源可持续利用问题研究. 成都: 西南财经大学博士学位论文

第二章 采煤沉陷区土壤环境

位于晋陕蒙交界处的神府–东胜煤田是我国目前已探明的煤炭储量最丰富的地区，煤炭储量占全国的1/3，是国家确定的跨世纪特大型煤炭开采、开发地区。矿区的开发建设对保障国家优质动力煤的稳定供应和出口创汇，对促进国民经济发展具有重要意义。煤田近年来发展迅速，已成为我国主要的能源基地，是当地经济社会发展的重要动力（魏江生等，2006）。

矿区位于毛乌素沙地与黄土高原两大地质结构系统之间的生态环境脆弱带，降水稀少、蒸发强烈，风沙活动强烈，植被覆盖度低。当地的煤炭开采主要采用国有大中煤矿广泛采用的长臂式开采方法与全部跨落顶板的管理方式，形成了漏斗状沉陷坑和台阶状断裂的地表沉陷形态类型。近年来当地大规模的地下采煤活动破坏了采空区上覆岩层的原始应力平衡，使其产生了错落、断裂、弯曲等移动变形情况。地表产生了大面积裂缝和不均匀沉陷，潜水沿覆岩错落带和裂缝（隙）发育处渗漏，包气带表层与潜水的联系被减弱；沉陷区内发育的大量垂向裂隙，增强了土壤水分的蒸发与渗漏，致使水分、养分大量流失，在一定程度上影响天然植物的生长及生理功能，威胁天然植物的生存，使本来已十分脆弱的生态环境进一步恶化（张发旺等，2003；高国雄，2005；侯新伟等，2006；刘梅和王美英，2005）。

在地表的沉陷分区方面，许多学者的研究成果表明，一般的沉陷盆地都具有明显的分区特征（何国清，1991；胡振琪等，1997）。例如，顾和和等（1998）将沉陷盆地分为上坡、中坡、下坡和坡底 4 个区域，上坡从盆地边缘到最大正曲率处，该区域下沉量小、坡度小；下坡介于坡底和中坡之间，该区域下沉值较大，坡度小，地表呈凹形；中坡介于最大正曲率与最大负曲率之间，该区域下沉值与地表坡度最大；坡底为最大下沉区域，地表下沉均匀，其他移动变形值为零。当地表未达到充分采动时，该区域缩小为盆地中心的一个点。在沉陷盆地的不同部位，受开采沉陷的影响，其土壤特征必然发生变化。

土壤开裂是采煤沉陷造成的主要地表扰动之一，是一个复杂的物理过程，裂缝形成对土壤环境有重要影响。熊东红等（2006）介绍了目前国际上土壤裂缝的表征指标体系及指标测定方法，并讨论分析了裂缝与土壤属性、裂缝发育与植被生长、裂缝形成与土壤入渗和溶质运输等方面的最新国际研究进展，并对我国土壤裂缝研究工作的方向和重点提出了建议。

第一节　沉陷区土壤特性的时空变化

本节试验研究区位于毛乌素沙地南缘晋陕蒙交界的补连塔矿区，距鄂尔多斯市伊金霍洛旗上湾镇 2.8km。为探明沉陷后风沙区土壤理化性质的时空变异情况，根据"相似可比原则"，选择下垫面状况相近的 3 个沙丘（包括背风坡侧的丘间低地）作为研究区，这 3 个沙丘平均海拔约 1190m，平均高度 3.0～3.5m，迎风坡倾角 11°～14°，背风坡倾角 30°～34°，植被种类相同，植被盖度均在 30%左右。其中第 1 个沙丘完全没有沉陷，把它设为"对照区"，第 2 个沙丘在 2005 年 3 月发生沉陷，第 3 个沙丘在 2004 年 7 月发生沉陷，发生沉陷的部位均位于从坡顶经背风坡至丘间低地的地段，把第 2、第 3 个沙丘的沉陷地段分别设为"2005 年沉陷区"与"2004 年沉陷区"，如图 2.1 所示。在 2 个沉陷区内，沉陷沙丘坡顶均位于沉陷的背风坡与未沉陷的迎风坡的交界处，是沉陷边界部位。采煤对沉陷区坡顶、坡中段扰动更加强烈，产生的地表沉陷错落深度一般在 0.3～0.6m，最深超过 0.9m。坡底与丘间低地接近沉陷区的中心部位，扰动相对较轻，地表沉陷错落深度在 0.1～0.3m。研究过程中，2006 年实验期距 2005 年沉陷区沉陷时间长 1 年，而距 2004 年沉陷区沉陷时间长 2 年，因此将 2006 年称为"采煤沉陷 1～2 年后"，同理，将 2007 年实验期称为"采煤沉陷 2～3 年后"。

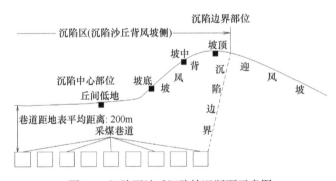

图 2.1　沉陷区沙丘沉陷情况断面示意图

Fig. 2.1　Schematic diagram about the section of the situation to subsidence sand dune in studied area

黑色正方形表示土壤各指标的测定样地

一、沉陷区土壤结构

1. 土壤容重与土壤孔隙度时空变异性

土壤容重的测定采用环刀法，在研究区各样地开挖 1m 深土壤剖面，在 0～

0.2m、0.2~0.4m、0.4~0.6m、0.6~0.8m、0.8~1.0m 处各取 3 个土样，把土样装入密封袋密封以备烘干。土壤孔隙度由已测得的土壤容重值数据与对照区与各沉陷区的土壤密度计算土壤孔隙度，研究区土壤密度分别为：对照区 2.603g/cm³，2005年沉陷区 2.605g/cm³，2004 年沉陷区 2.625g/cm³。

（1）土壤容重与土壤孔隙度整体时空变异性

对 2006 年与 2007 年研究区分层、分坡位的土壤容重与孔隙度数据分别进行以沉陷与否、坡位与土层深度 3 种因素的多因素方差分析，结果显示，2 年的土壤容重、孔隙度与土壤硬度的空间分布均有极显著差异（$P<0.01$），沉陷与否、土层深度、坡位 3 种因素均对研究区土壤容重、孔隙度分布有极显著影响（$P<0.01$）。

从环境因素的影响看，依土层深度因素的多重均值检验表明，2 年间表层 0~20cm 的容重均显著高于以下各层，而孔隙度均显著低于以下各层。表土受外部环境的影响强于下层，降雨的击溅作用会造成土壤表层孔隙的减少或堵塞（孙保平，2002），应该是造成这种现象的主要原因。依坡位因素的多重均值检验表明，2 年间研究区坡底土壤容重均显著低于坡顶与丘间低地，而孔隙度显著高于坡顶与丘间低地，这是由于在沙丘形成过程中，受起沙风的作用，沙物质在沙丘背风坡堆积并发生滑塌现象（朱朝云，1992），因此位于背风坡的坡中与坡底的沙土孔隙较大，相对松散。

从沉陷的影响看，依沉陷与否因素的多重均值检验表明，在 2006 年，2 个沉陷区的土壤容重均显著低于对照区，而孔隙度均显著高于对照区，说明在采煤沉陷 1~2 年后风沙土的土壤孔隙度显著增大。到 2007 年，2005 年沉陷区的土壤容重仍然显著低于对照区而孔隙度均显著高于对照区，未表现出恢复趋势，该区土壤剖面普遍有土体松散、易坍塌的特点；而 2004 年沉陷区的土壤容重与孔隙度已与对照区无显著差异，说明 2004 年沉陷区的土壤容重与孔隙度在沉陷 3 年后的 2007 年表现出恢复趋势。

（2）年际土壤容重与土壤孔隙度分层对比

由表 2.1 与表 2.2 可知，2006~2007 年，2005 年沉陷区各层的容重低于对照

表 2.1　2 年间研究区不同土层深度土壤容重（g/cm³）

Tab. 2.1　Soil bulk density of different depths in studied area in 2 years（g/cm³）

土层深度/cm	2006 年			2007 年		
	对照区	2005 年沉陷区	2004 年沉陷区	对照区	2005 年沉陷区	2004 年沉陷区
0~20	1.64	1.62	1.65	1.63	1.63	1.66
20~40	1.59	1.58	1.58	1.59	1.57	1.60
40~60	1.61	1.58	1.58	1.60	1.57	1.61
60~80	1.61	1.56	1.57	1.63	1.56	1.63
80~100	1.59	1.53	1.53	1.60	1.56	1.59

表 2.2　2 年间研究区不同土层深度土壤孔隙度（%）

Tab. 2.2　**Soil porosity of different depths in studied area in 2 years**（%）

土层深度/cm	2006 年			2007 年		
	对照区	2005 年沉陷区	2004 年沉陷区	对照区	2005 年沉陷区	2004 年沉陷区
0～20	37.04	37.76	37.02	37.10	37.36	36.77
20～40	38.77	39.39	39.75	38.76	39.74	38.97
40～60	38.08	39.38	39.99	38.50	39.77	38.72
60～80	38.29	40.13	40.23	37.46	39.93	37.79
80～100	38.92	41.18	41.54	38.44	40.28	39.29

区，而孔隙度高于对照区，2 年间容重与孔隙度变化不大，无恢复趋势。而 2004 年沉陷区 0.2m 以下 2007 年的容重与孔隙度较 2006 年分别有了一定幅度的升高与降低，并与对照区接近，土壤孔隙状况的恢复比较明显。

（3）年际土壤容重与土壤孔隙度分坡位对比

2 年间土壤容重和土壤孔隙度如图 2.2 与图 2.3 所示。单因素方差分析表明，在 2006 年，2005 年沉陷区坡顶、坡中、坡底与 2004 年沉陷区丘间低地土壤容重显著低于对照区的相应坡位，而孔隙度显著高于对照区的相应坡位（$P<0.05$）（结合图 2.2a 与图 2.3a），2 个沉陷区其他坡位的土壤容重和孔隙度与对照区差异不显著（$P>0.05$），说明采煤沉陷 1～2 年后对沉陷区各坡位产生了一定范围的显著土壤

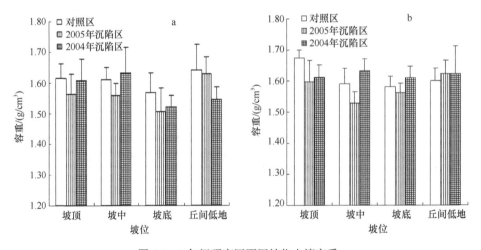

图 2.2　2 年间研究区不同坡位土壤容重

Fig. 2.2　Soil bulk density of different slope positions in studied area in 2 years

a. 2006 年容重；b. 2007 年容重

a. Soil bulk density in 2006；b. Soil bulk density in 2007

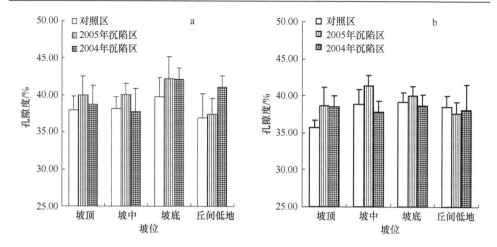

图 2.3 2 年间研究区不同坡位土壤孔隙度

Fig. 2.3 Soil porosity of different slope positions in studied area in 2 years

a. 2006 年孔隙度；b. 2007 年孔隙度

a. Soil porosity in 2006；b. Soil porosity in 2007

孔隙扰动，并且各坡位的扰动程度相当。而单因素方差分析还表明，在沉陷 2～3 年后的 2007 年，只有 2 个沉陷区的坡顶与 2005 年沉陷区的坡中的土壤容重显著低于对照区的相应坡位，而孔隙度显著高于对照区的相应坡位（$P < 0.05$）（结合图 2.2b 与图 2.3b），其他坡位情况的土壤容重与孔隙度与对照区差异均不显著（$P > 0.05$）。

综合 2 年的情况来看，采煤沉陷区土壤孔隙扰动最强烈的坡位在坡顶处，其次是坡中，坡底与丘间低地的扰动相对轻微。各沉陷区坡顶处位于沉陷边界部位，该部位土层断裂非常严重，沉降错落位移极大（超过 90cm），扰动强烈，是造成该部位及其附近的坡中（错落位移 30～60cm）土壤孔隙扰动较大的直接原因；而丘间低地（沉陷中心部位）的沉降错落位移较小（一般在 10～30cm），其土壤容重与土壤孔隙度的扰动也较小。

2. 土壤硬度变异性分析

土壤硬度可以很好地反映风沙土的土壤紧实程度，进而反映沉陷对土体的扰动。在研究区样地开挖 1m 深的土壤剖面，在 0～10cm、10～20cm、20～30cm、30～40cm、40～50cm、50～60cm、60～70cm、70～80cm、80～90cm、90～100cm 处用土壤硬度计各测 5 个重复。

对 2007 年研究区分层、分坡位的土壤硬度数据进行以沉陷与否、坡位与土层深度 3 种因素的多因素方差分析，结果显示，沉陷 2～3 年后，研究区土壤硬度的空间分布有极显著差异（$P<0.01$），沉陷与否、土层深度、坡位 3 种因素对研究区硬度分布均有显著影响（$P<0.01$）。

从环境因素的影响看，依土层深度因素的多重均值检验表明，研究区表层 0～10cm 的硬度显著低于以下各层，而 10～20cm 层的硬度显著高于 0～10cm 层与40cm 以下层次，该层的硬度在数值上是各层中最高的。0～10cm 的硬度显著最低是受松散的干沙层（厚 5～6cm）的影响，而 10～20cm 的硬度较高应该与外部环境的影响（如降雨的击溅作用）造成土壤表层孔隙的减少或堵塞有关（孙保平，2000）。值得注意的是，由于前述取容重 0～20cm 样时取该层中间的 10cm 左右深度处避开了干沙层，因此 0～20cm 的容重较大。依坡位因素的多重均值检验表明，2007 年研究区丘间低地的硬度显著高于坡中与坡底，这也是由于沙丘形成过程中沙物质在沙丘背风坡堆积与滑塌造成位于背风坡处的坡中与坡底的沙土相对松散（朱朝云，1992）。

从沉陷的影响看，依沉陷与否因素的多重均值检验表明，在沉陷 2～3 年后的 2007年，2005 年沉陷区的土壤硬度均显著低于对照区，说明采煤沉陷对风沙土松散化的扰动还存在，但与前述 2007 年容重与孔隙度的情况类似，2004 年沉陷区的硬度与对照区无显著差异，在一定程度上反映出该沉陷区沉陷 2～3 后土壤紧实程度的恢复。

在不同土壤层次，如图 2.4 所示，2004 年沉陷区各层土壤硬度普遍小于对照区但差别不大；2005 年沉陷区各层土壤硬度与对照区差异较大，从整体上看，沉陷的扰动在一定程度上还是存在的。

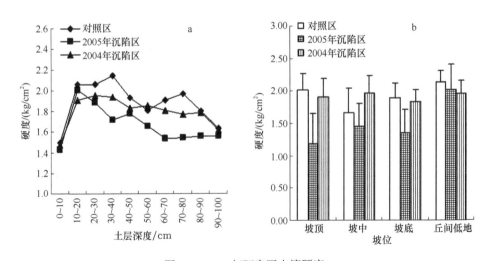

图 2.4　2007 年研究区土壤硬度

Fig. 2.4　Hardness of studied area in 2007

a. 不同深度硬度；b. 不同坡位硬度

a. Hardness of different depths；b. Hardness of different slope positions

在不同坡位,如图 2.4 所示,单因素方差分析表明,2004 年沉陷区各坡位土壤硬度与对照区相应坡位均无显著差异($P>0.05$),可能是沉陷 3 年后该区土壤的松散情况有所恢复的结果;而 2005 年沉陷区的坡顶与坡底的土壤硬度显著小于对照区相应坡位($P<0.01$),坡顶处位于沉陷边界部位,土层断裂非常严重,而坡底处于背风坡,风沙土原本结构松散,更易受到沉陷的影响,这应该是造成 2005 年沉陷区 2 个坡位硬度显著降低的主要原因。

二、沉陷与土壤水分

为研究研究区土层冻结时和解冻后土壤含水量状况,用烘干法测定土壤质量含水量。具体测定时间为 2006 年 2 月土层冻结且无积雪覆盖时、2006 年 4 月土层未冻结时和 2007 年 3 月土层冻结且有积雪覆盖时。挖 1m 深土壤剖面,在 0~20cm、20~40cm、40~60cm、60~80cm、80~100cm 处各取 3 个土样。把土样装入密封袋密封以备烘干。在室内,先称出铝盒重 G_1,将取回密封袋中的土样放入铝盒中称得铝盒与湿土总重 G_2;将装有土样的铝盒放入烘箱在 105℃下烘干 8h 至恒重后,冷却后称得铝盒与干土总重 G_3。土壤质量含水量 W 的计算方法为:$W=(G_2-G_3)/(G_2-G_1)$。

在研究解冻后土壤含水量动态时,用 TSC-V 型土壤水分测试仪测定土壤容积含水量。具体测定时间为土壤解冻后的 2006 年的 3 月 17 日至 4 月 4 日与 2007 年的 3 月 25 日至 4 月 12 日,各年测定时段内每 3 天测定一次。测定时开挖 1m 深土壤剖面,在 0~10cm、10~20cm、20~30cm、30~40cm、40~50cm、50~60cm、60~70cm、70~80cm、80~90cm、90~100cm 层用 TSC-V 型土壤水分测试仪分别进行测定,每层 5 个重复。每次测完后将周围的土回填以防止土壤水分散失,下一次测定前先挖去填埋的土,再沿着沙丘的走向方向向前掘进 40~50cm 后挖成新剖面进行测定,以此类推。

1. 土壤冻结对沉陷区土壤水分亏缺的缓解作用

分别在 2006 年 4 月土层未冻结时、2006 年 2 月土层冻结且无积雪覆盖时与 2007 年 3 月土层冻结且有积雪覆盖时测定研究区土壤质量含水量(表 2.3)。

分别对表 2.3 中 3 种情况研究区的质量含水量进行沉陷分区(即对照区与 2005 年沉陷区、2004 年沉陷区)与分层情况的双因素方差分析。结果表明,2006 年土层未冻结时研究区的质量含水量差异显著($P<0.01$),造成显著差异的因素只有沉陷分区($P<0.01$),以沉陷分区为因素的多重均值检验表明,对照区的质量含水量显著高于 2005 年沉陷区和 2004 年沉陷区;2006 年土层冻结且无积雪覆盖时研究区的质量含水量差异不显著($P>0.05$),其中以沉陷分区因素也不显著($P>0.05$);

表 2.3 3 种环境条件下研究区不同土层深度土壤质量含水量（%）

Tab. 2.3 Mass water content of different depths in the studied area with 3 kinds of
environmental conditions（%）

时段	研究分区	分层/cm				
		0~20	20~40	40~60	60~80	80~100
土层未冻结时	对照区	1.71	1.95	1.94	1.82	1.88
	2005 年沉陷区	0.90	1.48	1.24	1.34	1.34
	2004 年沉陷区	1.23	1.71	1.70	1.70	1.98
土层冻结且无积雪覆盖时	对照区	3.10	2.10	1.90	1.96	1.91
	2005 年沉陷区	2.45	1.73	1.37	1.49	1.77
	2004 年沉陷区	2.24	2.02	2.08	2.44	2.96
土层冻结且有积雪覆盖时	对照区	5.84	4.67	3.17	2.15	2.64
	2005 年沉陷区	5.57	4.27	2.55	2.72	2.58
	2004 年沉陷区	5.47	3.40	2.88	3.05	3.07

2007 年土层冻结且有积雪覆盖时研究区的质量含水量差异极显著（$P<0.01$），但造成显著差异的因素只有分层情况（$P<0.01$），这与积雪覆盖有关，而以沉陷分区因素不显著（$P>0.1$），依分层情况因素的多重均值检验表明，积雪覆盖下各区 0~40cm 层质量含水量显著高于以下各层。

3 种环境条件下研究区不同坡位的土壤质量含水量情况如图 2.5 所示。结合图 2.5，单因素方差分析表明，在土层未冻结的情况下，除坡顶 2004 年沉陷区与对照区差异不显著（$P>0.05$）外，其他沉陷区各坡位的土壤含水量均显著小于对照区相应坡位（$P<0.01$）。在土层冻结的情况下，无积雪覆盖时，除坡底外，各沉陷区与对照区的其余各坡位土壤含水量差异性均不显著（$P>0.05$）；有积雪覆盖时，各沉陷区与对照区的土壤含水量差异性在所有坡位均不显著（$P>0.05$）。

采煤沉陷造成采空区上方风沙土孔隙增多（侯新伟等，2006）与土壤垂向裂缝发育，不仅减弱了风沙土毛细现象，还加强了风力导致土壤水分散失的能力（张发旺等，2003），2006 年土层未冻结时沉陷区裂缝与土壤孔隙暴露，土壤水分损失严重，使得对照区与 2005 年沉陷区、2004 年沉陷区的质量含水量差异显著。而土层冻结可以增加土壤蓄水量，抑制土壤蒸发，改变土壤水分的运行规律（刘海昆等，2002）。冻结层不仅可以阻断水分向大气中的蒸发，还可以使来自浅层地下水向上层土壤转移的水汽在冻结层底部不断形成冰晶体，加厚冻结层（刘海昆等，2002）。这造成 2006 年、2007 年土层冻结时沉陷分区因素对研究区质量含水量分布影响不显著，并且在 2007 年有积雪覆盖时各区的差异性（$P>0.1$）更小。土壤冻结时，土壤水分接近饱和状态（刘海昆等，2002），各沉陷区与对照区土壤水分因此趋于一致。2007 年各区因有积雪覆盖，冻结情况更好，冻结层阻渗、蓄水作

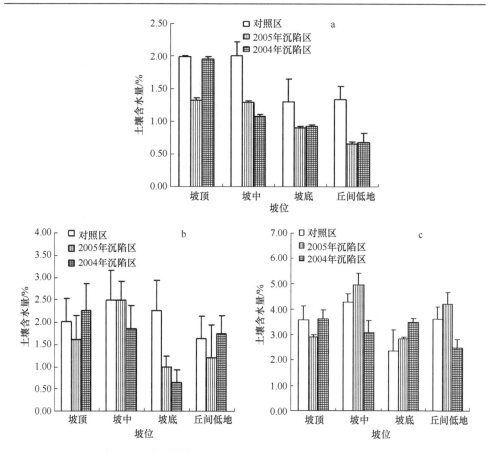

图 2.5　3 种环境条件下研究区不同坡位的土壤质量含水量

Fig. 2.5　Mass water content of soil of different slope positions in the studied area with 3 kinds of environmental conditions

a. 土层未冻结时；b. 土层冻结且无积雪覆盖时；c. 土层冻结且有积雪覆盖时

用也更强（表现为各区 0～40cm 层质量含水量显著高于以下各层），各区的土壤水分差异性也就更小。从不同坡位的情况来看，土层冻结时沉陷区土壤含水量与对照区无显著差异的情况很普遍，而土层未冻结时沉陷区多数坡位的土壤含水量显著小于对照区的相应坡位。因此土壤冻结与积雪覆盖造成的阻、蓄水作用可以显著抑制沉陷区的土壤水分亏缺。

2006 年实验期之前没有降雪，实验期间风力较强，3 月 17 日土壤开始解冻，26 日完全解冻，土体环境干旱；2007 年实验期前有降雪，实验期间积雪融化，3 月 25 日后土壤已经解冻，土体环境相对湿润。单因素方差分析表明，2006 年实验期土壤开始解冻以后，2004 年沉陷区坡顶部位与对照区相应坡位土壤含水量差异均不显著（$P>0.1$），2 年实验期土壤开始解冻以后 2005 年沉陷区坡中部位土壤含水量与对照区相应坡位差异均不显著（$P>0.1$）。除此以外，在 2 年实验期土壤开始解冻以后，2 个沉陷区其他坡位的土壤含水量均显著小于对照区相应坡位（$P<0.01$）。通过图 2.6 显示的各坡位土壤容积含水量情况，综合方差分析结论可以看出，土壤开始解冻后，对照区与 2 个沉陷区 2 年间土壤容积含水量差异均较明显的坡位为坡底与丘间低地，其中坡底最为明显。

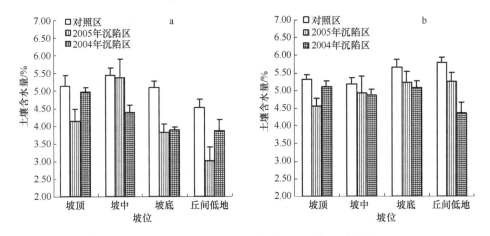

图 2.6　2 年间解冻后研究区各坡位土壤容积含水量

Fig. 2.6　Soil bulk density water content of each slope position after soil thawing in 2 years

a. 2006 年土壤含水量；b. 2007 年土壤含水量

如图 2.7 所示，2006 年实验期土壤开始解冻后各区坡顶土壤水分差异较小，26 日解冻完全后差异不同程度增大；而各区坡底土壤水分差异一直很大。

在土层解冻过程中，冻结层的阻渗、蓄水作用依然残存，坡位和坡向的差异会影响风力的分布，造成解冻情况的差异，最终对沉陷区土壤水分分布产生影响。风在爬迎风坡时风速增大，在坡顶（山顶）处风速可增大 20%（徐化成，1996），经背风坡至背风坡底时气流形成涡旋，风速降低（朱朝云，1992），风力减弱，再向丘间低地运动时风速逐渐回升。在解冻过程中，相对于其他坡位，坡顶与坡中风速较大，热量散失较多，冻结程度较深，解冻较慢。所以在坡顶与坡中处，沉陷区土壤水分散失较轻微且到来得较晚，各沉陷区与对照区的水分差异性相对较小，冻结的作用比较明显；坡中距坡顶较近，情况与坡顶接近；而在背风坡坡底，风速相对最小，热量散失较少，且各区的背风坡又是阳坡，光热条件较好，冻结程度较轻，解冻较早，因此，在坡底处，沉陷区土壤水分散失严重并且很早就表现出来，2 年间各沉陷区与对照区坡底部位的水分差异在土壤冻结时与解冻后均较明显。

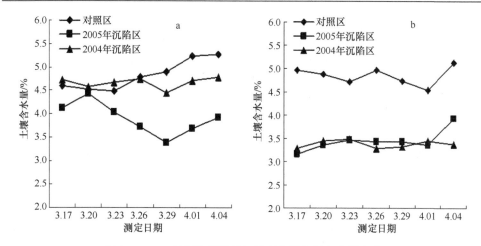

图 2.7　2006 年解冻后坡顶与坡底土壤容积含水量动态

Fig. 2.7　Dynamic situation of soil bulk density water content on top and bottom of dunes after soil thawing in 2006

a. 坡顶土壤含水量；b. 坡底土壤含水量

如图 2.5a、图 2.5b、图 2.6 与图 2.7a 所示，沉陷的作用最明显；丘间低地与坡顶接近，其风速情况与坡底接近，沉陷的作用也与坡底接近。

因此，沉陷区土层开始解冻以后，各不利于冻结的坡位、坡向地段的水分散失过程会更早到来并更加严重。风对沉陷区土壤水分的作用呈双重性。在土层冻结期，风可以加速热量散失、促进冻结、加强土壤蓄水，抑制沉陷区土壤水分亏缺；而在气温回升的土壤解冻后，沉陷裂缝暴露，风开始加速土壤水分的散失，使沉陷风沙区水分散失加剧。

2. 解冻后研究区土壤含水量时空变异性

对 2006 年与 2007 年解冻后实验期内研究区的动态、分层、分坡位的大量土壤容积含水量数据进行以沉陷与否、测定日期、土层深度与坡位 4 种因素的多因素方差分析。结果显示，在 2 年实验期内，研究区土壤含水量的时空分布均有极显著差异（$P<0.01$），沉陷与否、测定日期、土层深度和坡位 4 种因素均对研究区土壤含水量的时空分布均有极显著影响（$P<0.01$）。

从环境影响因素来看，依测定日期因素的多重均值检验表明，2006 年 3 月 29 日以后与 2007 年 3 月 31 日以后研究区土壤含水量显著降低。3 月上旬至 5 月下旬为我国北方沙地的失水阶段，沙地水分损失迅速，与检验结果吻合。依土层深度因素的多重均值检验表明，2006 年各区 0～10cm 含水量显著小于以下各层，这是环境干旱时风沙土干沙层的标志（图 2.8a），而 2007 年各区 0～50cm 层含水量显著高于 50～100cm 层,这是积雪融水入渗造成 0～50cm 层土壤环境湿润的表现(图 2.8b)。依坡位因素的多重均值检验表明, 2 年各区不同坡位含水量显著性大小排序分别为:2006 年坡中>坡顶>坡底>丘间低地, 2007 年丘间低地与坡底>坡中>坡顶。吕贻忠等 (2006) 的研究表明毛乌素沙地沙丘下部的丘间部位含水量明显高于丘顶, 与 2007 年实验结论吻合。

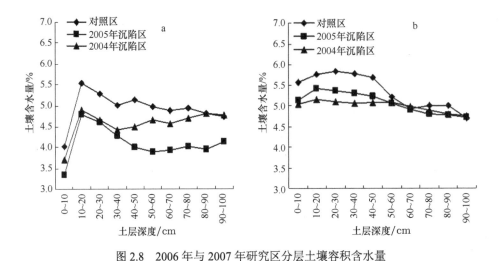

图 2.8　2006 年与 2007 年研究区分层土壤容积含水量

Fig. 2.8　Soil bulk density water content of different depth in studied area in 2006 and 2007

a. 2006 年土壤含水量; b. 2007 年土壤含水量

　　从沉陷的影响来看, 依沉陷与否因素的多重均值检验表明:在 2 年实验期内, 对照区与 2005 年沉陷区、2004 年沉陷区含水量均两两差异显著, 但大小顺序不同:2006 年, 对照区>2004 年沉陷区>2005 年沉陷区;2007 年, 对照区>2005 年沉陷区>2004 年沉陷区。2 年研究区的土壤水分动态情况如图 2.5 所示。说明沉陷区土壤水分亏缺在沉陷 1～2 年的干旱与湿润年份均表现严重。一方面, 沉陷造成的土壤垂向裂缝发育可以使土壤内部的水汽直接从均一的、较粗直的裂隙扩散到大气中 (张发旺等, 2003), 使沉陷裂缝带土壤水分的损失几乎可达 50% (张发旺等, 2007)。另一方面, 本研究前述结果表明采煤沉陷可以显著增大沉陷后 1～2 年风沙土孔隙度, 进而使土壤内部水汽的扩散更活跃。

3. 解冻后研究区土壤含水量时间动态分析

　　如前所述, 2005 年沉陷区在 2 年实验期间的土壤容重与土壤硬度较对照区显著减小而孔隙度显著增大, 且其 2 年的土壤水分也显著小于对照区, 可见沉陷造成的风沙土容重与硬度的减小和孔隙度的增大是造成 2005 年沉陷区土壤水分亏缺的重要原因；从表面看，在 2007 年实验期，2004 年沉陷区经过 3 年的时间，其土壤容重、孔隙度与土壤硬度均与对照区无显著差异，表现出恢复趋势，但土壤水分仍然显著低于对照区，甚至低于容重、孔隙度和硬度未恢复的 2005 年沉陷区。但是，结合图 2.9 对 2 年的土壤水分动态进行对比会发现，其实由于 2007 年观测期内积雪融合营造的相对湿润的土壤环境，该年对照区与 2 个沉陷区的土壤水分均有提高，只是提高幅度不同。对照区的平均提高幅度为 31.04%。相比之下，2005 年沉陷区土壤水分平均提高了 42.44%，提高幅度很大，该区受环境干、湿变化的影响极大，遇到湿润年份（2007 年）土壤水分迅速上升，而在干旱年份（2006 年），受沉陷引起的孔隙度增大与裂隙增多的影响，土壤水分又迅速散失。而 2004 年沉陷区的提高幅度很小，平均提高 21.92%，说明 2004 年沉陷区土壤水分受环境干、湿变化的影响较小，土壤孔隙与裂隙状况的恢复应该是造成这种现象的重要原因，但不是全部原因。与对照区和 2005 年沉陷区不同的是，只有 2004 年沉陷区的沙土含有少量比例的砂粒（粒径＞1mm）[援引王健（2007）在相同研究区的机械组成表]，机械组成略粗，更易造成土壤水分的蒸发与渗漏，也应该对湿润年份（2007 年）2004 年沉陷区土壤水分提高幅度很小有一定的贡献。

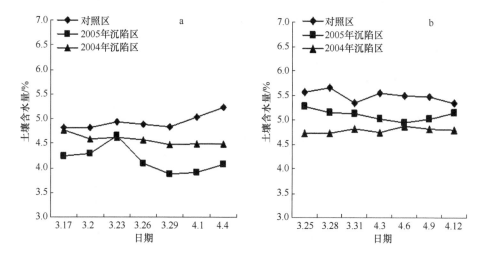

图 2.9　2006 年与 2007 年研究区土壤容积含水量动态

Fig. 2.9　Dynamic situation of soil bulk density water content of in studied area in 2006 and 2007

a.2006 年土壤含水量；b.2007 年土壤含水量

4. 解冻后采煤沉陷对沉陷区土壤水分的分层影响

由图 2.8 可以看出，2007 年的融雪使各沉陷区绝大部分层次含水量较干旱的 2006 年有不同程度的提高，其中 2004 年沉陷区提高幅度较小，而 2005 年沉陷区有提高幅度较大。且在 2007 年，各区 50～100cm 各层含水量均较接近，表现出融雪对沉陷区水分一定的改善作用。但在 2 年实验期内，各沉陷区近地表 0～50cm 层[即浅层与剧烈变化层（冯起和程国栋，1999）]各层次土壤含水量均明显低于对照区相应层次。

在 2007 年实验期，积雪融水使对照区 0～50cm 层含水量明显远高于以下各层，说明未沉陷区土壤对积雪融水的保持能力较强，而 0～50cm 层的保水能力对地表植物根系生长有重要意义。相比之下，在 2007 年 2 个沉陷区 0～50cm 层含水量均明显低于对照区。采煤沉陷造成的沉陷区土壤孔隙度增大、裂缝（很多未被风沙填充）增多等因素在 2～3 年内难以消除，使得解冻后失去冻土层的阻蓄水作用后，沉陷区进入 0～50cm 层积雪融水的散失依然强于对照区。另外，2004 年沉陷区 0～50cm 层含水量与其下层接近，看不出积雪融水的蓄存。

三、沉陷与土壤肥力

伴随采煤沉陷，土壤的物理、化学和生物学特性都将受到影响，并且在沉陷盆地的不同部位影响不同。采煤沉陷首先直接影响土壤物理特性，使土壤容重、水分含量增大并使渗透速率下降；开采沉陷造成地表形成了许多裂缝和相对的坡地和洼地，土壤中许多营养元素随着裂隙、地表径流流入采空区或洼地，造成许多地方土壤中养分的短缺，严重影响了农作物的生长，因此研究采煤沉陷区土壤养分的变异性对植被恢复与重建有重要意义。

1. 研究区土壤化学性质（养分）变异性

（1）研究区整体土壤化学性质变异性分析

对 2007 年即沉陷 2～3 年后研究区分坡位、分层的土壤化学性质指标（养分）数据进行以沉陷与否、土层深度与坡位 3 种因素的多因素方差分析，并对各因素下的各水平进行多重均值检验，结果见表 2.4。

从沉陷的影响来看，依沉陷因素的多重均值检验表明，沉陷 2～3 年后，沉陷区的全氮、全磷含量总体上显著低于对照区（全氮 $P<0.01$，全磷 $P<0.05$），氮素的流失严重，磷素有一定程度的流失；沉陷区土壤全钾、有机质与对照区均无显著差异；沉陷区碳氮比显著高于对照区。在氮的流失途径中，硝态氮（NO_3^-）可以从上层土壤剖面淋溶至较深的土层（吕贻忠等，2006），水解性有机氮（一般占全氮的 50%～70%）可以通过微生物的矿化作用转化为易流失的无机态氮（吕贻忠等，2006）。在磷的流失途径中，碱性土壤的 pH 在淹水后的下降会造成磷酸钙的溶解度增大（黄昌勇，2000）（本研究区的 pH 为 7.3～9.3），有降雨时，大量的

表 2.4 研究区土壤化学性质（养分）多因素方差分析表

Tab. 2.4 Table of multi-factor variance analysis of soil chemical properties in studied area

分析项目	因素	指标				
		全氮	全磷	全钾	有机质	碳氮比
显著水平	总体	$<0.01^{**}$	>0.1	>0.1	>0.1	$<0.05^{*}$
	沉陷因素	$<0.01^{**}$	$<0.05^{*}$	>0.1	>0.05	$<0.05^{*}$
	分层因素	>0.1	>0.1	>0.1	>0.1	>0.1
	坡位因素	$<0.01^{**}$	>0.1	>0.1	>0.1	$<0.01^{**}$
DUNCAN 多重均值检验	沉陷因素	对照区>沉陷区	对照区>沉陷区	—	—	沉陷区>对照区
	分层因素	—	—	—	—	—
	坡位因素	丘间低地与坡底>坡顶与坡中	—	—	—	坡顶与坡中>丘间低地与坡底

"**"表示差异极显著，$P<0.01$；"*"表示差异显著，$P<0.05$；用">"分开的各因素水平在 $P=0.05$ 下差异显著；"—"表示各因素水平差异性不显著或不明显

可溶态磷素可随水流沿着土壤中裂缝迅速到达土壤下部（吕家珑，2003；Tunney et al.，1997；Heckrath et al.，1995；Hesketh and Brookes，2000）。采煤沉陷形成的大量土壤裂隙与增大的土壤孔隙，应该是造成降雨时沉陷区氮素和可溶性磷流失的主要原因。在碳氮比的影响方面，由于对照区与沉陷区的有机质含量差异不显著，因此土壤氮素的流失是造成沉陷区碳氮比显著升高的根本原因。

（2）研究区不同深度土壤养分

如图 2.10 可以看出，2 个沉陷区各土层深度的全氮、全磷与有机质较对照区有不同程度的降低，全钾无明显变化，碳氮比升高，但其中只有全氮、全磷的降低和碳氮比的升高达到显著。另外，对照区各层次的碳氮比接近 $10\sim15$，而沉陷区各层次的碳氮比较这一范围偏高，植物获得有效氮的潜力有所减弱。

（3）研究区不同坡位土壤养分

单因素方差分析表明，结合图 2.11，各沉陷区全氮含量较对照区有显著降低的坡位包括各沉陷区坡中（$P<0.05$）、2004 年沉陷区坡底（$P<0.05$）、2005 年沉陷区丘间低地（$P=0.05$）及 2004 年沉陷区丘间低地（$P<0.05$）；各沉陷区全磷含量较对照区有显著降低的坡位包括 2004 年沉陷区坡底（$P<0.05$）、各沉陷区丘间低地（$P<0.05$）（其中 2004 年沉陷区丘间低地的 $P<0.01$）；2 个沉陷区各坡位的全钾与有机质含量与对照区相应坡位均无显著差异（$P>0.05$）；各沉陷区碳氮比较对照区有显著升高的坡位只有 2004 年沉陷区的坡中与丘间低地（$P<0.05$），由于不同时期的沉陷区各坡位碳氮比在数值上均高于对照区，只是较多坡位碳氮比升高的未达到显著水平，但不同时期的沉陷区各坡位的综合作用还是使多因素方差分析中沉陷因素的影响达到了显著水平（$P<0.05$）。

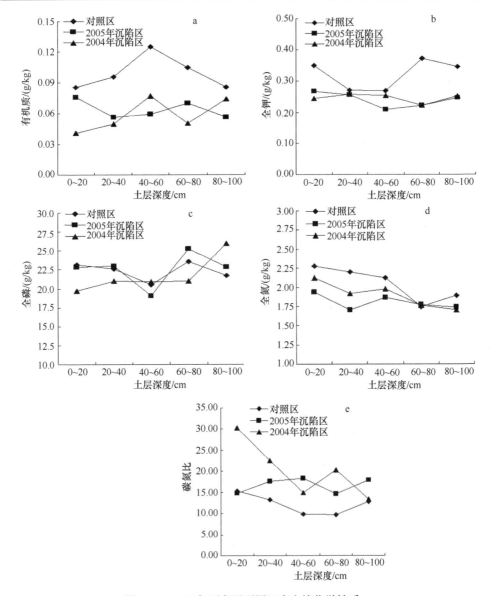

图 2.10　2007 年研究区不同深度土壤化学性质

Fig. 2.10　Soil chemical properties of different depth in studied area in 2007

　　综上分析可以看出，沉陷 2～3 年后，沉陷区丘间低地部位全氮、全磷显著降低现象比较普遍，这应该是由于该坡位有地表结皮覆盖，阻滞风沙流的活动，抑制了裂缝的风沙填充，从而使得氮、磷元素沿长期暴露的裂缝流失造成的。

　　根据王健等在 2005 年 7 月——即 2 个沉陷区沉陷后 1 年内对同样研究区的研

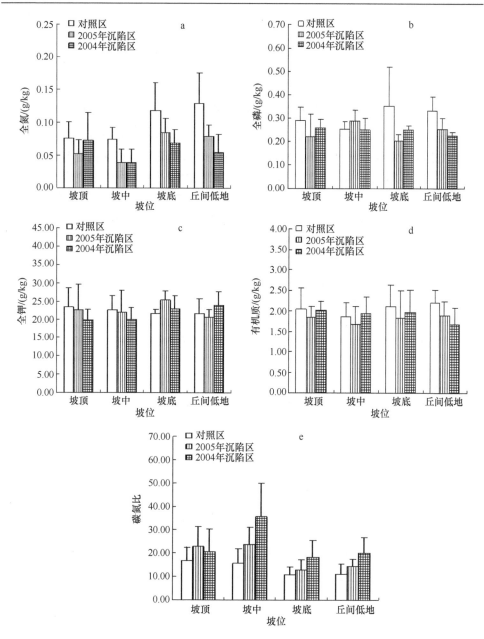

图 2.11　2007 年研究区不同坡位土壤化学性质

Fig. 2.11　Soil chemical properties of different slope position in studied area in 2007

究结果（王健等，2006），沉陷后 1 年内沉陷风沙区 0~100cm 内土壤全氮、全磷和全钾含量均无明显变化；而本研究表明沉陷 2~3 年后，沉陷风沙区的全氮、全磷开始表现出流失趋势，并且这种流失趋势在沉陷风沙区内裂缝长期暴露的丘间低地部位流失比较严重。

2. 采煤沉陷后研究区土壤理化性质的多元统计分析

（1）采煤沉陷后沉陷区与对照区土壤理化性质的多元差异性分析

为明确采煤沉陷后不同时期的沉陷区与对照区的多指标差异性，并进一步揭示造成这种多指标差异性的不同时期的沉陷区土壤理化性质变化的分异特征，应用 SAS 统计软件对研究区各坡位各土层深度层次的 8 个指标的数据进行典型判别分析。典型判别分析是与主成分分析有关的变量维数压缩技术（裴喜春和薛河儒，1998），SAS 统计软件中典型判别分析的实质是费希尔判别分析，而费希尔判别分析的思想是投影，将多组多维数据投影到某一方向，使组间的投影尽可能分开（袁志发和周静芋，2002）。

典型判别分析的结果表明，土壤含水量、容重、孔隙度、硬度、全氮与全磷 6 个指标在对照区、2005 年沉陷区与 2004 年沉陷区 3 个总体中的差异均显著（其中，容重、孔隙度的差异显著水平 $P<0.05$，其余指标 $P<0.01$），全钾与有机质在 3 个总体中的差异不显著（$P>0.05$）；并且在 3 个总体的均值向量中，任何 2 个总体的均值向量的差异均极显著（$P<0.01$）。

如表 2.5 所示，由典型判别分析得到第 1 个典型判别函数 Y_1，其对应的第 1 个特征值为 4.1603；第 2 个典型判别函数 Y_2，其对应的特征值为 0.6287。经检验，各典型判别函数均极显著（$P<0.01$）。第 1 个典型判别函数的方差贡献率较大，已达到 86.87%，第 2 个典型判别函数的方差贡献率较小，仅 13.13%。

表 2.5　各典型判别函数的特征值、贡献率和显著水平

Tab. 2.5　Eigenvalue，contribution rate and significant level of each canonical discriminant function

特征值序号	特征值	方差贡献率	累积方差贡献率	显著水平
1	4.1603	0.8687	0.8687	<0.0001
2	0.6287	0.1313	1.0000	<0.0005

如表 2.6 所示，2 个典型判别函数分别为

$Y_1=-0.5145 \cdot X_1+12.7829 \cdot X_2+12.5283 \cdot X_3+0.1844 \cdot X_4-0.3286 \cdot X_5+0.0729 \cdot X_6-0.1196 \cdot X_7+0.2025 \cdot X_8$

$Y_2=-0.3420 \cdot X_1+0.1414 \cdot X_2-0.2041 \cdot X_3+0.6177 \cdot X_4+0.5191 \cdot X_5+0.5278 \cdot X_6-0.1765 \cdot X_7+0.2424 \cdot X_8$

用 2 个典型判别函数对研究区各坡位各土层样点进行二维排序，如图 2.12 所示。在第 1 个典型判别函数中，各指标的作用比较复杂，一方面，虽然土壤容重

表 2.6　各典型判别函数中各指标的总样本标准化典型系数（权重）

Tab. 2.6　Standardized canonical coefficient（weight）of each index in total sample of each canonical discriminant function

指标	第 1 个典型判别函数	第 2 个典型判别函数
土壤水分（X_1）	−0.5145	−0.3420
容重（X_2）	12.7829	0.1414
孔隙度（X_3）	12.5283	−0.2041
硬度（X_4）	0.1844	0.6177
全氮（X_5）	−0.3286	0.5191
全磷（X_6）	0.0729	0.5278
全钾（X_7）	−0.1196	−0.1765
有机质（X_8）	0.2025	0.2424

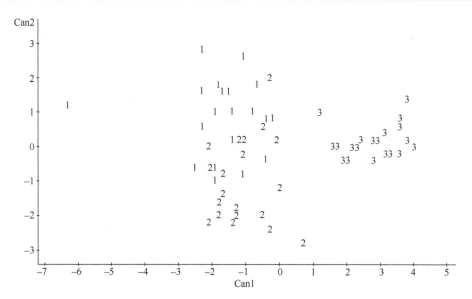

图 2.12　典型判别分析对研究区各样点的二维排序

Fig. 2.12　Two-dimensional ordination of every sampling points in studied area made by canonical discriminant analysis

1. 对照区样点；2. 2005 年沉陷区样点；3. 2004 年沉陷区样点；Can1. 第 1 典型判别函数轴；Can2. 第 2 典型判别函数轴

和土壤孔隙度的权重明显较其他指标的权重大，但这 2 个指标均为正值且权重接近，由于容重和孔隙度的作用正好相反，因此他们的作用相互抵消；另一方面，全氮与硬度、有机质的权重绝对值较小只是符号不同，作用也有一定抵消，只有土壤水分的权重绝对值明显相对较大，且为负值，说明第 1 个典型判别函数对土壤水分状况的反映比较突出，这个判别函数可以反映沉陷后以土壤水分为主要指标的土壤质量劣化情况，即第 1 典型判别函数值越大，以土壤水分为主要指标的土壤质量越恶劣。如图 2.12 可以看出，2004 年沉陷区的第 1 典型判别函数值明显超过了对照区与 2005 年沉陷区，沉陷对其的影响主要偏向于土壤水分的损失及土壤水分状况的恶化。

第 2 个典型判别函数中土壤硬度与全氮、全磷的权重较大且均为正值，可以较好地反映土壤理化性质的情况，即第 2 典型判别函数值越大，其土壤理化性质越好。如图 2.12 可以看出，2005 年沉陷区与对照区的第 2 典型判别函数值有交错，但这 2 个区的均值向量差异是极显著的（本章第一节第三部分的结论），而且整体上 2005 年沉陷区的第 2 典型判别函数值小于对照区。因此，沉陷对 2005 年沉陷区的影响主要偏向于土壤的松散化（土壤硬度的减小）与土壤养分的流失。

另外，典型判别分析还表明，对照区多元指标总体同 2005 年沉陷区、2004 年沉陷区 2 个多元指标总体标准化后的马氏距离分别为 3.92 与 20.75，而 2005 年沉陷区多元指标总体同 2004 年沉陷区多元指标总体的马氏距离为 16.27。可见，虽然前述 3 个总体的均值向量的差异均极显著，但 2004 年沉陷区多元总体距对照区与 2005 年沉陷区多元总体的马氏距离明显更大，说明沉陷 3 年后 2004 年沉陷区以土壤水分为主要指标的土壤质量的恶化情况尤为严重，另外，2004 年沉陷区土壤机械组成相对较粗，更容易造成土壤水分的蒸发和渗漏，可能对该区沉陷后土壤水分状况的恶化有加剧作用。

（2）采煤沉陷后研究区土壤综合理化性质综合变异性分析与排序

采用主成分分析与因子分析方法对采煤沉陷后研究区土壤综合理化性质的综合变异性进行分析与排序。

主成分分析可以将多指标进行线性组合，形成较少几个彼此互不相关又能反映原来指标（变量）信息的综合指标（变量），从而将多指标问题转化为较少的综合指标的问题（裴喜春和薛河儒，1998；袁志发和周静芋，2002）。对 2007 年研究区不同坡位与不同土壤深度层次的多元土壤理化性质指标分别进行主成分分析，以揭示沉陷 2 年后研究区土壤理化性质在不同坡位与不同土壤深度层次的综合变异性。其中，为表述方便，对研究区不同坡位的多指标进行的主成分分析简称坡位主成分分析；对研究区不同土壤深度层次的多指标进行的主成分分析简称土层主成分分析。进行坡位主成分分析时，将研究区每个坡位不同土壤深度的各指标值取平均值；进行土层主成分分析时，将研究区每个土层深度范围的各坡位的各指标值取平均值。

由于取平均后样点数目大大减少，因此由坡位主成分分析与土层主成分分析得到的主分量比较明显，易于分析，并且这 2 种主成分分析只分别反映土壤理化性质在研究区不同坡位与不同土壤深度层次的综合变异性。而为反映研究区各坡位不同土壤深度层次的土壤理化性质的综合变异性，对研究区各坡位不同土壤深度层次的样点进行主成分分析（不取平均），这样使得样点量大大增多，经主成分分析得到的主分量不明显，而因子旋转可以将经主成分分析得到的载荷阵中的元素的平方按列向 0 或 1 分化（袁志发和周静芋，2002），从而使旋转后得到的各因子有明显的实际意义，因此对由主成分分析得到的因子载荷阵进行因子旋转，利用因子分析的方法研究采煤沉陷后研究区各坡位不同土壤深度层次的大量样点的土壤理化性质的综合变异性。

1）坡位主成分分析

在坡位主成分分析中（表 2.7），前 3 个主成分的累积方差贡献率已达 87.51%，超过了 85%，可以代表研究区的多指标信息。

表 2.7 坡位主成分分析的特征值和各主成分贡献率

Tab. 2.7 Eigenvalues and contribution rate to each principal component of slope position principal component analysis

主成分序号	特征值	方差贡献率	累积方差贡献率
1	3.5563	0.4445	0.4445
2	2.4050	0.3006	0.7452
3	1.0395	0.1299	0.8751
4	0.4672	0.0584	0.9335
5	0.2520	0.0315	0.9650
6	0.1992	0.0249	0.9899
7	0.0798	0.0100	0.9999
8	0.0010	0.0001	1.0000

又见表 2.8，第 1 主成分中硬度、全氮、全磷与有机质权重（即系数，后同）较大（普遍大于或接近 0.4），可见第 1 主成分是反映土壤理化性质质量的综合指标，为土壤质量主成分，其值越大说明土壤理化性质越好；第 2 主成分中孔隙度和容重权重较大（绝对值均在 0.6 左右），其中孔隙度载荷为正值，起正作用，而容重为负值，起反作用，说明第 2 主成分是反映土壤孔隙状况的综合指标，为土壤孔隙主成分，其值越大说明土壤孔隙度越大，容重越小。由于采煤沉陷可造成风沙土裂隙发育和孔隙增大，因此第 2 主成分与采煤沉陷的影响有密切关系。土壤含水量在第 1、第 2 主成分中的权重接近，对第 1、第 2 主成分的贡献率相当，且在前 2 个主成分中载荷均相对较小，作用不很突出。第 3 主成分中全钾权重很大（＞0.8），为全钾主成分。

表 2.8　由坡位主成分分析得到的各主成分的特征向量中各指标的系数（权重）

Tab. 2.8　The coefficients（weights）of each index in the eigenvector of each principal component made by slope position principal component analysis

	第 1 主成分	第 2 主成分	第 3 主成分
土壤水分	0.3773	0.3833	0.0297
容重	0.1743	−0.6018	0.1315
孔隙度	−0.2045	0.5601	−0.2299
硬度	0.3893	−0.2412	−0.2138
全氮	0.4064	0.2218	0.4370
全磷	0.4255	0.2484	−0.0941
全钾	−0.2431	0.0893	0.8161
有机质	0.4781	−0.0114	0.1316

前 2 个主成分可以很好地揭示研究区土壤理化性质的变异性，并且它们的累积方差贡献率已达 74.52%，可以反映研究区多指标的绝大部分信息量，因此用研究区各坡位样地的前 2 个主成分的主成分值进行二维排序，即 PCA 排序，排序结果如图 2.13 所示。

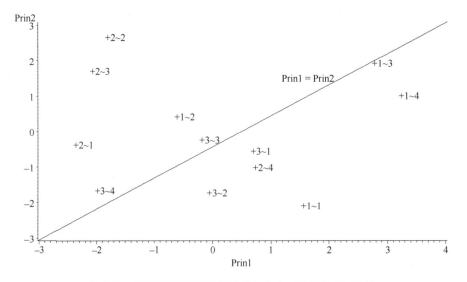

图 2.13　研究区不同坡位样地前 2 个主成分的 PCA 排序

Fig. 2.13　PCA ordination of the first 2 principal components to different slope position plots in studied area

+1～1. 对照区坡顶；+1～2. 对照区坡中；+1～3. 对照区坡底；+1～4. 对照区丘间低地；+2～1. 2005 年沉陷区坡顶；+2～2. 2005 年沉陷区坡中；+2～3. 2005 年沉陷区坡底；+2～4. 2005 年沉陷区丘间低地；+3～1. 2004 年沉陷区坡顶；+3～2. 2004 年沉陷区坡中；+3～3. 2004 年沉陷区坡底；+3～4. 2004 年沉陷区丘间低地；Prin1. 第 1 主成分轴（土壤质量主成分轴）；Prin2. 第 2 主成分轴（土壤孔隙主成分轴）

如图 2.13 所示，对照区坡顶+1～1、坡底+1～3 与丘间低地+1～4 的值对应的点均分布在图 2.13 中直线"Prin1=Prin2"的右下侧，该侧第 1 主成分值较大，说明第 1 主成分（土壤质量主成分）对对照区影响较大，即未沉陷区的土壤理化性质较好。在对照区，+1～3 与+1～4 的第 1 主成分值大于+1～1 与+1～2，这是坡底与丘间低地处土壤综合理化性质较好的表现。

2005 年沉陷区内只有丘间低地+2～4 因土壤理化性质相对较好而位于图 2.13 中直线"Prin1=Prin2"的右下侧，其余各坡位+2～1、+2～2 与+2～3 的第 1 主成分值均远小于对照区各坡位，土壤理化性质恶化明显；且+2～1、+2～2 与+2～3 均靠近 Prin2 轴，表明沉陷作用造成的土壤孔隙增大使沉陷区沙丘上各坡位受第 2 主成分的影响较受第 1 主成分的影响程度大得多，其中，本来就位于背风坡，土质松散的坡中+2～2 处受沉陷作用的影响更为强烈，其第 2 主成分值超过了所有样地。

2004 年沉陷区内的样地+3～1、+3～2、+3～3 与+3～4 的第 1 主成分值均较小，土壤综合理化性质较差；而且由于 2007 年该区的土壤孔隙度有了显著恢复，其各样地第 2 主成分值也较小。这样，2004 年沉陷区各样地受各 2 个主成分的影响程度相当。

从沉陷的影响综合来看，如图 2.13 所示，2 个沉陷区各坡位的综合土壤质量主成分值（第 1 主成分值）均较小，主要是受到沉陷对土壤质量降低的影响；2005 年沉陷区土壤孔隙主成分值（第 2 主成分值）的增大则是受沉陷对风沙土孔隙扰动的影响，并且结合前文对 2004 年沉陷区 2 年间土壤孔隙的显著减小的结论可知，2007 年该区土壤孔隙主成分值较小是其沉陷后土壤孔隙恢复的表现。

2）土层主成分分析

在分层主成分分析中（表 2.9），前 4 个主成分的累积方差贡献率达到 88.54%，超过 85%，可以代表研究区的多指标信息。

表 2.9　土层主成分分析中特征值与各主成分贡献率

Tab. 2.9　Eigenvalues and contribution rate to each principal component of soil layer principal component analysis

主成分序号	特征值	方差贡献率	累积方差贡献率
1	3.9201	0.4900	0.4900
2	1.5299	0.1912	0.6813
3	1.0297	0.1287	0.8100
4	0.6038	0.0755	0.8854
5	0.5594	0.0699	0.9554
6	0.2181	0.0273	0.9826
7	0.1356	0.0169	0.9996
8	0.0033	0.0004	1.0000

又如表 2.10，第 1 主成分中土壤水分、容重、孔隙度与有机质权重较大（绝对值均大于或接近 0.4），其中容重与孔隙度又表现出了相反的作用规律，且容重为正值，起正作用，而孔隙度为负值，起反作用，并且土壤水分与土壤有机质也为正值，起正作用，因此第 1 主成分是反映土壤结构与质量性质的综合指标，其值越大说明土壤水分、结构性质越好，受沉陷的土壤孔隙扰动越小；在第 2 主成分中全氮、全磷与全钾权重较大（均大于 0.4），为土壤养分综合指标，其值越大说明各土壤养分含量越高。而第 3 主成分与容重、全氮正相关关系密切，第 4 主成分与土壤全钾、有机质的正相关关系密切，均能在一定程度上反映土壤的综合理化性质。

表 2.10　由土层主成分分析得到的各主成分的特征向量中各指标的系数（权重）

Tab. 2.10　The coefficients（weight）of each index in the eigenvector of each principal component made by soil layer principal component analysis

	第 1 主成分	第 2 主成分	第 3 主成分	第 4 主成分
土壤水分	0.4005	−0.1650	0.3811	0.3548
容重	0.4234	−0.0631	−0.4980	0.0272
孔隙度	−0.4476	−0.0054	0.4277	−0.0727
硬度	0.3649	−0.0285	0.2737	−0.6041
全氮	0.2638	0.4617	0.4949	−0.1297
全磷	0.2985	0.5196	−0.2333	−0.1859
全钾	−0.1187	0.6489	−0.0149	0.4871
有机质	0.3925	−0.2525	0.2220	0.4632

从表 2.9 可以看出，前 2 个主成分均是反映土壤质量的综合指标，对研究区土壤理化性质的研究很有价值，并且它们的累积方差贡献率达到 68.13%，可以反映研究区多指标的大部分信息量，因此用研究区各样地的前 2 个主成分的主成分值进行二维排序，排序结果如图 2.14 所示。由图 2.14 可以看出，对照区各土层的样点分布于图的右上角，2 个主成分的值均较大，土壤理化性质较好，而各沉陷区的样点大部分位于对照区样点的左下侧，2 个主成分的值整体较小，土壤理化性质恶化的现象比较明显。

由于前 2 个主成分的累积方差贡献率相对较小，为 68.13%，而前 4 个主成分的累积方差贡献率达到 88.54%，超过了 85%，因此，前 4 个主成分可以反映研究区绝大部分的指标信息，又由于与前述坡位主成分分析不同，分土层主成分分析的前 4 个主成分均是反映土壤综合理化性质的综合指标，均有主成分值越大，土壤的综合理化性质越好的规律，因此计算研究区各样点前 4 个主成分的综合指标值，并对各样点进行综合指标排序，排序结果如图 2.15 所示。可以看出，对照区

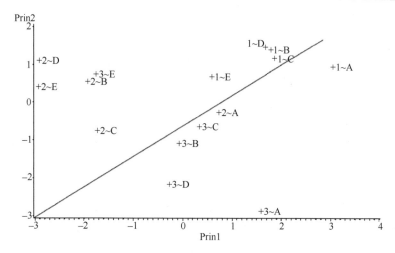

图 2.14　研究区不同土层前 2 个主成分的 PCA 排序

Fig. 2.14　PCA ordination of the first 2 principal components to different depth in studied area

+1～A. 对照区 0～20cm；+1～B. 对照区 20～40cm；+1～C. 对照区 40～60cm；+1～D. 对照区 60～80cm；+1～E. 对照区 80～100cm；+2～A. 2005 年沉陷区 0～20cm；+2～B. 2005 年沉陷区 20～40cm；+2～C. 2005 年沉陷区 40～60cm；+2～D. 2005 年沉陷区 60～80cm；+2～E. 2005 年沉陷区 80～100cm；+3～A. 2004 年沉陷区 0～20cm；+3～B. 2004 年沉陷区 20～40cm；+3～C. 2004 年沉陷区 40～60cm；+3～D. 2004 年沉陷区 60～80cm；+3～E. 2004 年沉陷区 80～100cm；Prin1. 第 1 主成分轴（土壤结构主成分轴）；Prin2. 第 2 主成分轴（土壤养分主成分轴）

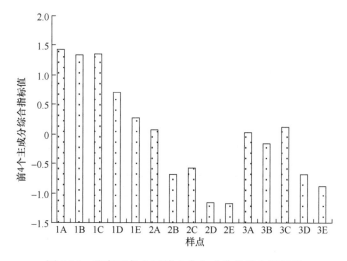

图 2.15　研究区各土层前 4 个主成分的综合指标值

Fig. 2.15　Comprehensive index value of the first 4 principal components of each depth of studied area

1A. 对照区 0～20cm；1B. 对照区 20～40cm；1C. 对照区 40～60cm；1D. 对照区 60～80cm；1E. 对照区 80～100cm；2A. 2005 年沉陷区 0～20cm；2B. 2005 年沉陷区 20～40cm；2C. 2005 年沉陷区 40～60cm；2D. 2005 年沉陷区 60～80cm；2E. 2005 年沉陷区 80～100cm；3A. 2004 年沉陷区 0～20cm；3B. 2004 年沉陷区 20～40cm；3C. 2004 年沉陷区 40～60cm；3D. 2004 年沉陷区 60～80cm；3E. 2004 年沉陷区 80～100cm

各样点的综合指标值普遍较大，其中以 60cm 层以上的综合指标值（1A、1B、1C）极大，说明对照区的土壤综合性质较好，而 2 个沉陷区各样点的综合指标值普遍较小，并且以各沉陷区 60cm 层以下的综合指标值（2D、2E、3D、3E）很小，说明采煤沉陷造成了沉陷区各土壤深度层次土壤综合质量下降，并且沉陷区 60cm 层以下土壤综合质量下降程度最大。

3）因子分析

为反映研究区各坡位各土壤深度层次的土壤理化性质的综合变异性，应用 SAS 统计软件先对研究区各坡位各土壤深度层次的样点进行主成分分析，再用一般常用的方差极大法对由主成分分析得到的因子载荷阵进行因子旋转（表 2.11）。

如表 2.12 所示，进行因子旋转以前，各指标在各主成分中的载荷相对均匀且较混乱，各主成分所反映的综合指标意义不明显。而如表 2.13 和表 2.14 所示，因子旋转以后，因子 1 中容重与孔隙度载荷很大（绝对值均大于 0.95），其中容重载

表 2.11　各坡位各土层的主成分分析的特征值与各主成分贡献率

Tab. 2.11　Eigenvalues and contribution rate to each principal component of principal component analysis to each soil layer of each slope position

特征值序号	特征值	方差贡献率	累积方差贡献率
1	2.4939	0.3117	0.3117
2	1.8862	0.2358	0.5475
3	1.1117	0.1390	0.6865
4	0.9507	0.1188	0.8053
5	0.6854	0.0857	0.8910
6	0.4823	0.0603	0.9513
7	0.3827	0.0478	0.9991
8	0.0073	0.0009	1.0000

表 2.12　各坡位各土层的主成分分析中前 3 个主成分的因子载荷阵

Tab. 2.12　Factor loading matrix of the first 3 principal components of principal component analysis to each soil layer of each slope position

	因子 1	因子 2	因子 3
土壤水分	0.4665	0.6960	−0.0947
容重	0.7605	−0.6247	−0.0878
孔隙度	−0.7740	0.5909	0.0623
硬度	0.7569	0.1849	−0.2386
全氮	0.3268	0.5559	0.2627
全磷	0.4280	0.5101	−0.1510
全钾	0.0560	−0.1811	0.7867
有机质	0.4827	0.1615	0.5688

表 2.13　因子旋转后 3 个因子的因子载荷阵

表 2.13　因子旋转后 3 个因子的因子载荷阵
Tab. 2.13　Factor loading matrix of 3 factors after factor rotating

	因子 1	因子 2	因子 3
土壤水分	−0.0400	0.8423	−0.0073
容重	0.9841	−0.0377	0.0795
孔隙度	−0.9699	0.0057	0.8423
硬度	0.5192	0.6228	−0.0808
全氮	−0.1260	0.6076	0.3158
全磷	0.0519	0.6775	−0.0675
全钾	0.0170	−0.1995	0.7841
有机质	0.1804	0.3511	0.6533

表 2.14　因子旋转后各因子中各指标的系数（权重）
Tab. 2.14　Coefficients of each index of each factor after factor rotating

	因子 1	因子 2	因子 3
土壤水分	−0.0621	0.4148	−0.0505
容重	0.4509	−0.0746	−0.0098
孔隙度	−0.4403	0.0597	−0.0136
硬度	0.2143	0.2821	−0.1492
全氮	−0.1164	0.2862	0.2537
全磷	−0.0060	0.3327	−0.1017
全钾	−0.0468	−0.1427	0.6986
有机质	0.0108	0.1256	0.5391

荷为正值，起正作用，而孔隙度为负值，起反作用，硬度载荷也较大（大于 0.5），因子 1 的值越大则土壤容重、硬度越大，孔隙度越小，风沙土稳定性越好，因此因子 1 可以反映风沙土土壤结构，为土壤结构因子；因子 2 中土壤水分、硬度、全氮与全磷载荷较大（均大于 0.6），由于土壤水分、全氮与全磷等指标是制约风沙区植物生长的重要土壤理化性质指标，因此因子 2 是反映风沙土土壤理化性质的综合指标，为土壤综合质量因子，其值越大说明土壤综合质量越好。因子 3 中全钾与有机质载荷较大（均大于 0.65），由于全钾与有机质在土壤中性质比较稳定，因此因子 3 为稳定物质因子。

　　由于研究区的样点随不同土层深度的变化无明显的规律性，因此在各因子分析的排序图中对研究区不同土层深度的样点不做区分。

　　如图 2.16 所示，从整体看，未沉陷的对照区的各样点主要分布于图 2.16 的右上侧（大体以图中虚线 α 边界为界），说明整体上对照区样点的土壤结构性质与土壤综合质量因子值较大，土壤结构与综合质量情况普遍较好，相反，2个沉陷区的各样点主要分布于 α 边界的左下侧，土壤结构与综合质量情况较差。对照区坡中一方面其位于背风坡，孔隙度与松散程度较大，另一方面又无较大盖度结皮与植被覆盖，土壤水分与养分条件也较差，使得其内大部分样点位于 α 边界的左下侧，这个部位样点虽然有特殊性，但整体看，对照区只有坡中部位的 4 个样点位于 α 边界的左下侧，并且这种影响是环境因素造成的而与沉陷无关，因此不影响整体结论。

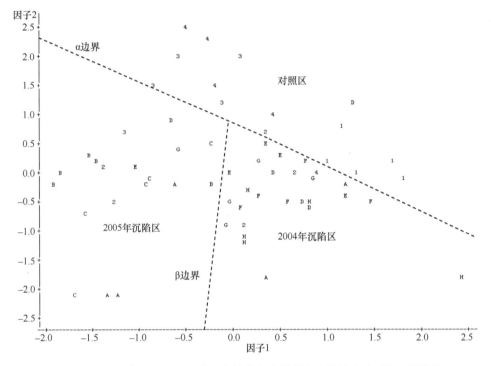

图 2.16 因子 1 与因子 2 对研究区各坡位各土层样点土壤综合性质的二维排序

Fig. 2.16 Two-dimensional ordination of the sampling points in different depth of each slope position in studied area made by factor 1 and factor 2

1. 对照区坡顶；2. 对照区坡中；3. 对照区坡底；4. 对照区丘间低地；A. 2005 年沉陷区坡顶；B. 2005 年沉陷区坡中；C. 2005 年沉陷区坡底；D. 2005 年沉陷区丘间低地；E. 2004 年沉陷区坡顶；F. 2004 年沉陷区坡中；G. 2004 年沉陷区坡底；H. 2004 年沉陷区丘间低地；Factor 1. 第 1 因子轴（土壤结构因子轴）；Factor 2. 第 2 因子轴（土壤综合质量因子轴）

从因子 1（土壤结构因子）的影响看（图 2.16），对照区坡顶部位的该因子值（如图 2.16 中符号 "1"）在各样点中较大，而 2 个沉陷区坡顶部位的该因子值（如图 2.16 中符号 "A" 与 "E"）相比明显较小。而在其他坡位，对照区与 2 个沉陷区的土壤结构因子值无明显的差别，这样可以看出，采煤沉陷2～3年后，沉陷对沉陷区土壤结构扰动的主要部位集中于断裂严重的沉陷区边界的坡顶部位，而对其他坡位的土壤结构扰动不明显。另外，可以看出，2004年沉陷区样点的土壤结构因子值普遍大于2005年沉陷区（大体以图2.16中虚线β边界为界），这是2004年沉陷区恢复时间较长，孔隙状况与土壤结构状况恢复的表现。

从因子2（土壤综合质量因子）的影响看（图2.16），对照区坡底与丘间低地部位的该因子值（如图2.16中符号"3"、"4"）明显在所有样点中较大，这是对照区坡底与丘间低地部位土壤综合质量较好的表现，是符合实际的；而2个沉陷区的坡底与丘间低地部位的该因子值（如图2.16中符号"C"、"D"、"G"、"H"）明显小于对照区相应坡位，可见沉陷2～3年后，采煤沉陷对沉陷风沙区综合质量影响（破坏）严重的部位是沉陷风沙区的坡底与丘间低地部位，即影响主要体现在土壤水分与养分的流失。

如图2.17所示的因子1（土壤结构因子）与因子3（稳定物质因子）作用下的

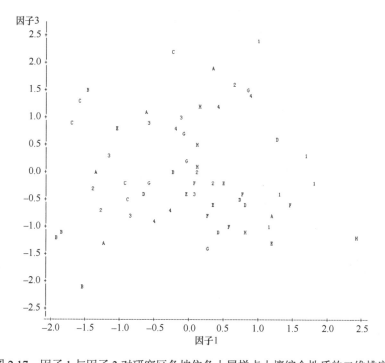

图2.17 因子1与因子3对研究区各坡位各土层样点土壤综合性质的二维排序

Fig. 2.17 Two-dimensional ordination of the sampling points in different depth of each slope position in studied area made by factor 1 and factor 3

1. 对照区坡顶；2. 对照区坡中；3. 对照区坡底；4. 对照区丘间低地；A. 2005年沉陷区坡顶；B. 2005年沉陷区坡中；C. 2005年沉陷区坡底；D. 2005年沉陷区丘间低地；E. 2004年沉陷区坡顶；F. 2004年沉陷区坡中；G. 2004年沉陷区坡底；H. 2004年沉陷区丘间低地；Factor 1. 第1因子轴（土壤结构因子轴）；Factor 3. 第3因子轴（稳定物质因子轴）

研究区的各样点的排序图中，只能模糊地看出对照区坡顶部位的土壤结构因子值较大（前已述及），而对照区与 2 个沉陷区的因子 3（稳定物质因子）的值均有高有低，分布无规律性，这样可以看出，采煤沉陷 2～3 年后，沉陷风沙区的稳定物质因子（全钾与有机质）未受到明显的影响。

综上所述，由于在采煤沉陷的作用下，因子 2 对沉陷风沙区坡底与丘间低地 2 个坡位的影响比较明显，而因子 1 只对沉陷风沙区坡顶的影响比较明显，因此采煤沉陷对沉陷 2～3 年后沉陷风沙区的土壤综合质量因子（主要为土壤水分与养分）的作用最大，对土壤结构因子（主要为土壤容重与孔隙度）的作用次之，而对稳定物质因子（全钾与有机质）无明显作用。

第二节　沉陷裂缝处土壤特性的时空变化

一、沉陷裂缝与土壤结构

采煤沉陷后，地表形成裂缝、陷坑等，使土地破碎，地块变形，而在裂缝密集的局部地带，甚至会毁坏土地。因此为研究清楚沉陷裂缝处土壤结构的变化，在 2005 年沉陷区和 2004 年沉陷区的坡顶、坡中段各选择 3 条错落裂缝（错落高度不等），其中 2005 年沉陷区 3 条错落裂缝的错落高度分别为 10cm、40cm、95cm，分别简称为 2005 年低错落、2005 年中错落、2005 年高错落；2004 年沉陷区 3 条错落裂缝的错落高度分别为 13cm、30cm、60cm，分别简称为 2004 年低错落、2004 年中错落、2004 年高错落。这样，研究区不同错落裂缝的错落高度范围分别是：低错落裂缝 10～13cm，中错落裂缝 30～40cm，高错落裂缝 60～90cm。沉陷错落体的具体情况如图 2.18 所示。在各沉陷错落裂缝两侧设置土壤剖面（如图 2.18 黑色长方形代表实验样地剖面），其中，将 2005 年高沉陷裂缝的相对沉陷一侧样地简称为"05-高塌"，相对出露的一侧简称为"05-高露"，其余以此类推。对每条错落裂缝两侧样地的土壤容重、孔隙度、硬度、动态含水量等土壤物理性质进行测定，测定深度为 1m，以研究采煤沉陷对裂缝两侧土壤结构的物理扰动情况。对容重、孔隙度在 2006 年与 2007 年进行了 2 年的测定，土壤硬度的测定时间为 2007 年。

1. 沉陷区错落裂缝处土壤孔隙状况时空变异性

由于土壤容重与孔隙度的变化规律大体相反，因此只分析沉陷区错落裂缝处土壤孔隙度的情况。分别对 2006 年与 2007 年 2 个沉陷区不同沉陷错落高度、错落裂缝两侧、分层的大量土壤孔隙度数据进行依沉陷侧（即是在相对出露侧也是相对沉陷侧）、沉陷错落高度、分层情况 3 种因素的多因素方差分析。在 2006 年，沉陷区错落处的孔隙度分布有显著差异（$P<0.01$），3 种因素均对孔隙度分布有显

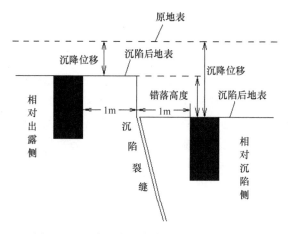

图 2.18　沉陷区内沉陷错落裂缝断面示意图

Fig. 2.18　Schematic diagram about the caving crack in subsidence area

著影响（$P<0.05$）。依沉陷侧因素的多重均值检验表明，沉陷区相对出露侧孔隙度显著大于相对沉陷侧。依错落高度因素的多重均值检验表明，沉陷区内中错落裂缝（包括 2005 年中错落与 2004 年中错落）处的土壤孔隙度显著高于低错落裂缝（包括 2005 年低错落与 2004 年低错落）处，高错落裂缝（包括 2005 年高错落与2004 年高错落）处的土壤孔隙度与中错落裂缝处无显著差异，并显著高于 2005 年低错落处。依分层因素的多重均值检验表明，沉陷区土壤孔隙度的分层显著性大小排序为：$0\sim20cm<20\sim80cm<80\sim100cm$。

　　在 2007 年，沉陷区孔隙度分布有显著差异（$P<0.01$），沉陷侧因素对孔隙度分布已无显著影响（$P>0.1$），而沉陷错落高度与分层 2 种因素对沉陷区错落裂缝处的孔隙度分布还有显著影响（$P<0.01$）。依沉陷侧因素的多重均值检验表明，沉陷区相对出露侧与相对沉陷侧的孔隙度无显著差异。依错落高度因素的多重均值检验表明，沉陷区内中错落裂缝（包括 2005 年中错落与 2004 年中错落）处与高错落裂缝（包括 2005 年高错落与 2004 年高错落）处的土壤孔隙度显著高于低错落裂缝（包括 2005 年低错落与 2004 年低错落）处。中错落裂缝处与高错落裂缝处的土壤孔隙度无显著差异。依分层因素的多重均值检验表明，沉陷区土壤孔隙度的分层显著性大小排序为：$0\sim60cm<60\sim80cm<80\sim100cm$。

2. 沉陷区错落裂缝两侧土壤孔隙的时空变化

　　由前多因素方差分析结论，在 2006 年，沉陷区错落相对出露侧的土壤孔隙度显著大于相对沉陷侧，而到 2007 年时裂缝两侧孔隙度无显著差异。说明采煤沉陷对沉陷初期（2006 年以前）风沙区错落裂缝相对出露侧孔隙扰动更大，但是这种异常扰动在沉陷 2～3 年后消失。2 年间各沉陷区各错落两侧土壤孔隙度如图 2.19 所示。

由图 2.19 可以看出，在 2006 年，2005 年低错落、2004 年低错落与 2004 年中错落两侧的土壤孔隙度差异比较明显，是造成多因素方差分析中沉陷侧因素对土壤孔隙度分布有显著影响的主要原因，而其他错落这种差异性不明显，特别是各沉陷区的高错落这种差异性不明显；而到 2007 年，各沉陷区各沉陷错落两侧的土壤孔隙度的差异性均不明显。整体上看，沉陷错落高度与错落两侧土壤孔隙度的差异性无明显关系。

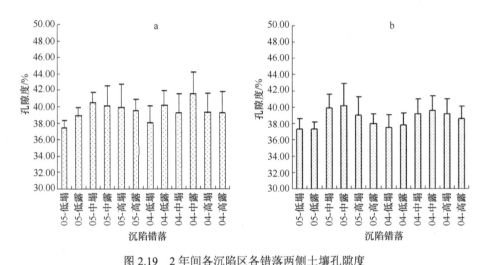

图 2.19　2 年间各沉陷区各错落两侧土壤孔隙度

Fig. 2.19　Soil porosity of two sides of caving cracks in subsidence are

a. 2006 年孔隙度；b. 2007 年孔隙度

a. Soil porosity in 2006；b. Soil porosity in 2007

地表沉陷、断裂时，沉陷裂缝两侧的错动、相互牵拉作用可导致沉陷风沙土孔隙度增大。总体上沉陷错落相对出露侧的孔隙扰动更大，应该是由于地表沉陷、移动过程中，相对出露侧地势相对抬高，该侧土体有向相对沉陷侧拉伸、膨胀的趋势造成的。而沉陷 2～3 年后，在自身重力与自然外力如降雨击溅对土壤孔隙的堵塞作用下，沉陷错落相对出露侧的土壤孔隙度得以逐渐恢复。

3. 沉陷错落处土壤孔隙度与沉陷错落高度的关系

综前多因素方差分析结论，在 2006 年与 2007 年，错落高度因素均对沉陷区的土壤孔隙度分布有显著影响。

从多重均值检验的结论可以看出，整体上，在 2 年间，2 个沉陷区中错落裂缝（30cm、40cm）处的土壤孔隙度均显著大于低错落裂缝（10cm、13cm），中错落裂缝处的土壤孔隙度在数值上也是各种错落中最大的。与一般的理解不同的是，2 年间高错落裂缝（60cm、90cm）处的地表形态扰动最大，但其土壤孔隙度并不是各种错落中最大的。整体上看，2 年间高错落裂缝处的土壤孔隙度与中错落裂缝处差异不明显，但与低错落裂缝处有明显的差异。

综合前面的分析，沉陷错落处土壤孔隙度与沉陷错落高度的关系表现为，沉陷对中、高错落裂缝处的土壤孔隙扰动显著较大（$P < 0.05$），而对低错落裂缝处的土壤孔隙扰动显著较小（$P < 0.05$）；数值上沉陷对中错落裂缝处的土壤孔隙扰动最大。由图 2.20 与图 2.21 可以较明显地看出这种规律。

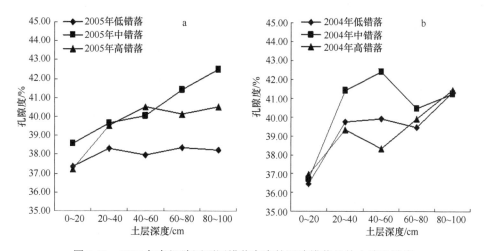

图 2.20   2006 年各沉陷区不同错落高度的沉陷错落处的土壤孔隙度

Fig. 2.20   Soil porosity nearby caving cracks with different caving height in each subsidence area in 2006

a. 2005 年沉陷区孔隙度；b. 2004 年沉陷区孔隙度

a. Soil porosity of subsidence area of 2005；b. Soil porosity in 2007 of subsidence area of 2004

4. 沉陷错落处土壤孔隙度与土层深度的关系

综前多因素方差分析结论，在 2006 年与 2007 年，错落高度因素均对沉陷区的土壤孔隙度分布有显著影响。从多重均值检验的结论可以看出，2 年沉陷区错落处各土层的土壤孔隙度的具体排序方式有所差异，但趋势是一致的，均是从上层到下层显著增加，并且 80~100cm 的显著大于以上各层。可以看出，采煤沉陷区内土壤下部层次所受扰动较大，而靠近地表的层次可能由于降雨堵塞土壤孔隙等环境因素的影响导致土壤孔隙度较小。

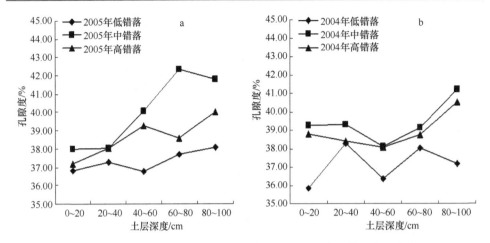

图 2.21　2007 年各沉陷区不同错落高度的沉陷错落处的土壤孔隙度

Fig. 2.21　Soil porosity nearby caving cracks with different caving height in each subsidence area in 2007

a. 2005 年沉陷区孔隙度；b. 2004 年沉陷区孔隙度

a. Soil porosity in 2007 of subsidence area of 2005；b. Soil porosity in 2007 of subsidence area of 2004

二、沉陷裂缝与土壤水分

1. 沉陷区错落裂缝处土壤水分时空变异性

（1）错落裂缝处土壤水分整体时空变异性

对 2006 年、2007 年实验期不同沉陷错落高度的错落裂缝两侧的动态、分层土壤容积含水量数据进行依沉陷侧、相对沉陷高度、分层情况与测定日期 4 种因素的方差分析。分析结果如下。

在 2006 年，沉陷区错落处的土壤水分分布有显著差异（$P<0.01$）。造成差异的因素包括分层情况（$P<0.01$）、沉陷侧（$P<0.05$）与相对沉陷高度（$P<0.01$），测定日期因素影响不显著（$P>0.1$），实验期内沉陷区错落裂缝处土壤水分动态比较平稳。依分层因素的多重均值检验表明，错落处 0～10cm 层含水量显著小于以下各层；依沉陷侧因素的多重均值检验表明，错落裂缝相对出露侧的含水量显著低于相对沉陷侧；依错落高度因素的多重均值检验对各错落高度处土壤水分的显著性排序与错落高度没有关系，因此错落裂缝处土壤水分与错落高度无明显相关性。

在 2007 年，沉陷区错落处的土壤水分分布仍有显著差异（$P<0.01$）。造成差异的因素仍包括分层情况（$P<0.01$）、沉陷侧（$P<0.01$）与相对沉陷高度（$P<0.01$），测定日期因素影响仍不显著（$P>0.1$），土壤水分动态仍较平稳。依分层因素的多重均值检验表明，错落处 0～50cm 层含水量显著高于以下各层；依沉陷侧因素的多重均值检验表明，错落裂缝相对出露侧的含水量显著低于相对沉陷侧；依错落高度因素的多重均值检验，错落高度处土壤水分的显著性排序与错落高度没有关系，因此错落裂缝处土壤水分与错落高度无明显的相关性。

2年实验期内分层产生的土壤水分差异显然是自然环境因素所造成的，2006年实验期环境干旱，错落裂缝处0～10cm含水量显著小于以下各层是受干沙层的影响；而在2007年实验期有积雪融化，错落裂缝处50cm以上含水量显著高于以下各层是受积雪融水的影响。

（2）采煤沉陷错落裂缝两侧土壤水分时空变异性

由前多因素方差分析结论，2年间沉陷区错落相对出露侧的土壤水分显著小于相对沉陷侧。说明采煤沉陷造成风沙区错落裂缝两侧土壤水分分布不均匀。由图2.22a并结合图2.23的土壤水分动态可以看出，在2006年实验期，这种水分分布的不均匀主要是由于2004年中错落和2004年高错落两侧土壤水分差异较大，而其他错落两侧土壤水分多差异不明显。实际上在2006年实验期，沉陷侧因素对沉陷区错落处土壤水分分布的影响刚达到显著，显著水平只达到0.023；而到2007年实验期，实际已达到<0.0001的极显著的差异水平，由图2.22b并结合图2.24的土壤水分动态可以看出，在2007年，除2005年高错落外，其余错落裂缝处均表现出明显的错落两侧的水分差异，即相对沉陷侧土壤含水量高于相对出露侧。

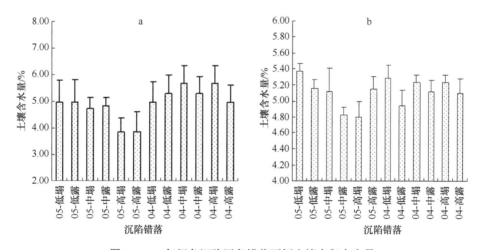

图2.22　2年间各沉陷区各错落两侧土壤容积含水量

Fig. 2.22　Soil bulk density water content at both sides of every caving cracks in each subsidence area in 2 years

a. 2006年土壤含水量；b. 2007年土壤含水量

a. Soil moisture in 2006；b. Soil moisture in 2007

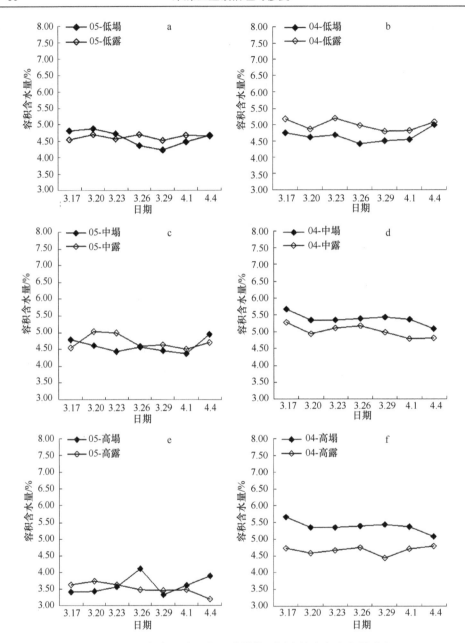

图 2.23　2006 年各沉陷区各沉陷错落两侧土壤容积含水量动态

Fig. 2.23　Dynamic situation of soil bulk density water content at both sides of each caving crack in each subsidence area in 2006

a. 2005 年低错落；b. 2004 年低错落；c. 2005 年中错落；d. 2004 年中错落；e. 2005 年高错落；f. 2004 年高错落
a. deep caving crack of 2005；b. deep caving crack of 2004；c. middle caving crack of 2005；d. middle caving crack of 2004；e. high caving crack of 2005；f. high caving crack of 2004

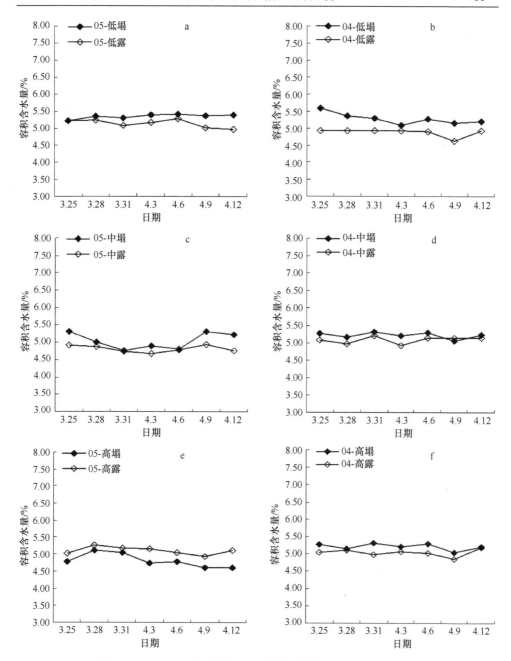

图2.24 2007年各沉陷区各沉陷错落两侧土壤容积含水量动态

Fig. 2.24 Dynamic situation of soil bulk density water content at both sides of each caving crack in each subsidence area in 2007

a. 2005年低错落；b. 2004年低错落；c. 2005年中错落；d. 2004年中错落；e. 2005年高错落；f. 2004年高错落

结合 2 年实验期内沉陷风沙区错落裂缝两侧土壤物理性质的情况推测，采煤沉陷造成的 2 年间风沙区错落裂缝两侧土壤水分不均匀分布的具体机制是不同的。这种机制的不同与土壤环境的干湿状况有很大关系，具体推测如下。

在环境干旱的 2006 年实验期，一方面，该年沉陷区错落体相对出露侧孔隙度的显著增大可能造成了该侧的水分流失更加严重，导致错落裂缝相对出露侧土壤水分显著低于相对沉陷侧；另一方面，由于环境干旱，沉陷区内各地段的土壤水分流失均很严重，土壤含水量均较小，造成错落裂缝两侧土壤水分差异虽然显著但不普遍。

而到 2007 年实验期，采煤沉陷对错落裂缝相对出露侧的异常大的孔隙扰动已经消失，相对出露侧的异常孔隙扰动应该不再是造成错落裂缝两侧土壤水分分布不均匀的原因；而该年实验期内积雪已经融化，错落裂缝两侧土壤水分的显著差异很可能与积雪融水的入渗有关。根据在 2006 年实验期对自然降雨后大量错落两侧的降水的入渗深度的观测（详见本节"2. 沉陷区水分入渗的变异性"部分）的结果：即在 2 个沉陷区背风坡侧的坡顶和丘间低地部位的共 24 处错落高度不等的错落裂缝上，垂直于裂缝横切土壤剖面观测错落裂缝附近两侧雨水入渗深度，相对沉陷侧入渗深度超过相对出露侧的剖面占观测剖面总数的 81.8%。错落裂缝两侧降水的入渗深度的观测结果说明采煤沉陷造成的地表错落使得降水或融水更容易从错落的相对沉陷侧入渗，这很可能是造成 2007 年沉陷错落两侧的水分差异极显著的主要原因。

2. 沉陷区水分入渗的变异性

在干旱与半干旱的采煤沉陷区，水分入渗深度的增加是沉陷对土壤水分影响的重要方面，前人对这种影响已进行过论述（张发旺等，2003；王健，2007）。在本研究中，以第 175 分钟的入渗深度作为对比各实验样地的入渗深度。进行水分入渗实验时，在 2 个沉陷区的坡顶与背风坡侧丘间低地各设置 8 个入渗实验样地，其中，各沉陷区各坡位的 8 个样地中有 2 个位于无裂缝处，另外 6 个位于经自然沙埋后的错落裂缝处；相应的，在对照区坡顶与背风坡侧丘间低地也各设置 2 个入渗实验样地。土壤水分入渗实验进行的时间为 2006 年 4 月。

将挡水框插入表土层，插入深度约 5cm，在已埋裂缝处插入时长边与原裂缝走向垂直。通过人工模拟降雨装置将水均匀滴洒于挡水框内，并且保持 2cm 高的水头直到定量水全部灌完为止。灌水同时用铁锹在挡水框长边一侧距挡水框约 2cm 处挖土壤剖面，在灌水开始后的第 3 分钟、第 6 分钟、第 9 分钟、第 12 分钟、第 15 分钟、第 20 分钟、第 25 分钟、第 30 分钟、第 35 分钟、第 45 分钟、第 55 分钟、第 10 分钟、第 85 分钟、第 115 分钟、第 175 分钟观测土壤剖面上的湿润峰，测定水分入渗深度，每次等间距平行测 3 次。每个样点的灌水量相等，均为 13.98L，相当于 116.5mm 降雨量。

（1）沉陷区错落裂缝两侧入渗深度差异性

　　沉陷区 24 条沉陷裂缝两侧雨水入渗深度见表 2.15，其中，2005 年沉陷区坡顶的错落 9、2004 年沉陷区坡顶的错落 20 入渗不明显，为无效剖面，这样 24 个剖面中有效实验剖面为 22 个。可以看出，其中有 18 个剖面相对沉陷侧入渗深度超过相对出露侧，占有效剖面总数的 81.8%，沉陷区错落处相对沉陷侧入渗深度超过相对出露侧的现象很普遍。以 2004 年沉陷区坡顶部位的错落 21 与错落 23 表现极为突出，两侧的入渗差达到或超过了 60cm，并且可以明显看出两侧雨水入渗范围的分界线，分界线附近土体虚松且上下连贯，基本是被沙埋的沉陷裂缝，2004 年沉陷区坡顶错落的情况如图 2.25 所示。

表 2.15　降雨后各沉陷区错落两侧入渗深度（cm）
Tab. 2.15　Depth of infiltration of both sides of caving crack after rainfall（cm）

2005 年沉陷区						2004 年沉陷区					
丘间低地			坡顶			丘间低地			坡顶		
错落标号及错落高度	相对沉陷侧	相对出露侧	错落标号及错落高度	相对沉陷侧	相对出露侧	错落标号及错落高度	相对沉陷侧	相对出露侧	错落标号及错落高度	相对沉陷侧	相对出露侧
1/5cm	33	26	7/10cm	60	48	13/5cm	33	80	19/17cm	80	87
2/13cm	80	60	8/13cm	66	50	14/13cm	63	52	20/5cm	—	
3/10cm	52	62	9/—	—	—	15/13cm	55	51	21/26cm	90	30
4/10cm	69	55	10/17cm	51	40	16/13cm	36	26	22/26cm	45	39
5/20cm	60	49	11/11cm	58	52	17/5cm	49	48	23/20cm	114	52
6/7cm	56	44	12/7cm	50	42	18/7cm	47	64	24/11cm	69	49

　　注："/"后注观测的相对沉陷高度，"—"表示无效剖面

图 2.25　2004 年沉陷区坡顶处错落 21 裂缝两侧入渗照片
Fig. 2.25　The infiltration photo of both sides of No.21 caving cra at top position in the area subsided in 2004

水力传导度与土壤孔隙状况有关，若土壤过松或质地很粗，孔隙系统中大孔隙所占比例过大，不易构成连续的毛管水系统，传导度就低（北京林学院，1982）。采煤沉陷引起的沉陷 1～2 年后相对出露侧土壤孔隙度的显著增大可能造成了该侧大孔隙（非毛管孔隙）的增多，使该侧水力传导能力严重减小。另外，沉陷往往引起错落处土层向相对沉陷侧倾斜，产生了有利于降水向各层次地势均较低的相对沉陷侧入渗的天然梯度可能也是造成错落两侧不均匀入渗的重要原因。

沉陷错落两侧不均匀入渗可使错落的相对沉陷侧得到更多的入渗水的补给，因此沉陷错落两侧的不均匀入渗应该是造成 2007 年积雪融化后错落相对沉陷侧土壤水分显著高于相对出露侧的主要原因。

另外，如图 2.26 所示，随着沉陷错落高度的增加，沉陷错落裂缝两侧的水分入渗深度差有随机增大的趋势，水分向沉陷错落的相对沉陷侧入渗的趋势增强。

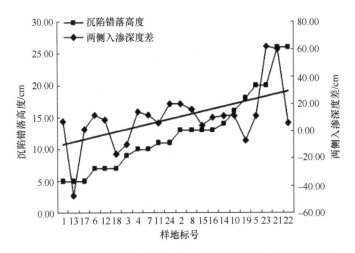

图 2.26   沉陷错落裂缝两侧入渗深度差随错落高度的变化趋势

Fig. 2.26   The changing trend of the infiltration difference value to both sides of the caving crack following with the caving height

（2）沉陷区裂缝处水分入渗深度的变化

从整体上看，2 个沉陷区各坡位绝大部分入渗实验样地的入渗深度超过了对照区相应坡位的平均水平（图 2.27）。单因素方差分析表明，2 个沉陷区丘间低地的入渗深度均与对照区丘间低地无显著差异（$P > 0.05$），而 2004 年沉陷区坡顶处入渗深度显著大于对照区（$P < 0.05$）。单因素方差分析还表明，各沉陷区各坡位的裂缝处入渗深度与未裂处均无显著差异（$P > 0.05$）。

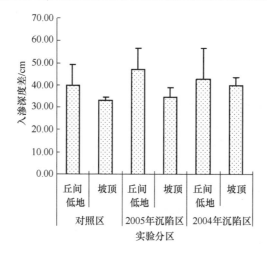

图 2.27　对照区与各沉陷区不同坡位处入渗深度（第 175 分钟）

Fig. 2.27　Depth of infiltration（175min）of different slope positions in control area and each subsidence area

（3）沉陷区裂缝处水分入渗速率的变化（图 2.28）

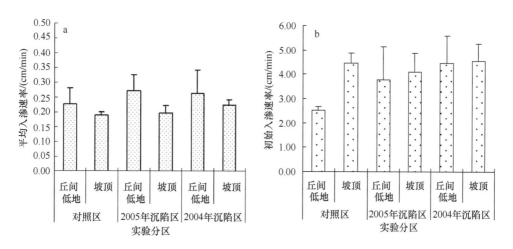

图 2.28　对照区与各沉陷区不同坡位处入渗速率

Fig. 2.28　Infiltration rate of different slope positions in control area and each subsidence area

a. 总平均入渗速率；b. 初始入渗速率（前 3min 平均入渗速率）

（4）沉陷区裂缝处水分入渗速率曲线的变化

对研究区各入渗实验样地各即时入渗速率与入渗时间的关系进行霍顿公式的拟合。拟合时对各类代表实验区（包括对照区与 2 个沉陷区的各坡位入渗实验样地，沉陷区各坡位入渗实验样地又包括裂缝处与未裂处，共 10 处）中各同类实验样地各即时时刻（第 1.5 分钟、第 4.5 分钟、第 7.5 分钟、第 10.5 分钟、第 13.5 分钟、第 17.5 分钟、第 22.5 分钟、第 27.5 分钟、第 32.5 分钟、第 40 分钟、第 50 分钟、第 70 分钟、第 100 分钟、第 145 分钟）的即时入渗速率取平均。

　　各代表性分区的霍顿拟合入渗公式见表 2.16，可以看出，各代表实验区霍顿拟合入渗公式的 F 值均很高，拟合效果均达到极显著水平，效果很好，说明霍顿公式对风沙土的水分入渗速率规律有很好的适应性。各代表性分区的拟合入渗公式的入渗曲线如图 2.29 和图 2.30 所示，由于 70min 以后各入渗曲线变化规律不明显且趋于接近，因此只给出前 70min 入渗曲线。

表 2.16　研究区各典型区入渗速率的霍顿拟合公式

Tab. 2.16　Horton fitting formula of infiltration rate in each typical area in studied area

类型	方程	回归均方	误差均方	F 值	显著水平
对照区丘间低地	$f=0.093+2.42 \cdot e^{-0.08 \cdot t}$（14）	6.27	0.08	80.47	<0.01
对照区坡顶	$f=0.006+4.44 \cdot e^{-0.16 \cdot t}$（15）	12.58	0.09	133.22	<0.01
2005 年沉陷区丘间低地未裂处	$f=0.017+3.35 \cdot e^{-0.09 \cdot t}$（16）	11.63	0.16	73.99	<0.01
2005 年沉陷区丘间低地裂缝处	$f=0.066+3.70 \cdot e^{-0.11 \cdot t}$（17）	13.23	0.08	157.71	<0.01
2005 年沉陷区坡顶未裂处	$f=0.003+4.24 \cdot e^{-0.13 \cdot t}$（18）	13.56	0.06	231.79	<0.01
2005 年沉陷区坡顶裂缝处	$f=0.012+4.07 \cdot e^{-0.14 \cdot t}$（19）	11.96	0.06	215.15	<0.01
2004 年沉陷区丘间低地未裂处	$f=0.025+4.67 \cdot e^{-0.16 \cdot t}$（20）	14.43	0.10	138.78	<0.01
2004 年沉陷区丘间低地裂缝处	$f=0.078+4.31 \cdot e^{-0.12 \cdot t}$（21）	15.36	0.06	273.78	<0.01
2004 年沉陷区坡顶未裂处	$f=0.070+4.77 \cdot e^{-0.16 \cdot t}$（22）	15.40	0.10	152.97	<0.01
2004 年沉陷区坡顶裂缝处	$f=0.014+4.43 \cdot e^{-0.14 \cdot t}$（23）	14.20	0.07	215.06	<0.01

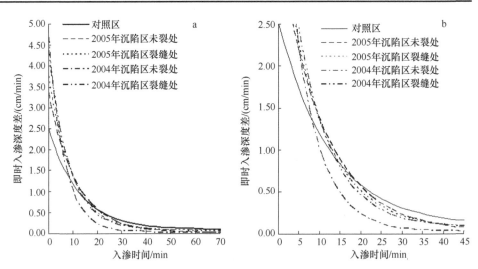

图 2.29　对照区与各沉陷区的丘间低地部位即时入渗速率曲线

Fig. 2.29　Curve of immediate infiltration rate at lowland in control area and each subsidence area

a. 前 70min 入渗速率；b. 局部放大图

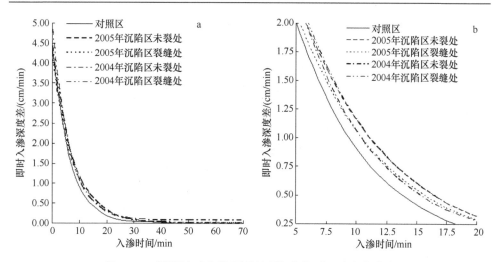

图 2.30　对照区与各沉陷区的坡顶部位即时入渗速率曲线

Fig. 2.30　Curve of immediate infiltration rate at the top position in control area and each subsidence area

a. 前 70min 入渗速率；b. 局部放大图

由图 2.29、图 2.30 可以看出，研究区坡顶与丘间低地的水分入渗规律不同。丘间低地部位由于有结皮覆盖，结皮一方面可以直接阻滞水分入渗，另一方面对土壤表层起到改良作用，促进表土机械组成的细化，进而还可以对水分入渗起阻滞作用。从对照区丘间低地（结皮层厚 1～2cm）的入渗情况可以看出，受结皮的影响，该坡位入渗速率的特点是其在入渗前期（15min 左右以前，后同）较缓慢，而其在入渗后期（15min 左右以后，后同）降低幅度也较缓。而坡顶处土壤表层主要只有裸沙覆盖或很薄的煤结皮（厚 1～2mm），对水分入渗有促进作用。从对照区坡中的入渗情况可以看出，该坡位入渗速率的特点是其在入渗前期较快，而由于水量有限，其在入渗后期迅速降低。这样，由于不同坡位土壤性质对水分入渗影响很大，因此对沉陷区与对照区的入渗速率进行分坡位分析。

在丘间低地部位，如图 2.29 所示，2 个沉陷区各实验分区第 10 分钟附近以前的即时入渗速率大于对照区，而 10min 以后即时入渗速率逐渐小于对照区。从对照区的情况看，风沙区丘间低地在未发生沉陷时，由于结皮的作用，其入渗速率曲线随入渗时间的变化较平缓，入渗前期入渗速率较小，则入渗后期入渗速率降低也较慢；而各沉陷区的入渗则表现出接近坡顶部位规律的特点，与对照区相比，它们的入渗速率表现出入渗前期升高而入渗后期降低的趋势，这应该是由于沉陷造成的裂缝与土壤非毛管孔隙的增多增加了水分的前期入渗能力。2005 年沉陷区丘间低地处裂缝对结皮的破坏比较严重，而该区的结皮层（厚 1～2mm）也较 2004 年沉陷区厚，这样造成该地入渗前期入渗速率普遍高于对照区但小于 2004 年沉陷区；而 2004 年沉陷区丘间低地处结皮层原本较薄（厚 0.5～0.7mm），沉陷扰动后该区入渗速率入渗前期升高而入渗后期降低的趋势更加明显。由前述方差分析结论，对照区与沉陷区在丘间低地部位的平均入渗速率无显著差异，而结合速率变化曲线可知，沉陷对沉陷区丘间低地处入渗速率的影响是改变了入渗速率的时间分布而对入渗速率的平均大小无显著影响。

在坡顶部位，如图 2.30 所示，沉陷区各实验分区的入渗曲线整体上分布于对照区曲线的右上侧，说明在整个观测时段内，沉陷区的入渗强于未沉陷区，前述方差分析的结论也表明，2004 年沉陷区坡顶的平均入渗速率显著大于对照区。

综合图 2.29b 与图 2.30b 还可以看出，2 个沉陷区内裂缝处与未裂处的入渗情况未表现出明显的差异性，裂缝处与未裂处的入渗速率变化规律相似，并且没有明显的梯度性。

3. 采煤沉陷裂缝宽度对土壤水分的影响

将不同宽度裂缝对土壤水分的影响分 3 个土层进行研究，逐一分析不同宽度的裂缝对每一层次的与裂缝不同距离上的土壤水分，得出裂缝宽度对土壤水分的影响范围。

本部分试验选取不同宽度的裂缝进行研究，取土深度为 40cm，研究裂缝深度均在 40cm 以上，裂缝宽度设为 4 个等级，宽度分别为 1～20cm、20～40cm、40～60cm 及 >60cm，土壤样品采集：在距裂缝 0m、0.5m、1m、1.5m、2m、2.5m、3m 的地方挖取土壤剖面采集土样，每个土样 5 个重复。

（1）0～10cm 土层的土壤水分研究

由图 2.31 可以看出，4 个宽度的采煤沉陷裂缝，在 0～10cm 层次距裂缝 0m、0.5m 和 1m 处，土壤含水量变化是宽度 1～20cm>宽度 20～40cm>宽度 40～60cm>宽度 >60cm，在 1.5m、2m、2.5m 和 3m 处，土壤含水量差别不大。裂缝宽度 1～20cm，土壤含水量在裂缝处出现最小值，为 5.9%，在 0.5m 及 0.5m 以上各个测定样点的土壤含水量变化比较平缓，从表 2.17 中也可以看出宽度 1～20cm 的裂缝在

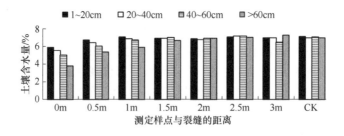

图 2.31　不同宽度裂缝在 0～10cm 土层土壤含水量

Fig. 2.31　Soil moisture of different width fissure at 0～10cm depth

表 2.17 不同宽度裂缝在 0～10cm 土层的土壤含水量的描述统计
Tab. 2.17 The descriptive statistics of soil moisture of different width fissure at 0～10cm depth

	土壤含水量/%			标准偏差
	最小值	最大值	平均值	
宽度 1～20cm	5.90	7.11	6.83	0.40
宽度 20～40cm	5.54	7.18	6.72	0.52
宽度 40～60cm	5.00	7.15	6.55	0.73
宽度＞60cm	3.75	7.28	6.23	1.19

各个距离上的土壤含水量的标准偏差仅为 0.4。裂缝宽度 20～40cm，土壤含水量在裂缝处为最小值 5.54%，在 1m 及 1m 以上各个测定样点的土壤水分变化不大。裂缝宽度 40～60cm，土壤含水量在裂缝处出现最小值 5.00%，在 1.5m 及 1.5m 以上各个测定样点的土壤含水量变化趋于稳定。裂缝宽度＞60cm，裂缝处有最小土壤含水量，为 3.75%，在 1.5m 及 1.5m 以上各个测定样点的土壤含水量变化趋于平缓。

由图 2.31 和表 2.17 可以看出，不同宽度的裂缝对 0～10cm 土层的土壤含水量有不同的影响，在距裂缝各个距离上的土壤含水量的标准偏差：裂缝宽度 1～20cm（0.40）＜宽度 20～40cm（0.52）＜宽度 40～60cm（0.73）＜宽度＞60cm（1.19），说明裂缝宽度对土壤表层含水量的影响随裂缝宽度的增加而增大，尤其在距裂缝 1m 的范围之内影响非常显著。

（2）10～20cm 土层的土壤水分研究

由图 2.32 可知，4 个宽度的采煤沉陷裂缝，在 10～20cm 层次距裂缝 0m 和 0.5m 处，土壤含水量变化是宽度 1～20cm＞宽度 20～40cm＞宽度 40～60cm＞宽度＞60cm，而在 1m 及 1m 以上的各个距离上的测定样点的土壤含水量基本一致，无显著差异。

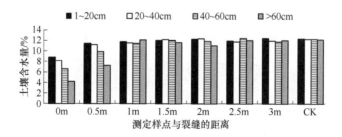

图 2.32 不同宽度裂缝在 10～20cm 土层土壤含水量
Fig. 2.32 Soil moisture of different width fissure at 10～20cm depth

由图 2.32 和表 2.18 可以看出，裂缝宽度＞60cm，对距裂缝 0m 和 0.5m 处的土壤含水量的影响巨大，标准偏差达 2.97，裂缝宽度 1～20cm，只对裂缝处的土壤含水量有比较明显的影响，裂缝宽度 20～40cm 的情况与裂缝宽度 1～20cm 的情况一致，裂缝宽度 40～60cm 对距裂缝 0m 和 0.5m 处的土壤含水量有影响，但是没有对裂缝宽度＞60cm 的影响明显。在距裂缝各个距离上的土壤含水量的标准偏差：裂缝宽度 1～20cm（1.19）＜宽度 20～40cm（1.38）＜宽度 40～60cm（1.97）＜宽度＞60cm（2.97）。

表 2.18　不同宽度裂缝在 10～20cm 土层土壤含水量的描述统计

Tab. 2.18　The descriptive statistics of soil moisture of different width fissure at 10～20cm depth

	土壤含水量/%			标准偏差
	最小值	最大值	平均值	
宽度 1～20cm	8.82	12.47	11.66	1.19
宽度 20～40cm	8.16	12.37	11.44	1.38
宽度 40～60cm	6.56	12.39	11.02	1.97
宽度＞60cm	4.19	12.16	10.28	2.97

（3）20～40cm 土层的土壤水分研究

由图 2.33 可以看出，4 个宽度的采煤沉陷裂缝，在 20～40cm 层次距裂缝 0m 和 0.5m 处，土壤含水量变化是宽度 0～20cm＞宽度 20～40cm＞宽度 40～60cm＞宽度＞60cm。由图 2.33 和表 2.19 可以看出，裂缝宽度＞60cm，对距裂缝 0m 和 0.5m 处的土壤含水量的影响巨大，土壤含水量在各个测定样点的标准偏差是 3.18。

结合图 2.33 和表 2.19 分析可知，在与裂缝不同距离上的各个测定样点的土壤含水量的标准偏差是随着裂缝宽度的增加而增大的，即裂缝宽度 0～20cm（1.12）＜宽度 20～40cm（1.66）＜宽度 40～60cm（1.99）＜宽度＞60cm（3.18），说明裂缝宽度越大，土壤含水量变化范围越大。

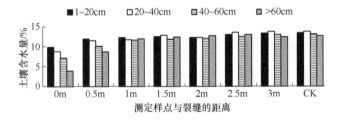

图 2.33　不同宽度裂缝在 20～40cm 土层土壤含水量

Fig. 2.33　Soil moisture of different width fissure at 20～40cm depth

表 2.19　不同宽度裂缝在 20～40cm 土层土壤含水量的描述统计
Tab. 2.19　The descriptive statistics of soil moisture of different width fissure at 20～40cm depth

	土壤含水量/%			标准偏差
	最小值	最大值	平均值	
宽度 0～20cm	9.88	13.44	12.33	1.12
宽度 20～40cm	8.82	13.80	12.28	1.66
宽度 40～60cm	7.13	13.19	11.44	1.99
宽度＞60cm	3.91	13.06	10.98	3.18

（4）对不同宽度裂缝土壤水分综合分析

综合分析不同裂缝宽度对土壤含水量的影响，在 0～10cm、10～20cm 和 20～40cm 3 个土壤层次下，测定样点离裂缝越近，影响越明显。不同宽度的裂缝，在与裂缝不同距离上的土壤含水量的标准偏差在 3 个层次上分别是：裂缝宽度 1～20cm，在 3 个层次的标准偏差为 0.40、1.19 和 1.12；裂缝宽度 20～40cm，在 3 个层次的标准偏差为 0.52、1.38 和 1.66；裂缝宽度 40～60cm，在 3 个层次的标准偏差为 0.73、1.97 和 1.99；裂缝宽度＞60cm，在 3 个层次的标准偏差为 1.19、2.97 和 3.18；由此可以看出裂缝宽度越大，对裂缝周边土壤水分影响越大，尤其是裂缝处。这是因为随着裂缝宽度的增大，较深层次的土壤水分流失逐渐增大。

4. 采煤沉陷裂缝对不同方向上的土壤水分的影响

选取典型裂缝，分为垂直方向与平行方向，分别在距裂缝 0m、0.5m、1m、1.5m、2m、2.5m、3m 的地方挖取土壤剖面（图 2.34），在无裂缝的地方选取对照，对照记为 CK，分 0～10cm、10～20cm 和 20～40cm 3 层采集土样，每个土样 3 个重复，采用烘干法测定土壤含水量。

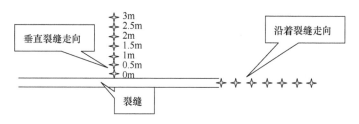

图 2.34　裂缝不同走向采集土样示意图
Fig. 2.34　schematic diagram of collect soil samples on different crack trend

（1）沿着裂缝走向上的土壤水分研究

由图 2.35 和表 2.20 可以看出，沿着裂缝走向的各个土壤层次的含水量在与裂缝的不同距离上变化没有一定增大或减小的规律，但均在裂缝处有最小值，分别为：0～10cm 层次的 6.97%，10～20cm 层次的 7.70%，以及 20～40cm 层次的 8.20%。0～10cm 和 10～20cm 层次的最大值出现在距裂缝 2m 处，分别为 10.27%、14.69%，20～40cm 层次的最大值出现在距裂缝 1m 处，为 14.83%。

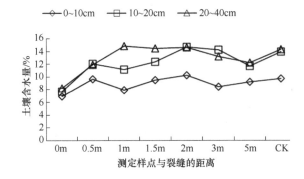

图 2.35　沿着裂缝走向的土壤水分含量

Fig. 2.35　The soil moisture along the fissure trend

表 2.20　沿着裂缝走向的土壤水分含量描述统计

Tab. 2.20　The descriptive statistics of soil moisture along the fissure trend

	土壤含水量/%			标准偏差
	最小值	最大值	平均值	
0～10cm	6.97	10.27	8.96	1.09
10～20cm	7.70	14.69	12.24	2.24
20～40cm	8.20	14.83	12.97	2.24

由于所研究裂缝都为可见裂缝，测定样点在裂缝处沿着裂缝走向布设，会有隐藏裂缝（整条裂缝的一部分）影响土壤水分，因此沿着裂缝走向的土壤含水量没有明显的规律分布。

（2）裂缝垂直方向上的土壤水分研究

由图 2.36 和表 2.21 可以看出，垂直裂缝走向的各个土壤层次的含水量在与裂缝的不同距离上变化有一定规律：20～40cm 层次的含水量最大，10～20cm 层次的含水量次之，0～10cm 的含水量最小，且 3 个层次均在裂缝处有最小值，分别为 0～

10cm 层次 6.99%，10～20cm 层次 7.98%，以及 20～40cm 层次 8.06%。0～10cm 层次的最大含水量出现在距裂缝 2m 处，为 10.48%，10～20cm 层次的最大值出现在距裂缝 5m 处，为 14.86%，20～40cm 层次的最大值出现在距裂缝 1.5m 处，为 15.53%。

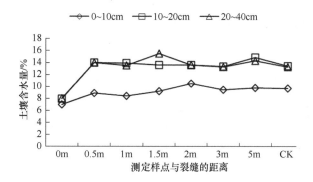

图 2.36　裂缝垂直方向上的土壤含水量

Fig. 2.36　Soil moisture of fissure on the vertical direction

表 2.21　裂缝垂直方向上的土壤含水量描述统计

Tab. 2.21　The descriptive statistics of soil moisture of fissure on the vertical direction

	土壤含水量/%			标准偏差
	最小值	最大值	平均值	
0～10cm	6.99	10.48	9.12	1.06
10～20cm	7.98	14.86	13.09	2.12
20～40cm	8.06	15.53	13.21	2.21

（3）采煤沉陷裂缝不同方向上的土壤水分综合研究

综合分析可知，在裂缝周边，土壤水分变化随深度的增加而增大，在垂直裂缝方向上，土壤水分变化有一定规律可循，即在一定范围内，随着与裂缝的距离增大，土壤水分有增大趋势；在裂缝的延伸方向上，随着样点与裂缝之间距离的增大，土壤水分与距离之间没有太大关系，这是由于研究区的沉陷裂缝规模较大，通常一条裂缝不会全部显现在地表，有隐藏裂缝的可能。

5. 坡面上的采煤沉陷裂缝对土壤含水量的影响

由于坡面的采煤沉陷裂缝对土壤水分有一定的影响，为了明确坡面上裂缝对水分的作用，本部分试验在同一坡面上选取位于坡中的两条相似裂缝，分上部和下部分别采集土样，在距裂缝 0m、0.5m、1m、1.5m、2m、3m、5m 的地方挖取土壤剖面，在无裂缝的地方选取对照，采集土样部位与裂缝上部、裂缝下部各个取样点一致，分 0～10cm、10～20cm 和 20～40cm 3 层采集土样，其中对照记为 CK1（0～10cm）、CK2（10～20cm）和 CK3（20～40cm），每个土样 3 个重复。

如图 2.37 所示，距裂缝 0.5m 范围内的土壤水分低于相同部位的对照水分，在裂缝上部靠近裂缝处的土壤含水量在各个层次上是最低，在裂缝下部靠近裂缝处比上部稍高。

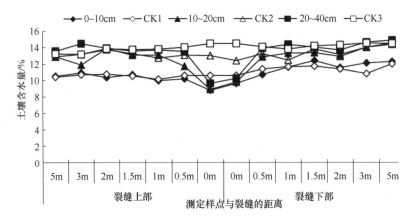

图 2.37　坡面上的裂缝对坡面土壤水分分布的影响

Fig. 2.37　The influence of fissure in slope to the distribution of soil moisture on a slope

从图 2.37 中可以看出，对照土壤含水量在坡面上部低于坡面下部，也就是说高程越高，土壤水分含量就越低。由于采煤沉陷裂缝的存在，造成坡面上的土壤水分分布在裂缝处隔开。

从表 2.22 中可以看出，在裂缝上部，与裂缝不同距离上的土壤含水量在 3 个层次上的最小值分别为 0～10cm 层次 8.81%，10～20cm 层次 8.91%，20～40cm 层次 9.66%；而对照的土壤含水量在 3 个层次上的最小值分别为 0～10cm 层次 10.14%，10～20cm 层次 12.76%，20～40cm 层次 13.17%，裂缝上部土壤水分含量与对照差异明显；裂缝上部不同距离上土壤含水量的平均值比对照低。

裂缝上部与裂缝不同距离上的土壤含水量在 0～10cm、10～20cm 和 20～40cm 3 个层次上的标准偏差分别是：在 0～10cm 层次上，裂缝上部（0.70）>CK1（0.21）；在 10～20cm 层次上，裂缝上部（1.70）>CK2（0.31）；在 20～40cm 层次上，裂缝上部（1.60）>CK3（0.45），分析可知裂缝对裂缝上部的土壤水分含量影响较大。

在裂缝下部，与裂缝不同距离上的土壤含水量在 3 个层次上的最小值分别为 0～10cm 层次 9.63%，10～20cm 层次 9.81%，20～40cm 层次 10.27%；而对照的土

表 2.22　坡面土壤含水量的描述统计

Tab. 2.22　The descriptive statistics of soil moisture on a slope

		土壤含水量/%			标准偏差
		最小值	最大值	平均值	
裂缝上部	0～10cm	8.81	10.95	10.24	0.70
	CK1	10.14	10.79	10.56	0.21
	10～20cm	8.91	13.86	12.06	1.70
	CK2	12.76	13.74	13.14	0.31
	20～40cm	9.66	14.48	13.21	1.60
	CK3	13.17	14.47	13.76	0.45
裂缝下部	0～10cm	9.63	12.43	11.49	1.00
	CK1	10.60	12.01	11.37	0.50
	10～20cm	9.81	14.56	12.98	1.53
	CK2	12.41	14.39	13.37	0.76
	20～40cm	10.27	14.87	13.69	1.56
	CK3	13.79	14.55	14.28	0.27

壤含水量在 3 个层次上的最小值分别为 0～10cm 层次 10.60%，10～20cm 层次 12.41%，20～40cm 层次 13.79%，裂缝下部土壤水分含量与对照差异明显；裂缝下部不同距离上土壤含水量的平均值比对照低。

裂缝下部与裂缝不同距离上的土壤含水量在 0～10cm、10～20cm 和 20～40cm 3 个层次上的标准偏差分别是：在 0～10cm 层次上，裂缝下部（1.00）＞CK1（0.50）；在 10～20cm 层次上，裂缝下部（1.53）＞CK2（0.76）；在 20～40cm 层次上，裂缝下部（1.56）＞CK3（0.27），分析可知裂缝对裂缝下部的土壤水分含量影响也较大。

综上分析，坡面水分分布状况为坡面上部低于坡面下部，由于采煤沉陷裂缝改变了坡面的地表形态，导致裂缝周边土壤水分普遍偏小，且坡面上的裂缝对裂缝上部的土壤水分影响要大于对裂缝下部的影响。

6. 不同坡向上的采煤沉陷裂缝对土壤水分的影响

不同的坡向土壤含水量不同，采煤沉陷区由于裂缝的存在，会不同程度地影响着土壤含水量的变化，本部分试验在阴坡、阳坡、坡顶及坡底平地上选取相似采煤沉陷裂缝，土壤样品采集：在距裂缝 0m、0.5m、1m、1.5m、2m、2.5m、3m 的地方挖取土壤剖面，在无裂缝的地方选取对照，对照记为 CK，每个土样 5 个重复。

（1）阴坡裂缝土壤水分研究

由图 2.38 和表 2.23 可以看出，阴坡裂缝土壤含水量在不同土层的分布是：0～10cm＜10～20cm＜20～40cm，在距裂缝各个距离上均符合这个规律，各距离的平均土壤含水量分别是 0～10cm（7.89%）＜10～20cm（10.32%）＜20～40cm（11.58%）。

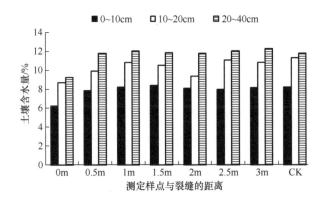

图 2.38　阴坡裂缝土壤含水量

Fig. 2.38　Soil moisture of fissure of North-facing slope

与裂缝不同距离上各采样点的土壤含水量变化规律是：3 个土壤层次在裂缝处有最小含水量，在超过 0.5m 的各个测定样点上的含水量趋于稳定，3 个层次在裂缝处的土壤含水量分别是 0～10cm 层次 6.20%，10～20cm 层次 8.72%，20～40cm 层次 9.24%（表 2.23）。

表 2.23　阴坡裂缝土壤含水量的描述统计

Tab. 2.23　The descriptive statistics of soil moisture of fissure of North-facing slope

	土壤含水量/%			标准偏差
	最小值	最大值	平均值	
0～10cm	6.20	8.37	7.89	0.70
10～20cm	8.72	11.32	10.32	0.90
20～40cm	9.24	12.22	11.58	0.96

由表 2.23 分析可知，阴坡裂缝对裂缝处的 20～40cm 层次影响最大，随着深度的增加，影响越大，说明沉陷裂缝破坏地表的同时，对裂缝边上的土壤水分影

响也很大。

（2）阳坡裂缝土壤水分研究

由图 2.39 和表 2.24 可以看出，阳坡裂缝土壤含水量在不同土层的分布是：0～10cm＜10～20cm＜20～40cm，在距裂缝不同的各个测定样点上平均土壤含水量是 6.12%＜6.9%＜7.64%。每个土壤层次的土壤含水量随着与裂缝距离的增加而增大（0～0.5m 范围内），3 个层次在裂缝处的土壤含水量分别是 0～10cm 层次 4.13%，10～20cm 层次 4.82%，20～40cm 层次 5.88%，超过 0.5m 的各个距离上的土壤含水量在 0～10cm 层次比较稳定，而 10～20cm 和 20～40cm 两个层次的含水量变化在平均值上下浮动变化，不呈现明显的规律。

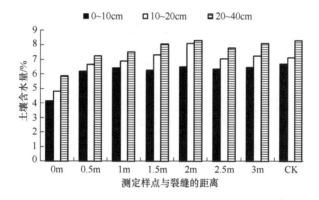

图 2.39　阳坡裂缝土壤含水量
Fig. 2.39　Soil moisture of fissure of South-facing slope

表 2.24　阳坡裂缝土壤含水量的描述统计
Tab. 2.24　The descriptive statistics of soil moisture of fissure of South-facing slope

	土壤含水量/%			标准偏差
	最小值	最大值	平均值	
0～10cm	4.13	6.67	6.12	0.82
10～20cm	4.82	8.11	6.90	0.94
20～40cm	5.88	8.30	7.64	0.81

（3）坡顶裂缝土壤水分研究

由图 2.40 和表 2.25 可以看出，坡顶裂缝土壤含水量在不同土层的分布是 0～10cm＜10～20cm＜20～40cm，在距裂缝各个距离上均符合这个规律，各距离的平均土壤含水量分别是 0～10cm（6.53%）＜10～20cm（7.27%）＜20～40cm（8.05%）。

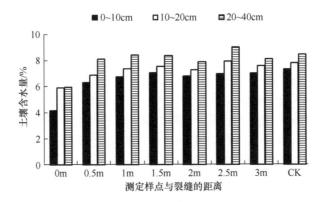

图 2.40　坡顶裂缝土壤含水量

Fig. 2.40　Soil moisture of fissure of slope peak

表 2.25　坡顶裂缝土壤含水量的描述统计

Tab. 2.25　The descriptive statistics of soil moisture of fissure of slope peak

	土壤含水量/%			标准偏差
	最小值	最大值	平均值	
0~10cm	4.14	7.30	6.53	1.01
10~20cm	5.90	7.93	7.27	0.64
20~40cm	5.97	9.05	8.05	0.91

　　结合图 2.40 与表 2.25：3 个土壤层次在裂缝处有最小含水量，0~10cm 层次在距裂缝超过 0.5m 的各个测定样点上的含水量趋于稳定。而在 10~20cm 和 20~40cm 两个层次的含水量变化在平均值上下浮动变化，不呈现明显的规律，3 个层次在裂缝处的土壤含水量分别是 0~10cm 层次 4.14%，10~20cm 层次 5.90%，20~40cm 层次 5.97%，0~10cm 层次在距裂缝各个距离上的土壤含水量的标准偏差为 1.01，10~20cm 为 0.64，20~40cm 是 0.91，说明 10~20cm 层次的土壤含水量变化范围最小，其他两个层次差异不明显。

（4）坡底平地裂缝土壤水分研究

　　由图 2.41 和表 2.26 可以看出，坡底平地裂缝土壤含水量在不同土层的分布是：0~10cm＜10~20cm＜20~40cm，在距裂缝各距离上均符合这个规律，各距离的平均土壤含水量分别是 0~10cm（6.87%）＜10~20cm（8.67%）＜20~40cm（9.48%）。

　　与裂缝不同距离上的土壤含水量变化规律是：3 个土壤层次在裂缝处有最小含水量，20~40cm 层次在距裂缝超过 0.5m 的各个测定样点上的含水量趋于稳定，

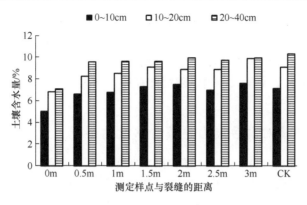

图 2.41　坡底平地土壤含水量

Fig. 2.41　Soil moisture of fissure of flat base on a slope

表 2.26　坡底平地裂缝土壤含水量的描述统计

Tab. 2.26　The descriptive statistics of soil moisture of fissure of flat base on a slope

	土壤含水量/%			标准偏差
	最小值	最大值	平均值	
0～10cm	5.01	7.64	6.87	0.83
10～20cm	6.83	9.90	8.67	0.89
20～40cm	7.09	10.30	9.48	0.99

而 0～10cm 和 10～20cm 2 个层次的含水量变化在平均值上下浮动变化，不呈现明显的规律，3 个层次在裂缝处的土壤含水量分别是 0～10cm 层次 5.01%、10～20cm 层次 6.83%、20～40cm 层次 7.09%，0～10cm 层次在距裂缝各个距离上的土壤含水量的标准偏差为 0.83，10～20cm 为 0.89，20～40cm 是 0.99，说明 3 个层次的土壤含水量变化规律比较一致。

（5）不同坡向裂缝土壤水分综合研究

综合分析阴坡、阳坡、坡顶和坡底平地上的裂缝周边的土壤水分，阴坡裂缝、阳坡裂缝、坡顶裂缝和坡底平地裂缝的土壤含水量在不同土层的分布都是：0～10cm＜10～20cm＜20～40cm，在距裂缝各个距离上均符合这个规律。与裂缝不同距离上的土壤含水量变化规律是：阴坡裂缝、阳坡裂缝、坡顶裂缝和坡底平地裂缝的 3 个土壤层次均在裂缝处有最小含水量，在超过 0.5m 的各个测定样点上的含水量趋于稳定，随着深度的增加，影响越大，说明沉陷裂缝破坏地表的同时，对裂缝边上的土壤水分含量影响也很大。每个土壤层次的土壤含水量随着与裂缝距离的增加而增大（距裂缝 0～0.5m）。阳坡和坡顶的土壤水分在各个层次，以及距裂缝各个距离上都比阴坡和坡底平地含量小，其中阴坡土壤水分最好，因为阴坡太阳直射时间较短，温度相对于阳坡和坡顶要低，因此土壤水分蒸散较小；在坡底平地处的裂缝，由于高程较低，土壤水分易渗漏，因此没有阴坡土壤含水量高。阳坡和坡顶的蒸发量本就大，由于裂缝的存在，增大了土壤侧向蒸发，使得土壤水分更加欠缺。

7. 采煤沉陷裂缝对雨后坡面土壤含水量的影响

采煤沉陷区地裂缝分布广泛，研究雨后地裂缝附近土壤水分特征，进而揭示矿区沉陷地表降雨入渗及蓄水过程，对干旱和半干旱地区的矿区植被恢复与重建具有重要的现实意义。本部分试验选择比较典型的坡面作为试验地，在阴坡、阳坡和坡顶分别选取一条典型采煤沉陷裂缝，裂缝走向与等高线一致，且裂缝周边无其他裂缝，避免所研究裂缝受其他裂缝影响，裂缝周边无径流产生。测定雨后土壤含水量，每天测定一次，连续测定到下一次降雨时结束测定，本次试验测定日期为 2012 年 6 月 29 日至 7 月 6 日。测定点分布（图 2.42），阴坡裂缝和阳坡裂缝分为裂缝上部和裂缝下部，在距裂缝 0m、0.5m、1m、1.5m、2m、2.5m、3m、5m 及 >5m（以 CK 代替）的 9 个距离上确定测定样点，裂缝上部和裂缝下部测定样点对称；由于坡顶裂缝处于较平缓地带，因此只测定单侧土壤含水量，测定距离与阴坡、阳坡一致。每个样点在不同层次平行测定 10 次，数据处理时，取平行 10 次的平均值。

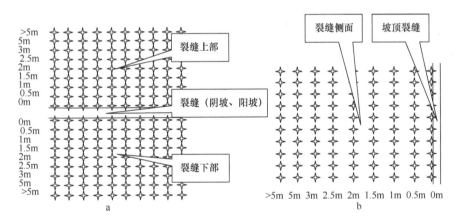

图 2.42　测定土壤含水量样点分布示意图

Fig. 2.42　Schematic diagram of sample distribution of determination of soil moisture content

a. 阴坡、阳坡土壤含水量测定点分布；b. 坡顶土壤含水量测定点分布

（1）雨后不同坡向上土壤水分的描述性统计

对阴坡、阳坡和坡顶上裂缝周边的土壤含水量进行描述统计，见表 2.27，降

雨后第一天(6月29日)土壤最大含水量16.93%,出现在阴坡,最小含水量10.59%,出现在阳坡。7月6日裂缝周边土壤最大含水量15.14%,最小值是5.66%。

表 2.27　不同坡向土壤含水量描述统计
Tab. 2.27　Description statistical table of soil moisture content on different slope direction

	日期	土壤含水量/%			标准偏差
		最小值	最大值	平均值	
阴坡	6月29日	11.19	16.93	14.30	1.49
	7月6日	8.81	15.14	12.25	1.65
阳坡	6月29日	10.59	16.20	13.60	1.53
	7月6日	5.66	13.64	10.29	1.83
坡顶	6月29日	10.93	16.76	13.75	1.47
	7月6日	7.59	13.08	11.16	1.64

降雨后第一天(6月29日),不同坡向上的采煤沉陷裂缝周边的平均土壤含水量大小分布是:阴坡(14.30%)>坡顶(13.75%)>阳坡(13.60%)。经过方差分析结果显示,降雨后只有阴坡和阳坡裂缝周边土壤含水量差异显著($P<0.05$),而阴坡和坡顶及阳坡和坡顶的土壤含水量差异不显著($P>0.05$)。

7月6日,3个坡向上的裂缝周边平均土壤含水量大小状况是:阴坡(12.25%)>坡顶(11.16%)>阳坡(10.29%)。经方差分析结果显示,阴坡与阳坡、坡顶的土壤水分差异极显著($P<0.0001$),阳坡和坡顶的土壤水分含量差异非常显著($P<0.01$)。

由此可见,在刚降雨后,3个坡向上的土壤水分差异不大,随着时间的推移,不同坡向不同层次的土壤水分差异逐渐显著。

(2)雨后不同土壤层次的土壤水分变化

1)0~10cm土层的水分变化

0~10cm土层含水量如图2.43所示,从图2.43中可以看出,降雨后第一天(6月29日),0~10cm土层的土壤含水量在距裂缝不同距离上变化比较平缓,3个坡向裂缝处与其他各样点的土壤水分差异均不显著($P>0.05$),阴坡土壤含水量分布在12.64%~14.44%,阳坡为11.28%~13.35%,坡顶为12.10%~14.02%,经方差分析,阴坡裂缝在不同距离上的土壤含水量与阳坡裂缝差异极显著($P<0.01$),阴坡与坡顶及阳坡与坡顶裂缝周边土壤水分差异不显著($P>0.05$)。

7月6日,在阴坡、阳坡和坡顶的距裂缝中心不同距离上的土壤含水量较刚降雨后降低很多,3个坡向上的土壤含水量分布一致,在裂缝处最低,随着与裂缝距离的增加而趋于稳定。阴坡和阳坡裂缝周边土壤含水量都在裂缝上部 0m 处出现

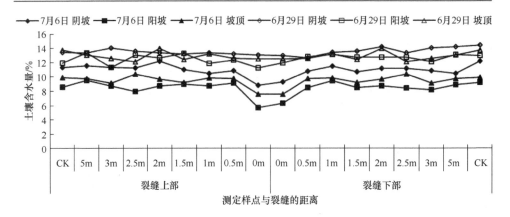

图 2.43　土壤层次 0～10cm 的水分随日期、坡向及测定点的变化

Fig. 2.43　Change of 0～10cm soil moisture with date，slope direction and measuring point

最小值，分别为 8.81% 和 5.66%，坡顶裂缝周边土壤水分含量在裂缝 0m 处最低，为 7.59%。经方差分析，阴坡与阳坡裂缝周边土壤水分差异极显著（$P<0.0001$），阳坡与坡顶裂缝周边土壤水分差异显著（$P<0.05$），阴坡与坡顶裂缝周边土壤水分差异极显著（$P<0.01$）；阴坡裂缝 0m 处与其他距离上的土壤水分差异显著（$P<0.05$），阳坡裂缝 0m 处与其他距离上的土壤水分差异极显著（$P<0.01$）。由于裂缝的存在增加了侧向蒸发，而且在裂缝上没有植物生长，更加大了土壤水分蒸发。

　　2）10～20cm 土层的水分变化

　　10～20cm 土层土壤含水量如图 2.44 所示。6 月 29 日，3 个坡向的土壤水分

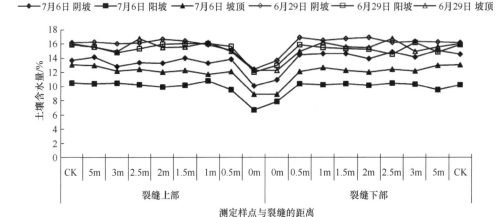

图 2.44　土壤层次 10～20cm 的水分随日期、坡向及测定点的变化

Fig. 2.44　Change of 10～20cm soil moisture with date，slope direction and measuring point

含量差异均不显著（$P>0.05$），3个坡向上的土壤水分含量均在裂缝处降低，与0～10cm土壤层次不同，这是因为裂缝壁是有角度的，雨水不能直接补给到裂缝边缘深处。阴坡和阳坡的最低含水量出现在裂缝上部0m处，坡顶出现在裂缝0m处，分别为12.44%、12.06%和12.28%。三个坡向除去裂缝处，其他部位含水量变化不大，3个坡向裂缝0m处与其他各样点的土壤水分差异极显著（$P<0.01$）。

7月6日，阴坡、阳坡和坡顶的含水量走势基本一致，在裂缝处出现最小值，随着与裂缝之间距离的增加，土壤含水量趋于平缓。从图2.44中可以看出，7月6日在距裂缝不同距离的各处含水量分布规律是：阴坡>坡顶>阳坡，方差分析结果表明，阴坡和阳坡裂缝周边土壤水分含量差异极显著（$P<0.0001$），阳坡和坡顶及阴坡和坡顶裂缝周边土壤水分含量差异显著（$P<0.05$）。阴坡和阳坡的最小含水量均出现在距裂缝上部0m处，分别是10.10%和6.74%，坡顶最小含水量在距裂缝0m处，是8.89%，3个坡向距裂缝0m处与其他各样点的土壤水分含量差异显著（$P<0.05$）。

3）20～40cm土层的水分变化

20～40cm层次土壤含水量如图2.45所示。6月29日，阴坡、阳坡和坡顶在各个距离上的土壤含水量变化趋势大体一致，经方差分析，3个坡向上的土壤水分含量彼此间均差异不显著（$P>0.05$），在裂缝处出现最小值，随着距裂缝距离的增加，含水量趋于平缓变化，3个坡向的裂缝处与其他距离上的各样点土壤水分含量差异极显著（$P<0.01$）。阴坡和阳坡在裂缝上部0m处土壤含水量最小，坡顶含水量在裂缝0m处出现最小值，分别是11.19%、10.59%和10.93%。

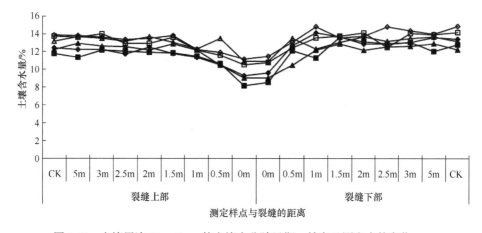

图2.45 土壤层次20～40cm的土壤水分随日期、坡向及测定点的变化

Fig. 2.45 Change of 20～40cm soil moisture with date，slope direction and measuring point

　　7月6日，阴坡、阳坡和坡顶在各个距离上的土壤含水量变化趋势与降雨后第一天基本一致，三个坡向上的土壤水分彼此间均差异不显著（$P>0.05$），从图 2.45 中可以看出，在裂缝边缘上的土壤含水量最小，阴坡和阳坡在裂缝上部 0m 处，坡顶在距裂缝 0m 处，分别是 9.34%、8.18% 和 9.06%，经方差分析，三个坡向的裂缝处与其他距离上的各样点土壤水分含量差异极显著（$P<0.01$）。

（3）雨后裂缝周边土壤水分损失变化

　　三个坡向的雨后土壤水分在不同层次上的损失机制不同，在阴坡和坡顶，土壤水分损失量：0～10cm＞10～20cm＞20～40cm，而阳坡则是 10～20cm 土层土壤水分损失最高，0～10cm 土层次之，20～40cm 最低，三个土壤层次的土壤水分损失量均差异极显著（$P<0.01$）。

　　结合表 2.28、表 2.29 可知，一次降雨后 8 天内，三个坡向裂缝周边土壤水分损失量最大的均是裂缝处，阴坡和阳坡在距裂缝不同距离的各样点处的土壤水分损失差异极显著（$P<0.01$），阴坡和坡顶在距裂缝不同距离的各样点处的土壤水分损失差异显著（$P<0.05$），阳坡和坡顶在距裂缝不同距离的各样点处的土壤水分损失差异不显著（$P>0.05$），在距裂缝超过 0.5m 之后，土壤水分损失量趋于平缓，

表 2.28　雨后裂缝周边土壤水分损失量
Tab. 2.28　Soil moisture losses surrounding crack after rainfall

坡向	样点部位	土壤水分损失量/%								
		0m	0.5m	1m	1.5m	2m	2.5m	3m	5m	CK
阴坡	裂缝上部	2.80	1.64	1.78	2.20	2.55	2.24	2.45	2.16	1.80
	裂缝下部	2.77	1.57	1.52	1.64	2.28	1.80	2.22	1.77	1.80
阳坡	裂缝上部	4.45	3.42	2.85	3.62	3.34	3.33	2.91	3.44	3.03
	裂缝下部	4.37	3.39	3.38	2.76	3.03	2.61	3.12	3.47	3.04
坡顶		3.39	2.87	2.32	2.22	3.11	2.23	2.39	2.19	2.59
平均值		3.56	2.58	2.37	2.49	2.86	2.44	2.62	2.60	2.45

表 2.29　雨后不同土层土壤水分损失量
Tab. 2.29　Soil moisture losses of different soil depth after rainfall

坡向	样点部位	土壤水分损失量/%			平均值
		0～10cm	10～20cm	20～40cm	
阴坡	裂缝上部	2.76	2.42	1.36	2.18
	裂缝下部	2.76	2.06	0.97	1.93
阳坡	裂缝上部	3.90	4.82	1.41	3.38
	裂缝下部	4.12	4.52	1.09	3.24
坡顶		3.44	3.23	1.10	2.59

水分损失最大的是距阳坡裂缝上部 0m 处，为 4.45%，由于阳坡光照足，气温高造成蒸散量比较大，阳坡整体水分损失较大，坡顶次之，阴坡最低。裂缝上部的土壤水分损失比裂缝下部高，阴坡裂缝上部和下部土壤水分损失均值分别为 2.18% 和 1.93%，阳坡裂缝上部和下部土壤水分损失均值分别为 3.38% 和 3.24%。

8. 生长季采煤沉陷裂缝周边土壤水分研究

选取两条相似采煤沉陷裂缝，4 月、5 月、7 月、9 月分别测定两条裂缝的土壤含水量，土壤样品采集：在距裂缝 0m、0.5m、1m、1.5m、2m、3m 的地方挖取土壤剖面，采集土样，每个土样三个重复。

（1）4 月土壤水分研究

研究采煤沉陷裂缝在 4 月的土壤水分，土壤水分测定结果见图 2.46 及 4 月裂缝土壤水分描述统计见表 2.30。

由图 2.46 可见，0~10cm 层次土壤含水量在各个距离上都低于 10~20cm 及 20~40cm 两个层次，在三个层次上的土壤含水量都在裂缝处有最小值，在超过 0.5m 的各个距离上，都趋于稳定。在裂缝处及超过 0.5m 的各个测定样点的土壤含水量分布是 10~20cm>20~40cm>0~10cm；在距裂缝 0.5m 处的土壤含水量分布是 20~40cm>10~20cm>0~10cm。

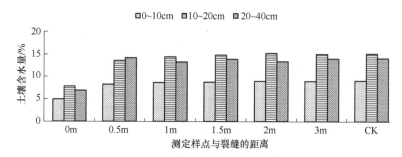

图 2.46　4 月裂缝土壤水分的空间分布

Fig. 2.46　The space distribution of fissure soil moisture at April

表 2.30　4 月裂缝土壤含水量描述统计

Tab. 2.30　The descriptive statistics of fissure soil moisture at April

	土壤含水量/%			标准偏差
	最小值	最大值	平均值	
0~10cm	4.99	9.10	8.27	1.47
10~20cm	7.86	15.32	13.76	2.67
20~40cm	6.93	14.29	12.88	2.65

结合图 2.46 和表 2.30 可知,4 月最小土壤含水量出现在裂缝处 0～10cm 层次,为 4.99%,最大值出现在距裂缝 2m 处的 10～20cm 层次,为 15.32%。在 3 个层次上的含水量平均值的大小是: 10～20cm (13.76%) ＞20～40cm (12.88%) ＞0～10cm (8.27%)。

从表 2.30 可知,土壤含水量的标准偏差: 10～20cm (2.67) ＞20～40cm (2.65) ＞0～10cm (1.47),说明 0～10cm 层次的土壤含水量在距裂缝不同距离上偏离平均值最小,即 0～10cm 层次的含水量在各个距离上变化范围较小;在 10～20cm 和 20～40cm 两个层次的标准偏差分别是 2.67 和 2.65,说明在距裂缝各个距离上的土壤水分变化较大,这是由于 4 月的土壤水分受冻融影响很大,而且主要集中在 10cm 以下土壤层次,4 月冻土消融补给土壤水分,同时蒸发量小,因此 4 月土壤水分含量较高。各个距离上的土壤水分在 3 个层次上与对照相比,只有裂缝处,即距裂缝 0m 处的土壤含水量与对照有显著差异,其他距离的测定样点的土壤含水量与对照无显著差异。

(2) 5 月裂缝土壤水分研究

5 月采煤沉陷裂缝对水分分布的影响如图 2.47 所示,表 2.31 则是对 5 月裂缝土壤水分在与裂缝不同距离上每个层次的描述统计。

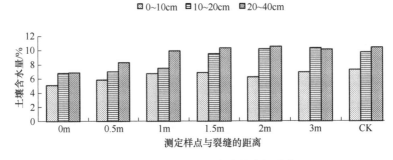

图 2.47　5 月裂缝土壤水分的空间分布

Fig. 2.47　The space distribution of fissure soil moisture at May

表 2.31　5 月裂缝土壤含水量描述统计

Tab. 2.31　The descriptive statistics of fissure soil moisture at May

	土壤含水量/%			标准偏差
	最小值	最大值	平均值	
0～10cm	5.13	7.30	6.45	0.75
10～20cm	6.82	10.36	8.76	1.57
20～40cm	6.88	10.55	9.53	1.39

由图 2.47 可以看出，5 月在与裂缝不同距离的各个测定样点的土壤含水量分布状况是 20~40cm＞10~20cm＞0~10cm（除 3m 外）。0~10cm 和 20~40cm 两个层次的土壤含水量在距裂缝 1m 以内，随着与裂缝之间距离的增加而增大，超过 1m 以后，在各个测定样点的这两个层次的含水量趋于稳定，变化起伏不大；10~20cm 层次，在距裂缝 0~1.5m 范围内，土壤含水量随距裂缝距离的增大而增大，超过 1.5m 的各个样点含水量趋于稳定。

结合图 2.47 和表 2.31 可知，3 个层次的土壤水分最小值均出现在裂缝处，分别为 0~10cm（5.13%）＜10~20cm（6.82%）＜20~40cm（6.88%），5 月裂缝边上的土壤含水量在裂缝处的 0~10cm 层次出现最小值 5.13%，最大值出现在距裂缝 2m 处的 20~40cm 层次，为 10.55%。

从表 2.31 中可以看出，3 个层次上土壤含水量的标准偏差在 10~20cm 土壤层次最大，0~10cm 层次最小，分别是 0~10cm（0.75）＜20~40cm（1.39）＜10~20cm（1.57）。各个距离上的土壤水分在 0~10cm 和 20~40cm 两个层次上与对照相比，在裂缝 0m 和 0.5m 处的土壤含水量与对照有显著差异，其他距离的测定样点的土壤含水量与对照无显著差异，在 10~20cm 层次的土壤水分在距裂缝 1m 处与对照相比差异显著。

（3）7 月裂缝土壤水分研究

7 月采煤沉陷裂缝对水分分布的影响如图 2.48 所示，表 2.32 则是对 7 月裂缝土壤水分在与裂缝不同距离上每个层次的描述统计。

图 2.48 显示，7 月，随着采样点与裂缝之间距离的增加，土壤含水量在各个土壤层次上也逐渐增大并趋于稳定，0~10cm 层次的平均土壤含水量在距裂缝的各个距离上最小，20~40cm 层次最大。

结合图 2.48 和表 2.32，7 月裂缝周边的土壤含水量在裂缝处的 0~10cm 层次出现最小值 6.15%，最大值为 CK 的 20~40cm 层次，为 12.03%。与裂缝距离不同

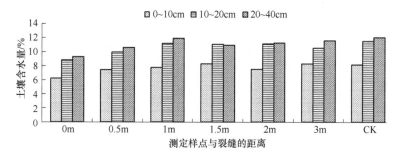

图 2.48 7 月裂缝土壤水分的空间分布

Fig. 2.48 The space distribution of fissure soil moisture at July

表 2.32　7 月裂缝土壤含水量描述统计

Tab. 2.32　The descriptive statistics of fissure soil moisture at July

	土壤含水量/%			标准偏差
	最小值	最大值	平均值	
0～10cm	6.15	8.30	7.64	0.75
10～20cm	8.79	11.47	10.57	0.94
20～40cm	9.27	12.03	11.06	0.95

的各测定样点的土壤含水量的标准偏差在 3 个层次上分别是 0.75（0～10cm）、0.94（10～20cm）和 0.95（20～40cm）。距裂缝不同距离上的土壤水分在 10～20cm 和 20～40cm 两个层次上差异不显著，这是由于 7 月降水较多，地表水有充分的补给，同时蒸发量又比较大，因此 7 月距裂缝不同距离上的土壤含水量在 3 个层次上的标准偏差相差不大，其中 0～10cm 层次较小，这是因为表层蒸发损失土壤含水量较为均衡。

（4）9 月裂缝土壤水分研究

由图 2.49 可以看出，9 月土壤水分在 3 个层次上随着与裂缝之间距离的增加而增大，且 0～10cm 层次的平均土壤含水量处于最低水平，20～40cm 层次的平均土壤含水量处于最高水平，在距裂缝 1m 处，0～10cm 层次的土壤水分含量比 0.5m 处稍低，可能是由于植被盖度较低导致蒸发量较大，从而土壤含水量较低。

结合图 2.49 和表 2.33 可知，9 月土壤裂缝周边含水量在裂缝处的 0～10cm 层次为最小值 7.09%，最大值出现在 CK 的 20～40cm 层次，为 13.98%。9 月在距裂缝各个距离上的每个土壤层次的土壤水分含量的标准偏差 20～40cm（1.37）＞0～10cm（1.20）＞10～20cm（1.00）。

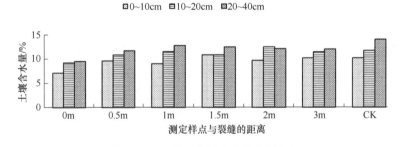

图 2.49　9 月裂缝土壤水分的空间分布

Fig. 2.49　The space distribution of fissure soil moisture at September

表 2.33　9 月裂缝土壤含水量描述统计

Tab. 2.33　The descriptive statistics of fissure soil moisture at September

	土壤含水量/%			标准偏差
	最小值	最大值	平均值	
0～10cm	7.09	10.80	9.49	1.20
10～20cm	9.23	12.45	11.12	1.00
20～40cm	9.44	13.98	12.02	1.37

（5）4～9 月裂缝土壤水分综合研究

综合分析 4 月、5 月、7 月和 9 月四个月的土壤水分含量，其中 9 月＞7 月＞4 月＞5 月，都在距裂缝 0m 处有最小值，5 月降雨比较少，裂缝处的土壤水分得不到补给，所以 5 月裂缝处土壤含水量很小；4 月处于冻土消融时期，融水补给土壤水分，使得裂缝处水分比 5 月要高；7 月和 9 月降水较多，土壤水分能够得到有效补给，7 月气温较高，土壤水分蒸散量大，而 9 月气温相对较低，蒸散量相对较小，因此，在裂缝处的土壤含水量 9 月最高，7 月次之。

0～10cm 层次的土壤水分的月季变化是 9 月＞4 月＞7 月＞5 月，而 10～20cm 和 20～40cm 两个层次的月季变化是 4 月＞9 月＞7 月＞5 月。

第三节　沉陷裂缝与土壤肥力

本部分试验通过对沉陷裂缝两侧土壤速效养分含量的分析，研究采煤沉陷裂缝对土壤养分的影响机制，对研究采煤沉陷区植被恢复和重建中的土壤防渗保肥有重要意义。本试验在 2012 年 6 月在试验地阴坡、阳坡各选取 1 条沉陷裂缝，在垂直沉陷裂缝方向上下两侧的 0m、0.5m、1m、1.5m、2m 处分别取 0～10cm 层的土样和 10～40cm 层的混合土样，取土位置如图 2.50 所示，同时在与裂缝等高的无裂缝处取土做对照。土壤碱解氮的测定采用碱解扩散法，土壤速效磷采用钼锑抗比色法，土壤速效钾采用中性乙酸铵浸提火焰光度法。

一、沉陷裂缝对两侧土壤碱解氮含量的影响

由图 2.51 可以看出：无论在阳坡还在阴坡，从裂缝上部的 2m 处开始到裂缝上部 0.5m 处，碱解氮含量呈上升的趋势，在裂缝上部 0m 上时，碱解氮含量迅速降低，均达到显著水平（$P<0.01$），0～10cm 和 10～40cm 层碱解氮含量分别为：阳坡 10.78mg/kg、8.61mg/kg，阴坡 12.57mg/kg、7.85mg/kg。距裂缝下部 0m 处 0～10cm 和 10～40cm 层碱解氮含量分别为：阴坡 12.29mg/kg、9.45mg/kg，阴坡

14.73mg/kg、8.45mg/kg。从裂缝下部到距裂缝 2m 时，碱解氮含量逐渐增大。

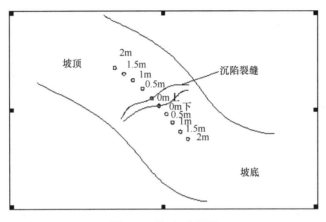

图 2.50　取土示意图

Fig. 2.50　Schematic diagram of earth borrowing

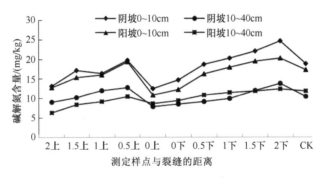

图 2.51　土壤碱解氮变化

Fig. 2.51　Changes in soil alkaline hydrolysis N

二、沉陷裂缝对两侧土壤速效磷含量的影响

由图 2.52 可知，土壤速效磷的含量在距裂缝 0m 处时最低，0～10cm 和 10～40cm 层速效磷含量分别为：阴坡 13.31mg/kg、8.51mg/kg，分别小于对照的 23.25mg/kg、10.61mg/kg；阳坡 4.22mg/kg、3.23mg/kg，分别小于对照的 6.37mg/kg、4.56mg/kg，与对照相比速效磷含量下降达到极显著（$P < 0.01$）。从距裂缝下部 0m 开始速效磷含量逐渐增大，在距裂缝下部 2m 处达到最大，分别为阴坡 24.47mg/kg、13.95mg/kg，阳坡 8.69mg/kg、6.60mg/kg。

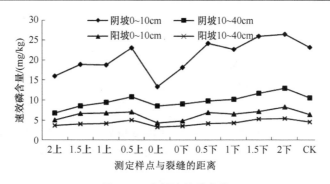

图 2.52 土壤速效磷变化

Fig. 2.52 Changes in soil available P

三、沉陷裂缝对两侧土壤速效钾含量的影响

由图 2.53 可知，土壤速效钾的分布规律与碱解氮、速效磷的分布规律相同，在距裂缝下部 0m 处时速效钾含量迅速降低，0～10cm 和 10～40cm 层速效钾含量分别为：阴坡 140.62mg/kg、100.54mg/kg，分别小于对照的 178.92 mg/kg、113.76mg/kg；阳坡 82.64mg/kg、77.41mg/kg，分别小于对照的 118.75mg/kg，90.52mg/kg，在距裂缝下部 0m 处速效钾流失显著（$P<0.01$）。在距裂缝下部 2m 处达到最大，分别为：阴坡 170.48mg/kg、139.64mg/kg，阳坡 130.98mg/kg、96.61mg/kg。

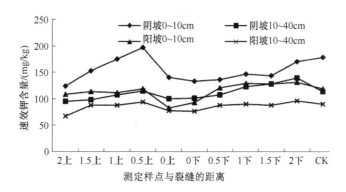

图 2.53 土壤速效钾变化

Fig. 2.53 Changes in soil available K

四、沉陷裂缝处土壤养分流失率分析

由表 2.34 可知，沉陷裂缝的上下两侧的流失率相差很大；三种养分的流失程度不同，速效氮、速效磷的流失程度都比较大，碱解氮流失率范围在 18.45%～38.86%，

速效磷的流失率在 16.20%～42.17%，而速效钾的流失程度较低，为 10.53%～30.23%，阳坡流失率大于阴坡流失率；0～10cm 层比 10～40cm 层养分流失更为明显，0～10cm 层为 10.81%～42.17%，10～40cm 层为 10.53%～27.73%；在坡面裂缝处，裂缝上壁（距裂缝上部 0m）的流失程度要比裂缝下壁（距裂缝下部 0m）流失程度大，裂缝上壁流失率范围为 11.06%～42.17%，裂缝下壁流失率范围为 10.53%～26.29%。

表 2.34　三种速效养分阳坡、阴坡裂缝处养分流失率（%）

Tab. 2.34　Loss rate of the three kinds of available nutrients in the sunny and shady cracks（%）

坡向	养分	0～10cm		10～40cm	
		距裂缝上部 0m	距裂缝下部 0m	距裂缝上部 0m	距裂缝上部 0m
阳坡	碱解氮	38.86	26.29	27.73	21.08
	速效磷	34.06	25.11	26.21	23.25
	速效钾	30.23	22.04	14.28	15.61
阴坡	碱解氮	33.80	22.22	24.27	18.45
	速效磷	42.17	21.30	19.81	16.20
	速效钾	21.3	10.81	11.06	10.53

五、空间变异性分析

裂缝两侧 3 种速效养分的空间变异系数见表 2.35。由表 2.35 可知，3 种速效养分的空间变异系数都表现为 0～10cm 层大于 10～40cm 层，不同速效养分的空间变异程度大小顺序是：碱解氮＞速效磷＞速效钾，阴坡变异系数＞阳坡变异系数。

表 2.35　三种速效养分的空间变异系数（%）

Tab. 2.35　Spatial variation coefficient of the three kinds of available nutrients（%）

土壤层次	碱解氮		速效磷		速效钾	
	阴坡	阳坡	阴坡	阳坡	阴坡	阳坡
0～10cm	20.66	19.46	20.05	18.88	13.92	13.26
10～40cm	18.09	17.87	17.03	16.61	12.40	9.97

参 考 文 献

北京林学院. 1982. 土壤学. 北京: 中国林业出版社

冯起, 程国栋. 1999. 我国沙地水分分布状况及其意义. 土壤学报, 36(2): 225-236

高国雄. 2005. 毛乌素沙地能源开发对植被与环境的影响. 水土保持通报, 25(2): 106-109

顾和和, 胡振琪, 刘德辉, 等. 1998. 高潜水位地区开采沉陷对耕地的破坏机理研究. 煤炭学报, 23(5): 522-525

何国清. 1991. 矿山开采沉陷学. 徐州: 中国矿业大学出版社

侯庆春, 汪有科, 杨光. 1994. 神府东胜煤田开发区建设对植被影响的调查. 水土保持研究, (4): 127-137

侯新伟, 张发旺, 韩占涛, 等. 2006. 神府东胜矿区生态环境脆弱性成因分析. 干旱区资源与环

境, 20(3): 54-57

胡振琪, 胡锋, 李久海, 等. 1997. 华东平原地区采煤沉陷对耕地的破坏特征. 煤矿环境保护, 11(3): 6-10

黄昌勇. 2000. 土壤学. 北京: 中国农业出版社

刘海昆, 黄树祥, 王慧. 2002. 论冻土对土壤水分动态的影响. 黑龙江水利科技, (3): 87

刘梅, 王美英. 2005. 神府能源基地水资源利用分析, 水土保持通报, 25(6): 87-106

刘梅, 曾勇. 2005. 煤炭地下开采引发的地质灾害及其防治措施. 能源技术与管理, (2): 29-30

吕家珑. 2003. 农田土壤磷素淋溶及其预测. 生态学报, 23(12): 2689-2701

吕晶洁, 胡春元, 贺晓. 2005. 采煤塌陷对固定沙丘土壤水分动态的影响研究. 干旱区资源与环境, 19(7): 152-156

吕贻忠. 2006. 土壤学. 北京: 中国农业出版社

吕贻忠, 胡克林, 李保国. 2006. 毛乌素沙地不同沙丘土壤水分的时空变异, 土壤学报, 43(1): 152-154

裴喜春, 薛河儒. 1998. SAS 及应用. 北京: 中国农业出版社

孙保平. 2000. 荒漠化防治工程学. 北京: 中国林业出版社

王健. 2007. 半干旱区采煤塌陷对沙质土壤理化性质影响研究. 呼和浩特: 内蒙古农业大学硕士学位论文

王健, 高永, 魏江生, 等. 2006. 采煤塌陷对风沙区土壤理化性质影响的研究. 水土保持学报, 20(5): 52-55

王健, 吴发启, 孟秦倩, 等. 2006. 不同利用类型土壤水分下渗特征试验研究. 干旱地区农业研究, 24(6): 159-162

王健, 武飞, 高永, 等. 2006. 风沙土机械组成、容重和孔隙度对采煤塌陷的响应. 内蒙古农业大学学报, 27(4): 37-41

魏江生, 贺晓, 胡春元, 等. 2006. 干旱半干旱地区采煤塌陷对沙质土壤水分特性的影响. 干旱区资源与环境, 20(5): 84-88

熊东红, 周红艺, 杜长江, 等. 2006. 土壤裂缝研究进展. 土壤, 38(3): 249-255

徐化成, 班勇. 1996. 大兴安岭北部兴安落叶松种子在土壤中的分布及其种子库的持续性. 植物生态学报, 20(1): 28-34

袁志发, 周静芋. 2002. 多元统计分析. 北京: 科学出版社

张发旺, 侯新伟, 韩占涛. 2001. 煤矿引起水土环境演化及其调控技术. 地球学报, 22(4): 345-350

张发旺, 侯新伟, 韩占涛, 等. 2003. 采煤塌陷对土壤质量的影响效应及保护技术. 地理与地理信息科学, 19(3): 67-70

张发旺, 赵红梅, 宋亚新, 等. 2007. 神府东胜矿区采煤塌陷对水环境影响效应研究. 地球学报, 28(6): 521-527

朱朝云. 1992. 风沙物理学. 北京: 中国林业出版社

Heckrath G, Brookes P C, Poulton P R, et al. 1995. Phosphorus leaching from containing different phosphorus concentrations in the Broadbalk experiment. Environ Qual, 24: 904-910

Hesketh N, Brookes P C. 2000. Development of an Indicator for risk of phosphorus leaching. Environ Qual, 29: 105-110

Tunney H, Carton O T, Brookes P C, et al. 1997. Phosphorus loss from soil to water. CAB international: 253-271

第三章　采煤沉陷区土壤修复技术

第一节　采煤沉陷区土壤培肥技术

一、采煤沉陷区土壤培肥的目的及意义

土地是最重要的自然资源之一，它是人类赖以生存和发展的物质基础。然而随着社会的进步和经济的发展，现代工矿企业在地质勘探、矿物开采等生产建设过程中，尤其是煤矿井工开采造成大面积土地沉陷，严重破坏了周围生态环境，改变了水热状况，毁灭了动植物区系，不利于区域生态经济的可持续发展，因此，保护和合理利用土地资源，消除采矿对自然综合体的不利影响，恢复其生产力，是社会发展的重要问题之一，也是保护自然、恢复自然资源再生产力不可分割的一部分。

采煤造成的地面沉陷是煤矿区最严重的生态环境问题之一。截至 2008 年年底，仅神府−东胜矿区（以下简称神东矿区）累计采煤沉陷区面积就达 7800hm²，而且每年新增沉陷区面积约 200hm²，随着煤田的进一步开采，将有更多土地沉陷。矿区地表土地沉陷，不但使大面积农田被毁，造成生态失衡，而且给当地工农业生产及社会和生态环境等方面带来了一系列严重问题。在开采沉陷和风蚀、水蚀等因素的综合作用下，加剧了土壤侵蚀、水土流失、土地退化。从而导致土壤理化性质、肥力情况发生了显著变化，加剧了矿区人地间的矛盾。珍惜和合理利用每一寸土地是我国的一项基本国策，因此采矿沉陷区复垦是生态建设的重要任务。本章就以神东矿区为例，系统地阐述干旱风沙地区采煤沉陷区土壤培肥的技术。

土壤退化、粮食生产和环境保护是目前国内外农学、土壤学和环境科学界共同关注的三个核心课题。中国是一个人口众多的发展中国家，如何在有限的土地资源上生产足够多的生活必需品，是世人普遍关注的问题。土壤肥力是土壤的基本属性，是土壤物理、化学和生物性质的综合反映，是决定单位面积产量的第一重要因素，而且带有经常性、普遍性和长远性。农、林业的持续发展依赖于土壤的持续利用，土壤的持续利用要求土壤肥力的维持和提高。结合作物种植制度，科学地进行土壤培肥的意义就在于能够从全局出发对作物施肥作出科学合理的安排，既保证全面均衡地增产，又保证地力不断提高，同时也保证不断降低生产成本，提高经济效益。因此做好土壤培肥的研究工作，使之为现代农、林业的可持

续发展服务,具有重要的意义。

我国肥料使用历史由来已久。化肥消费自 20 世纪 60 年代起快速增长,80 年代以来,随着高产品种的推广和肥料用量的迅速增加,至今已成为世界最大的化肥生产国和消费国,然而我国粮食产量却增长有限,尤其从 20 世纪 90 年代后期开始长期徘徊不前,与此同时,由于化肥大量施用带来的环境问题也比较突出。这些问题迫使人们认真思考土壤培肥技术。为此,我国广大科技工作者吸取国内外的经验,进行了大量的试验研究,逐步形成了适合我国国情的土壤培肥技术。最近几年,科学土壤培肥越来越多地受到肥料学、土壤学专家及农业生产者的重视。生产实践证明,科学的土壤培肥,改变了以往盲目利用土地生产的状况,在农业生产上取得的增产、增收、节肥、改善农产品品质、平衡土壤养分和减轻环境压力效果十分显著。科学培肥技术的推广应用,促进了农业生产的发展,使土壤养分和土壤肥力向着有利方向演变。

土壤肥力状况是生态建设中植被建设、植物种类选择和植被发育好坏的决定因子之一。但是,在植被恢复生产中,科学的土壤培肥技术远没有像农业领域那样受到应有的重视,目前科学培肥技术在林业生产上的使用,多限于速生林木材生产和苗木的培育上。多年来,大面积植被恢复仅限于利用土壤普查的资料来选择植物种类,而对土壤动态研究极少,带有很大的盲目性。造林种草不施肥,管护不施肥是非常普遍的现象,科学培肥技术在植被恢复生产上的研究成果更少,在采煤沉陷区复垦生态建设上的应用尚缺乏研究。

神东矿区采煤沉陷区土壤大部分区域为成土程度很低的原始栗钙土,部分为风沙土。其特点是土层薄,质地粗,氮、磷、钾贫乏,有机质层薄甚至没有明显的有机质层,既不利于植物生长,也极易沙化、风蚀和水蚀。加上因地面沉陷导致的不均匀沉降,破坏了土壤结构和原始层次,使得土壤持水、保肥等物理特性变得更差,因此在土壤同一深度平面和不同深度上,土壤肥力分布变得更具有随机性、不均一性,进一步降低了土地生产力。所以在植被建设过程中,更有必要针对不同的土壤类型和立地类型进行科学的土壤培肥。

为了恢复采煤沉陷区土地生产力,神东公司加大了沉陷区生态建设力度,仅 2000 年以来的投资就达到 4.0 亿元,生态建设区面积达到 165km^2,沉陷区土壤肥力特征及土壤培肥技术研究是近年来的一项重要研究内容。神府-东胜煤田位于陕西省北部的神木县、府谷县和内蒙古自治区南部的准噶尔旗、伊金霍洛旗,属于黄土高原和鄂尔多斯高原的过渡地带。原始土壤为栗钙土,但是,在严重的风沙侵袭、水力冲刷及多年的人为利用下,土壤退化极其严重,除平坦的梁地顶部以外,其他地区的原始土壤或者流失殆尽,或者被厚层风成沙覆盖,采用传统的生态建设技术难以达到植被恢复目标。根据内蒙古农业大学与神东公司 2006 年合作完成的《神东矿区绿化树种施肥技术研究》的有关结论,肥力不足是影响矿区树木生长的重要因素。所以，公司环保处确定，为了达到植被恢复目标，进一步提高植被建设水平，植被建设土壤一定要施肥。但是，施肥量、肥料种类、施肥时间和方式都是没有解决的问题。为此，作者选择神东矿区活鸡兔沉陷区和补连塔沉陷区作为试验基地。该基地为神府–东胜煤田的一部分。正确评价该区土壤肥力状况，研究采煤沉陷区植被建设土壤培肥技术具有一定的代表性，可为恢复沉陷区土地生产力提供技术支持，也能为采煤沉陷区大面积植被建设提供技术依据，还可为采煤沉陷区生态环境建设提供指导性建议，具有重要的科学和实践意义。

二、土壤培肥原理及研究概况

1. 土壤培肥原理

土壤培肥，即通过人为措施提高土壤肥力的过程。按照作物的种类和对养分的需求，对施用肥料的种类、数量、方式等作出整体安排，通过一定的耕作方式，使土壤肥力保持稳定甚至有所提高，向获得高产、稳产的方向发展。在时间上，它要求从每个轮作周期出发，考虑每季作物肥料的合理布局和施用；在空间上它要求从一个生产单位的全部农田出发，考虑肥料的合理布局和施用。

19 世纪，德国农业化学家李比希（Liebig）提出了养分归还学说，也叫养分补偿学说。主要论点是：作物产量的形成，其养分大部分来自土壤，但不能把土壤看作是一个取之不尽、用之不竭的"养分库"。为保证土壤有足够的养分供应容量和强度，保持土壤养分输入与输出间的平衡，恢复地力，就必须向土壤施加养分。从那时候至今，科学土壤培肥已经取得了长足的进展。

19 世纪 40 年代，李比希在试验的基础上又提出了最小养分律。他指出，"某种元素的完全缺少或含量不足可能阻碍其他养分的功效，甚至减少其他养分的作用"。作物生长发育需要吸收各种养分，其产量的高低主要受作物最敏感养分的制约，即限制作物产量的是土壤中那种相对含量最小的养分因素。如果不针对性地补充最小养分，即使其他养分增加得再多，也难以提高作物产量，而只能造成肥料的浪费。经济合理的施肥方案，是将作物所缺的各种养分同时按作物所需比例相应提高，作物才会高产。

18 世纪后期，欧洲经济学家杜尔哥（Turgot）和安德森（Anderson）提出报酬递减律，它最早是作为经济法则提出来的。这个经济学定律反映了在技术条件不变的情况下投入与产出的关系，被广泛用于工农业各个领域。在施肥上的意义是："在其他生产条件（如灌溉、品种、耕作等）相对稳定的前提下，随施肥量的增加，单位肥料对作物的增产效应呈递减趋势。"即在其他生产条件相对稳定的前提下，随着施肥量的逐渐增加，作物产量也随着增加，但施肥的边际效益逐渐递减，当达到最佳施肥量后，再增加施肥量，相反会使总效益减少，甚至还会造成农作物减产。这一定律说明某种养分的效果以在土壤中该种养分越为不足时效果越大，如果逐渐增加该养分的施用量，增产效果将逐渐减少。可以根据这一法则，选择适宜的养分施用量。

作物产量高低是由影响作物生长发育诸因子综合作用的结果，因此土壤培肥应与其他高产栽培措施紧密结合，才能发挥应有的增产效益。在肥料养分之间，也应该相互配合施用，这样才能产生养分之间的综合促进作用。为了充分发挥肥料的增产作用和提高肥料的经济效益，一方面，施肥措施必须与其他农业技术措施密切配合，发挥生产体系的综合功能；另一方面，各种养分之间的配合作用，也是提高肥效不可忽视的问题，这就是因子综合作用律，也是土壤培肥理论的重要组成部分。

总的来看，土壤培肥是以养分归还学说、最小养分律、肥料效应报酬递减律和因子综合作用律等为理论依据，以确定补充养分所需施肥量和改善土壤养分供应环境为主要内容。为了发挥肥料的最大增产效益，土壤培肥还必须兼顾选用良种、合理的耕作与管理措施、气候变化等影响肥效诸因素的有机结合，形成一套完整的土壤培肥技术体系。

土壤培肥理论原理虽然是通过对农作物研究得出的规律，但也应该是植被恢复生产土壤培肥的基本原理。在植被恢复土壤培肥中，只有遵循这一原理，才能避免施肥的盲目性。当然也不应该消极地看待它，片面地以减少肥料施用量来降低生产成本和提高肥料报酬，这样也达不到增产增收、植被恢复的最佳效果。

总之，植被建设过程中土壤培肥也要按照这一基本原理，因地制宜，准确分析最小养分因子，缺什么养分元素，就施什么肥。由于最小养分因子是变化的，因此要注意养分平衡供应。科学的观点应该是不断注意技术的创新，促进生产条件的改变，在逐步提高施肥水平的情况下，力争提高施肥的经济效益，才能使植物充分吸收利用养分，有利于提高肥料利用率，从而收到增产增收、节肥和促进生态可持续发展的综合效果。

2. 土壤培肥研究概况

（1）国外土壤培肥研究概况

1840 年，德国农业化学家李比希发表了划时代的著作——《化学在植物生理及农业中的应用》，为化肥的生产与应用奠定了科学的理论基础。1842 年，英国人劳斯（John Lawes）取得骨粉加硫酸制造过磷酸钙的专利权，开创了至今 100 余年的化肥施用历史。第二次世界大战以后，受人口快速增长的推动，化肥消费迅速增长，化肥效果显著，作物产量得到大幅度增长。而随着化肥投入增加，肥效逐渐降低，发达国家逐渐重视土壤培肥技术的更新，并且取得了显著的成效。从20世纪80年代开始，欧洲、美国、日本等发达国家和地区化肥消费量趋于稳定，但作物产量却不断增长。在科学土壤培肥技术方面，自1843年英国科学家在洛桑试验站布置长期肥效定位试验开始，经历了165年的科学探索历程。各国土肥科技工作者在确定科学合理的施肥数量、施肥品种、施肥方式和施肥时期方面，开展了大量的研究工作，提出了多种科学土壤培肥技术方法。

朝鲜、美国、德国、日本等国在土壤普查绘制土壤调查和土壤农化图、土壤改良图，合理指导种植、土壤培肥和改良的研究基础上积累了一定的经验。美国、日本、法国、德国等国，在土壤和植物营养诊断指导土壤培肥的研究上进行了广泛而深入的研究。这些都在农业生产上发挥了积极的作用。

在土壤培肥肥料的应用上，随着人们对农田大量地增施化肥、农药等，使土壤遭到了严重破坏，对土地产出的可持续性及农产品的质量构成了极大威胁。世界各国一直在寻找既能改善土壤状况，又不造成污染的有效办法。一直以来，秸秆还田有机培肥技术受到了认可。通过长期的试验和生产实践，各国科学家和农业工作者总结出了多种用于培肥土壤的有机肥料，如污泥、腐殖质、有机绿肥等。法国、印度两国的科学家经过长达十多年的研究将他们研发的生物（蚯蚓）–有机培肥技术，在印度的茶园中试验成功并已在印度的多个种植园共200hm^{2}土地上及其他一些国家推广应用。其他国家在生物培肥、生物–有机培肥技术的研究上也都取得了长足进展，同时研制生产出了多种菌剂、生物肥料、生物–有机肥料，在施肥及土壤培肥中得到了不同程度的推广和应用。

（2）国内土壤培肥研究概况

1901年，氮肥从日本输入我国台湾，1905年左右广东开始施用化肥，清政府设立了国立实验农场，然而至新中国成立前，我国肥料施用量仍然较低，更无技术可言。新中国成立后，1950年中央人民政府在北京召开全国土壤肥料工作会议，商讨土壤肥料工作大计。会议提出了我国中低产田的分区与整治对策，对我国耕地后备资源进行了评估，将科学施肥作为发展粮食生产的重要措施之一，随后重点推广了氮肥，加强了有机肥料建设。1957年成立全国化肥试验网，开展了氮肥、磷肥肥效试验研究。1959～1962年组织开展了第一次全国土壤普查和第二次全国氮、磷、钾三要素肥效试验，在继续推广氮肥的同时，注重了磷肥的推广和绿肥的生产，为促进粮食生产发展发挥了重要作用。

1979年，在全国范围内结合农业区划进行了第二次土壤普查，对耕地进行了土壤理化性质和农化特性的测定，摸清了我国耕地基础信息，从而找出作物低产的土壤原因，并提出改良土壤的措施，同时在普查的基础上还编写了土壤普查报告，为合理培肥和改良土壤提供了宝贵的资料和依据。近年来，随着科学种田和合理施肥的需要，我国各地也开展了大量的土壤和作物的营养诊断工作，对于消除土壤障碍因素，改善土壤营养条件及合理培肥，都收到了一定的效果。

1983年，我国开始进行大规模的研究土壤施肥与培肥地力技术，许多科学家和农业工作者通过大量的试验研究和生产实践，总结出了很多土壤评价和培肥地力的技术措施，在改善土壤生产力水平、提高农产品质量、环境保护等方面均起到了积极作用，收到了一定的效果。

近年来，国内外作物施肥及土壤培肥技术的研究趋势是，应用系统工程的方法，使决定作物产量和肥料效果的各种因素之间复杂的相互关系系统化，拟订科学的施肥制度和土壤培肥制度，合理地选择改善土壤性状的肥料，建立最佳施肥模型，并在此基础上形成了科学的平衡配方施肥和精准施肥技术。

我国2005年开始探索全面推广测土平衡配方施肥活动，当年在全国200个县做试点，2006年扩大到600个县，2007年扩大到1200个县，国家资金支持也达到了9亿。

三、神府-东胜煤矿区自然概况

1. 地理位置

试验选择神东矿区活鸡兔沉陷区和补连塔沉陷区两个典型土壤试验区。神府-东胜煤田位于黄河中游的窟野河流域中游（一级支流）乌兰木伦河转龙湾至神木之间。位于北纬38°50′～39°50′，东经109°30′～110°30′，整个矿区南北长38～90km，东西宽35～55km，以乌兰木伦河和活鸡兔沟为分界线，分别属于陕西、内蒙古两省区，总面积3481km^2，其中陕西省榆林地区神木县和府谷县占总面积的58.7%，内蒙古自治区鄂尔多斯市伊金霍洛旗占总面积的41.3%。矿区蕴藏着丰富的煤炭资源，总储量约2000亿t，为世界八大煤田之一，也是我国优质动力煤和出口创汇煤的生产基地。

2. 地质地貌

神府-东胜矿区处于鄂尔多斯高原与黄土高原的交接地带，是毛乌素沙地与黄土丘陵区的复合过渡地带。大地构造属于华北地台上的鄂尔多斯台向斜，矿区地层主要为中生代陆相地层和第四系沉积层，地质构造简单，断层发育较少，总体以单斜构造为主，中心区属于侏罗纪煤田，主要含煤地层延安组发育广泛。主要可采煤层赋存特点是：浅埋深（煤层埋藏深度60～400m，大部分在100m以内，煤层上覆基岩厚度小，最小仅1.4m）、厚松沙（在基岩之上为10～60m厚的风积沙）、富潜水，所以，采煤后地面出现沉陷是必然的。

地貌主要包括覆盖在硬梁地上的各类沙丘和黄土丘陵两大地貌类型，地势北高南低，海拔 930～1580m，矿区西北部构造舒缓，地势作整形西斜，断层不发育，产状平缓。矿区是国家级水土流失监督区，流动沙丘广布。

地貌外营力以流水作用和风蚀作用为主，以物理风化为主，兼有化学风化，坡面重力作用也很活跃。矿区西邻毛乌素沙地，南有黄土高原，为水蚀和风蚀共同作用形成的侵蚀剥蚀高原——鄂尔多斯高原的重要组成部分，只是由于长期的流水侵蚀，地面变得非常破碎，面积较大、保存完好的高原面少见，多数都是位于两条沟谷之间的梁地，但梁地地势相对平坦，除突起的山丘外，坡度都在 15°以下，是主要的农业用地和牧业用地，建设生态经济林的条件较好。

3. 水文气候

矿区属典型的干旱半干旱大陆性季风气候，干旱少雨多风沙是其显著特征。基本特性是冬季严寒，夏季酷热，春季多风，秋季凉爽，温差悬殊，风沙频繁，干旱少雨，蒸发强烈。降水量年际变幅为 194.7～531.6mm，年平均降水量 362mm，年蒸发量为 2297.4～2838.7mm，是降水量的 6～8 倍；年际间与年内降水分配极不均匀，主要集中在 6～9 月，7～8 月约占全年降水量的 55%，6 月和 9 月约占全年的 20%，6～9 月约占全年降水量的 3/4；降水常以暴雨的形式出现，一场暴雨占全年降水量的 1/3～1/7，且突发性强；热量指标变化剧烈，年平均气温 7.3℃，大于10℃的活动积温约 3000℃，极端最高温度 38.9℃，最低温度-30.7℃，年平均气温温差较大，一般 13.2～14.9℃，极端可达 69.6℃；无霜期约 156d。光照充足，全年日照时数 2740～3000h。大风为矿区常见灾害，年平均风速 3.2m/s，最大风速24m/s，年大风日数 13～15d，最多 37d，大于 5m/s 的起沙风 70d。

神-东矿区位于中国北方干草原地带，年降水量少，再加上地貌和岩性等方面的原因，降水大部分形成地表径流而流失，渗入岩土层的不足 15%。主要过境河流乌兰木伦河为黄河一级支流，在矿区内流程长度约 90km，纵贯矿区中部。其支流有公涅尔盖沟、呼和乌素沟、补连沟、活鸡兔沟、朱盖沟、庙沟、考考乌素沟及黄羊城沟等；乌兰木伦河河水主要靠降雨补给，具有明显的季节性，历年最大洪峰流量为 9760m³/s，最小时仅为 0.008～0.44m³/s，年平均流量为 8.13m³/s，没有大量的地表水供生态建设使用。地下水相对丰富，但是，由于埋深都在 10m 以下，植物难以利用，所以，选择抗旱能力强的乡土树种是必然途径。

4. 土壤与植被

矿区处于草原与森林草原的过渡地带，成土母质主要为风化残积物和风积物。地带性土壤分布特点西北部以淡栗钙土为主，东南部以黑垆土为主。由于历史的变迁和人类长期经济活动的影响，地带性土壤只有在平坦的台地区才能见到，区内耕作土壤主要为粗骨土和风沙土，大部分区域为成土程度很低的原始栗钙土。

其特点是土层薄、质地粗、有机质层薄甚至没有明显的有机质层，区内土壤均较贫瘠，极易沙化，风蚀、水蚀严重。土壤有机质含量低，氮、磷、钾贫乏是共同特征。沟谷两岸的山坡上基岩直接裸露，基本没有土壤发育。土壤机械组成粗，物理性黏粒少，易漏水漏肥、结构疏松，抗蚀力差，易遭受水力侵蚀和风蚀是普遍特征。

矿区西北部植被隶属于内蒙古草原群落的延伸，由于干旱和风沙的长期侵蚀和影响，地带性干草原植被群落逐渐退缩，沙生植被演替而来，区内以耐旱、耐寒的沙生植物、旱生植物为主，呈现稀疏灌丛植被；由于土壤中的盐碱含量过高所造成的植物生理干旱和基质流沙所引起的物理干旱，从而衍生出非地带性的小灌木、半灌木、占优势的沙漠化草原、灌木草原及草甸沙生植被、农业植被、林业植被和水生植被等。

矿区内原始植被种类单调，开发以前除当地居民房前屋后栽植的树木外，基本没有人工植被，植被覆盖率仅 3%～11%，其代表群系为油蒿（*Artemisia ordosica* Krasch.）群系，形成单优势群落。主要伴生植物为一年生的杂草类，如狗尾草[*Setaria viridis*（L.）Beauv.]、蒺藜（*Tribulus terrestris* L.）、刺藜（*Chenopodium aristatum* L.）等，以及少量多年生草本植物牛心卜子（*Cynanchum komarovii* Al. Iljinsk.）等。植被类型特点是生长季短、休眠期长、郁闭度差、覆盖度低，植被盖度小于 20%。除荒漠化草原所代表的西部景观外，本区尚有流沙、河谷、黄土梁，以及小型形状不一的内流或无流湖泊和滩地。河谷地带主要是农田、人工林，以及沼泽、草甸、库岸水生植被群落。本区东南黄土丘陵区，地带性植被隶属于晋西北森林草原植被群落的外延，由于干旱和风沙的长期侵蚀和影响，加上人类对植被的破坏、耕垦、过度放牧等活动，天然植被早已被破坏殆尽。局部尚有油松（*Pinus tabulaeformis* Carr.）、侧柏[*Platycladus orientalis*（L.）Franco]、杜松（*Juniperus rigida* Sieb. et Zucc.）、黄刺玫（*Rosa xanthina* Lindl.）等原始次生林，其他均被稀疏的一年生或多年生草本所代替，人工栽培的乔灌木仅限于河川沟道中。区内植被稀少，长期受干旱的威胁，加之人类活动的影响，生态环境十分脆弱。

近年来，随着各煤矿企业开采力度的加大，造成山体崩塌、地表塌陷、地裂缝等灾害日益增多。主要表现为部分地区地表下沉、房屋损坏、道路变形、岩层错落。因沉陷地表出现不同程度的裂缝，破坏了原有的土壤环境，进而影响到土壤的理化性质，致使作物不同程度地减产，甚至大部分土地荒芜，撂荒地看上去满目疮痍，对当地农林业可持续发展极为不利。

四、研究内容与方法

1. 研究内容

根据研究任务的需要，选择神府–东胜煤矿活鸡兔和补连塔两个采煤沉陷区为试验区域,主要研究结合沉陷区不同植被建设目标和土壤肥力背景进行土壤培肥的技术措施。主要研究内容包括:试验区地貌类型、地形坡度、沉陷状况、土层厚度、覆沙厚度、土壤类型、土壤水分状况、肥力状况等立地因子调查,通过各立地因子间的相关性分析,确定主要影响植被建设的立地类型划分主导因子;按照立地类型划分主导因子,采用聚类分析方法,划分不同立地类型单元,并按照因地制宜的原则,确定不同立地类型单元的植被建设目标;试验区土壤肥力状况评价;在土壤肥力状况评价的基础上确定土壤培肥目标,选择适宜当地土壤培肥的肥料,分析其化学性质及养分含量;结合不同植被对土壤肥力的要求、不同立地类型单元土壤肥力背景状况、所选肥料的养分含量,确定各单元土壤培肥施肥量。

2. 研究方法

立地条件调查采用土壤野外调查法,以现场详查为主。坡度调查,首先,目测试验区地形地貌,在相似地形地貌的小区内选择一个典型观测点,由该观测点向四周辐射,再随机选取 4 个有代表性的观测点,分别测量 5 个观测点所在地形坡度,取均值作为该小区地片的地形坡度。覆沙厚度调查,按照以上坡度测定方法,在每个观测点上挖土壤剖面,用钢尺测量每个观测点土壤覆沙厚度,取均值作为该小区地片的土壤覆沙厚度。

不同立地类型单元划分:在立地因子调查及相关性分析的基础上,选取影响植被建设目标与效果的主导因子,采用聚类分析方法进行划分。

土壤采样及肥力指标分析:在测定覆沙厚度的土壤剖面上,按照不同植被根系主要分布的土壤层次及土壤培肥目标决定取样深度,分 0～20cm、20～50cm 和 50～90cm 由下到上分别取样。取样后带回实验室进行分析,为了提高分析精度,每个样品做 3 个重复,取均值。取小区地片内 5 个观测点各项指标测定结果的均值作为该小区地片的各项指标值。

3. 技术路线

以研究区自然条件调查及相关性分析为基础,选取影响植被建设目标与效果的立地类型划分主导因子,通过聚类分析方法划分立地类型,确定不同立地类型植被建设目标并划分不同植被建设单元。在对研究区土壤背景肥力总体评价的基础上确定培肥土壤总体目标。结合不同小区土壤肥力背景和植被建设目标,选取当地经济易得的土壤肥料,合理地选择肥料种类,确定其施肥量。进而对沉陷区土壤培肥技术进行总结。研究技术路线如图 3.1 所示。

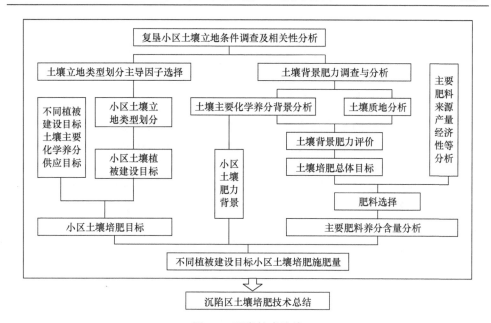

图 3.1　研究技术路线

Fig. 3.1　Research method and technique way

五、划分立地类型及确定植被建设目标

1. 立地类型划分

（1）立地类型划分及其作用

立地类型是某些立地因子相同或相近，并且有同等生产力水平地段的总和。立地类型划分是将立地条件及植被生产效果相近的地片归并为同一类型，立地分类及立地质量评价是对立地性能的认识。

根据目前国际研究成果，立地类型划分大致有植被因子途径、环境因子途径和综合多因子途径 3 种方法，但这 3 种方法一般适用于大区域的立地划分，而神东矿区采煤沉陷区复垦面积较小，通过野外勘察，研究区内大多为无林地或少林地，地表植被覆盖度低，植物种类较少，自然气候条件在相对较小的区域内差别甚微，所以必须拟定适合研究区实际情况的立地类型划分方案。

根据神东矿区自然特点，当前最重要的是要进行生态建设，而采煤沉陷区复垦主要是进行植被建设。对沉陷区土壤进行立地类型划分，是确定沉陷区植被建设目标的前提和基础，合理的立地类型划分可以为复垦方案的执行提供理论依据，也可以更切合实际地选择植物种类和制定植被建植、管护技术措施，对提高植被建设和管护水平,充分发挥土地生产潜力具有重要意义,从而使植物的生物学、生态学特性与环境条件达到统一,最终获取最大的经济效益、社会效益和生态效益。

(2)立地因子调查及主导因子选择

为了研究沉陷区的不同立地类型,我们对试验区内的地形、地貌、坡度、土壤覆沙状况、植被分布情况等进行了详尽的调查,并对各因素对植被分布情况及确定植被建设目标的影响进行了相关性分析。经分析,选择分别以研究区地貌、地形、坡度和覆沙厚度为一级、二级、三级土壤立地类型划分因子,其理由如下:

在选取采煤沉陷区立地类型划分主导因子时,沉陷对生态建设的影响是首先需要考虑的重要因子。但是,根据内蒙古农业大学、中国矿业大学对该区地表沉陷对植被的影响研究结果,采煤沉陷对植被状况没有显著影响,而且,试验区全部位于沉陷区,采煤沉陷对各种立地类型的影响大体一致,所以立地类型划分过程中没有将沉陷作为一个因子单独考虑。而是将影响植被生长的自然因素作为主要因子来考虑。

地貌条件对于植被建设目标的确定影响最大,它直接决定着植被建设工作能否实施。例如,研究区内的沟谷,绝大部分由于沟道狭窄,沟坡坡度较大,侵蚀严重,不适宜植被建设。

相同地貌不同地形条件对于沉陷区植被建设的可操作性及植被管护措施的选择有着极其显著的影响。如根据研究区水文气候及土壤质地特征,坡度大于 50°的土壤极易侵蚀流失,复垦难度大,也不适宜植被建设。在土地复垦过程中,实现经济效益、生态效益、社会效益的统一是主要追求的目标。一方面可以尽最大可能发挥地力,保护生态;另一方面可以增加产出,为地方经济发展做出贡献。所以在沉陷区植被建设过程中,经济林建设也应是重要考虑的因素。由于不同的坡度对于土地利用及植被建设经营的难度影响很大,在不同立地条件下进行植被建设过程中,应依据坡度对植被建设及经营难度的影响程度适当调整经济林与生态林的比例,以尽最大可能发挥地力,实现生态效益与经济效益双赢。一般情况下,坡度越小,植被建设及经营难度越小,在这样的土壤上进行植被建设,应以经济林建设为主。相反,坡度越大,不仅植被建设及经营管护难度越大,同时根据研究区自然条件,坡度越大,土壤侵蚀越严重,大量的建设经济林无非给当地生态带来更多的人为破坏。所以,在坡度较大的地方,应以生态林建设为主。

试验示范区为鄂尔多斯高原多风沙地区,不同的地貌、地形、高度、坡向、坡面、坡度对于地表的覆沙情况有显著的影响,而土壤覆沙厚度,对于土壤质地、耐蚀能力、土壤肥力状况有着十分显著的影响,沉陷区土壤质地的形成是这些因素综合作用的结果。这将最终影响植被建设过程中植物种类的选择及植物生长的好坏。结合当地以往土壤耕作背景和造林经验调查，覆沙厚度在 20cm 以下、地形相对平坦的土壤上，一年生草本自然和人工植被分布占绝对优势；在覆沙厚度 20～90cm 的土壤上，草本植物分布减少，多年生灌木自然和人工植被分布占绝对优势；在覆沙厚度大于 90cm 的土壤上，油松、樟子松等乔木人工植被能够存活并生长；在覆沙厚度较浅、坡度相对较小且地形条件相对一致的部分土壤上，甚至分布有人工果园。

一般情况下，作为植被建设用地，在确定其具体复垦目标时，土壤化学肥力应作为重要的参考指标。经测定，研究区所有土壤的主要化学肥力元素均十分贫乏，在植被建设过程中补充土壤肥力以满足植物生长的营养需求，主要依靠人工施入大量的肥料，所以在立地类型划分和确定试验区不同立地类型地片植被建设目标时，并没有把土壤化学肥力状况作为土壤立地类型划分因子。

根据所确定的立地类型主导因子，有针对性地对试验区的 19 个典型样点所处地片立地条件做了进一步勘察和测定，结果见表 3.1。

表 3.1　沉陷区立地因子调查结果
Tab. 3.1　Investigation of the soil condition in the pit

小区	地貌	坡度/（°）	覆沙厚度/cm
1	坡地	4.8	0
2	梁地	5.4	>90
3	坡地	15.5	65.7
4	梁地	9.2	17.2
5	坡地	12.2	2.8
6	坡地	4.7	57.8
7	梁地	5.1	>90
8	梁地	11.5	6.1
9	坡地	3.9	>90
10	坡地	3.7	>90
11	梁地	18.0	>90
12	梁地	7.1	>90
13	坡地	13.3	0
14	坡地	13.1	>90
15	坡地	14.1	>90
16	坡地	11.4	69.4
17	坡地	7.5	17.8
18	坡地	8.2	>90
19	梁地	3.1	71.6

（3）立地类型划分方法

在立地类型划分主导因子分析选择的基础上，结合当地土壤耕作背景和造林经验，依据"宜农则农、宜草则草、宜灌则灌、宜林则林"的复垦原则，确立研究区立地类型划分方法如下：

以地貌为一级指标将整个试验区划分为沟谷、坡地和梁地 3 个类型。由于沟谷尚有暂时性流水经过，故不作为造林地，也没有列入立地类型划分系统。

以坡度为二级指标将坡地划分为坡度小于等于 5°的缓坡地、坡度 5°～15°的坡地、坡度 15°～50°的陡坡地 3 种类型；将梁地划分为坡度小于等于 5°的缓坡梁地、坡度 5°～15°的梁地、坡度 15°～50°的陡坡梁地 3 种类型。

以覆沙厚度为三级指标，将缓坡地划分为覆沙厚度小于等于 20cm 的缓坡薄层覆沙地、20～90cm 的缓坡中层覆沙地、大于 90cm 的缓坡厚层覆沙地 3 个亚类；将坡度 5°～15°的坡地划分为小于等于 20cm、20～90cm、大于 90cm 的薄层、中层、厚层覆沙坡地 3 个亚类；将陡坡地划分为小于等于 20cm 的陡坡薄层覆沙地、20～90cm 的陡坡中层覆沙地、大于 90cm 的陡坡厚层覆沙地 3 个亚类。

以覆沙厚度为三级指标，将缓坡梁地分别划分为覆沙厚度小于等于 20cm、20～90cm、大于 90cm 的薄层、中层、厚层缓坡覆沙梁地 3 个亚类；将坡度 5°～15°的梁地划分为小于等于 20cm、20～90cm、大于 90cm 的薄层、中层、厚层覆沙梁地 3 个亚类；将陡坡梁地划分为覆沙厚度小于等于 20cm、20～90cm、大于 90cm 的薄层、中层、厚层陡坡覆沙梁地 3 个亚类。

（4）立地类型划分结果

进行立地类型划分的目的是将具有相似立地条件的地片归并为一类，以便确定相同的植被建设目标和管理措施。依据以上立地因子调查结果，按照立地类型划分主导因子，对试验区 19 个典型样点所处小区地片进行聚类。将立地条件相对一致的小区地片归并为一类，将试验区地片共划分为 11 种立地类型，结果见表 3.2。

2. 不同立地类型土地植被建设目标

植被建设目标的确定既要考虑神东公司的绿化要求，还要考虑自然条件、立地类型的限制。神东公司绿化要求的基本原则是恢复植被，恢复土地生产力，但不是简单地恢复原始植被，应在保证植被恢复的基础上，适当提高要求，尽可能地考虑植被本身的经济效益，建设生态经济林，以提高土地生产力和产出水平。

神东矿区自然气候和土壤条件较差，加上采煤沉陷的影响，导致部分土地生产力水平较低。由于采煤是矿区经济发展的主要支柱产业，目前从事直接采煤或与采煤相关工作的收入成为矿区居民收入的主要构成部分，受当地自然、经

表 3.2　沉陷区立地类型划分结果

Tab. 3.2　The classified types of the soil in the pit

地貌类型		坡度		覆沙厚度/cm	
坡地	1、3、5、6、9、10、13、14、15、16、17、18	≤5°	1、6、9、10	≤20	1
				20~90	6
				>90	9、10
		5°~15°	5、13、14、15、16、17、18	≤20	5、13、17
				20~90	16
				>90	14、15、18
		15°~50°	3	≤20	—
				20~90	3
				>90	—
梁地	2、4、7、8、11、12、19	≤5°	19	≤20	—
				20~90	19
				>90	—
		5°~15°	2、4、7、8、12	≤20	4、8
				20~90	—
				>90	2、7、12
		15°~50°	11	≤20	—
				20~90	—
				>90	11

济、产业结构发展影响，研究区除少部分地力条件较好的农田仍然在耕作外，大部分被弃耕，取而代之的是覆盖度相对较高的沙蒿、蒺藜等自然植被。长此以往，将对矿区产业结构、经济发展产生十分不利影响。这部分土地（小区 1、6、9、10）基本都是分布于村庄附近坡度小于等于 5°的缓坡地，地形条件较好，并且已经具备了原有的耕作基础，进行农田建设有着便利的管护条件，除部分沉陷严重的区域外，通过对表土质地和肥力的改良，配合合理的农业耕作和管理措施，可以使土壤的生产力水平大大提高，几乎可以完全复耕。

对于坡度为 5°~15°的坡地，由于地形条件相对较好且均一，土壤侵蚀较微弱，可依据覆沙厚度适当进行生态经济林和生态林建设。覆沙厚度小于等于 20cm 的坡地（小区 5、13、17）可以进行"乔+灌+草"模式生态经济林建设；覆沙厚度为 20~90cm 的坡地（小区 16）可以进行"乔+灌"模式生态经济林建设；覆沙厚度大于 90cm 的坡地（小区 14、15、18），由于覆沙较厚，在确定植被建设目标时，应以植被的防风、防沙等生态效益为主，尽可能减少人为因素的生态破坏，所以应进行深根系、防风、防沙效益好的纯乔木生态林建设。坡度为 15°~50°且覆沙厚度为 20～90cm 的坡地（小区 3），受地形坡度影响，植被建设和管护操作难度较大，并且土壤耐蚀能力相对较弱，不宜进行经济林建设，可进行"乔+灌"模式生态林建设。

研究区内的梁地，虽然总体地形较平坦，但大部分有大小不等的沙丘相间，微地形变化较剧烈，并且大部分覆沙厚度较厚，表层土壤容易发生风蚀，因此植被建设目标应较坡地稍低，着重考虑造林的防沙、固沙生态效益，经济林建设比例适当减小。坡度小于等于 5°且覆沙厚度为 20～90cm 的梁地（小区 19）可进行"乔+灌"模式生态经济林建设；坡度 5°～15°且覆沙厚度小于等于 20cm 的梁地（小区 4、8）可进行"乔+灌+草"模式生态经济林建设；坡度 5°～15°且覆沙厚度大于 90cm 的梁地（小区 2、7、12）可进行纯乔木生态林建设；坡度 15°～50°且覆沙厚度大于 90cm 的梁地（小区 11）可进行纯乔木生态林建设。

在生态经济林建设过程中，应考虑覆沙厚度对植被生产能力的影响，以及人为经济活动对土壤破坏的影响，适当调整经济林的比例。一般情况下，覆沙厚度越浅，土壤耐蚀能力越强，且土壤生产能力越好，经济林比例可越大；相反，覆沙厚度越深，土壤耐蚀能力越弱，且土壤生产能力越差，为了减少人为生态破坏，经济林比例应越小。各小区植被建设目标见表 3.3，依此绘制的试验区不同植被建设目标单元图如图 3.2、图 3.3 所示。

表 3.3　各小区复垦植被建设目标

Tab. 3.3　Construction goal of re-vegetation in each soil plot

复垦目标	植被建设模式	小区
农田	农田	1、6、9、10
生态经济林	乔+灌+草	4、5、8、13、17
	乔+灌	16、19
生态林	乔+灌	3
	纯乔木林	2、7、11、12、14、15、18

六、土壤背景肥力分析与评价

土壤肥力背景研究是土壤培肥研究的前提和基础。土壤质地，机械组成，pH，土壤有机质、氮、磷、钾等化学养分含量状况都是土壤肥力的重要组成因素，它们的变化直接影响着土壤环境的变化，对土壤肥力的发展有着重要的影响。为了对研究区土壤肥力进行分析和评价，对研究区确定的所有观测点分别挖了土壤剖面，按照不同植被根系主要分布的土壤层次及土壤培肥目标决定取样深度，分 0～20cm、20～50cm 和 50～90cm 3 个层次分别取样带回实验室进行分析，为了提高分析精度，每个样品做 3 个重复，取均值。取小区地片内 5 个观测点各项指标测定结果的均值作为该小区的各项指标值。

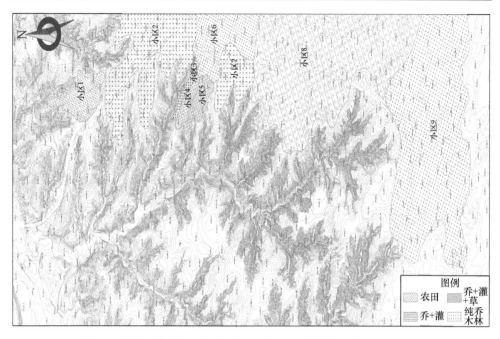

图 3.2　活鸡兔沉陷区不同植被建设目标土壤单元（彩图见封三）
Fig. 3.2　Subsidence of different vegetation soil unit area construction target in Huojitu

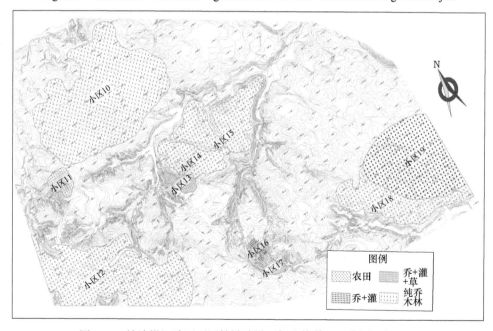

图 3.3　补连塔沉陷区不同植被建设目标土壤单元（彩图见封三）
Fig. 3.3　Subsidence of different vegetation soil unit area construction target in Bulianta

1. 土壤质地分析与评价

对采回的土样依据苏联土壤学家卡庆斯基（H. A. Качинский）土壤粒级划分标准（表 3.4）进行土壤机械组成分析，根据我国土壤质地分类方案（表 3.5）对土壤质地进行划分。分析结果见表 3.6。

表 3.4　苏联卡庆斯基（H. A. Качинский）土壤粒级划分标准

Tab. 3.4　H. A. Качинский classifying standard of the soil grain

粒级			粒径/mm
石块			>3
石砾			1~3
物理性砂粒	粗砂粒		0.5~1
	中砂粒		0.25~0.5
	细砂粒		0.05~0.25
	粗粉粒		0.01~0.05
	中粉粒		0.005~0.01
	细粉粒		0.001~0.005
物理性黏粒		粗黏粒	0.0005~0.001
	黏粒	细黏粒	0.0001~0.0005
		胶质黏粒	<0.0001

表 3.5　中国土壤质地分类方案

Tab. 3.5　The classifying scheme of the soil texture in China

质地类别	质地名称	不同粒级的颗粒组成/%		
		砂粒（1~0.05mm）	粗粉粒（0.05~0.01mm）	细黏粒（<0.001mm）
砂土	粗砂土	>70		<30
	细砂土	≥60		
	面砂土	≥50		
壤土	砂粉土	≥20	≥40	
	粉土	<20		
	砂壤土	≥20	<40	
	壤土	<20		
黏土	砂黏土	≥50		≥30
	粉黏土			≥30
	壤黏土			≥35
	黏土			≥40
	重黏土			>60

表 3.6　沉陷区土壤机械组成

Tab. 3.6　The mechanical ingredients of the soil in the pit

小区	取样深度/cm	容重/（g/cm³）	各粒径级的百分含量/%			
			砂粒（1～0.05mm）	粗粉粒（0.05～0.01mm）	细黏粒（＜0.001mm）	土壤质地
1	0～20	1.60	44.37	26.13	13.25	砂壤土
	20～50	1.59	64.74	15.45	12.69	细砂土
	50～90	1.75	57.11	14.27	11.83	面砂土
2	0～20	1.64	89.88	1.28	6.85	粗砂土
	20～50	1.61	88.05	1.14	7.83	粗砂土
	50～90	1.62	88.20	2.01	8.59	粗砂土
3	0～20	1.68	66.11	13.44	12.10	细砂土
	20～50	1.68	64.16	10.57	14.91	细砂土
	50～90	1.72	32.37	23.34	17.43	砂壤土
4	0～20	1.59	67.59	10.98	11.26	细砂土
	20～50	1.67	39.34	31.42	10.56	砂壤土
	50～90	1.78	31.31	30.03	13.01	砂壤土
5	0～20	1.54	46.14	25.67	15.36	砂壤土
	20～50	1.67	59.53	22.72	11.24	面砂土
	50～90	1.49	40.25	20.51	14.17	砂壤土
6	0～20	1.52	68.06	10.69	11.17	细砂土
	20～50	1.77	51.74	13.47	11.45	面砂土
	50～90	1.51	39.43	24.28	11.81	砂壤土
7	0～20	1.64	89.50	0.04	7.86	粗砂土
	20～50	1.57	89.10	0.04	8.86	粗砂土
	50～90	1.62	83.49	3.66	9.46	粗砂土
8	0～20	1.34	45.43	28.47	12.99	砂壤土
	20～50	1.50	77.33	7.60	8.91	粗砂土
	50～90	1.70	76.66	5.92	7.63	粗砂土
9	0～20	1.65	90.02	0.81	6.75	粗砂土
	20～50	1.60	89.01	1.41	8.16	粗砂土
	50～90	1.55	89.48	2.61	7.91	粗砂土
10	0～20	1.60	90.44	0.75	7.22	粗砂土
	20～50	1.59	86.38	3.57	7.49	粗砂土
	50～90	1.79	84.83	2.37	10.22	粗砂土
11	0～20	1.56	81.22	10.16	5.77	粗砂土
	20～50	1.51	86.16	4.68	6.80	粗砂土
	50～90	1.53	75.88	11.37	7.80	粗砂土

续表

小区	取样深度/cm	容重/（g/cm³）	各粒径级的百分含量/%			
			砂粒（1～0.05mm）	粗粉粒（0.05～0.01mm）	细黏粒（＜0.001mm）	土壤质地
12	0～20	1.52	82.88	4.42	10.53	粗砂土
	20～50	1.43	87.04	2.54	8.43	粗砂土
	50～90	1.54	86.79	2.24	8.79	粗砂土
13	0～20	1.46	48.39	34.99	10.25	砂壤土
	20～50	1.72	71.33	14.41	8.70	粗砂土
	50～90	1.78	72.06	13.24	8.16	粗砂土
14	0～20	1.41	68.18	10.78	10.56	细砂土
	20～50	1.66	78.21	9.64	6.97	粗砂土
	50～90	1.66	66.16	13.41	10.83	细砂土
15	0～20	1.63	93.11	0.03	4.87	粗砂土
	20～50	1.56	91.29	0.87	6.65	粗砂土
	50～90	1.64	93.08	0.48	5.65	粗砂土
16	0～20	1.41	63.93	13.10	13.58	细砂土
	20～50	1.49	68.33	15.23	8.93	细砂土
	50～90	1.56	23.74	42.93	11.93	砂粉土
17	0～20	1.51	51.25	21.60	12.93	面砂土
	20～50	1.57	44.46	21.23	11.61	砂壤土
	50～90	1.70	52.26	20.60	9.85	面砂土
18	0～20	1.59	89.88	1.28	6.85	粗砂土
	20～50	1.62	92.09	0.46	6.85	粗砂土
	50～90	1.55	94.65	1.53	1.46	粗砂土
19	0～20	1.64	78.95	6.65	10.56	粗砂土
	20～50	1.71	69.57	9.53	12.85	细砂土
	50～90	1.59	31.12	24.06	15.99	砂壤土

由表 3.4、表 3.5 和表 3.6 可知，研究区 0～90cm 深度的土壤有 81.2%以上的颗粒为砂粒，而粒径小于 0.05mm 的粉粒和黏粒含量相对较低。土壤质地总体为砂土和壤土，其中砂土占 78.9%，壤土占 19.3%。机械组成粗、物理性黏粒少是研究区 0～90cm 深度土壤质地的普遍特征。由于土壤机械组成粗，物理性黏粒少，导致土壤比表面积较小，吸持水能力较弱，矿质养分较低，抗蚀能力差，从而不利于植物生长和植被恢复。

2. 土壤化学养分背景的分析与评价

氮、磷、钾是植物生长发育的三大基本营养元素。土壤中包含的有机质、全氮、全磷、全钾、速效氮、速效磷和速效钾均是重要的化学肥力因子，其中速效氮、速效磷和速效钾又是植物可以直接吸收和利用的大量元素，对于植物的生长起着关键作用；而土壤pH和有机质是衡量土壤环境质量的重要综合指标，它们的变化直接影响到土壤环境的变化，是影响土壤、肥料化学养分释放和植物吸收化学养分规律的重要因素。这些因素综合起来可以反映土壤化学肥力质量的高低。

土壤化学养分背景是植被建设过程中植物种类选择的基础，是土壤培肥过程中肥料种类选择和确定施肥量的前提基础和重要依据。

分析结果与1996年《第二次全国土壤普查技术规程》中"土壤养分含量分级与丰缺度指标"（表 3.7）进行对比，对土壤各项化学性养分状况进行评价。土壤各项养分指标的测定结果见表3.8。

表 3.7　土壤养分含量分级与丰缺度指标
Tab. 3.7　The grades and abundant-scarcity indices of the soil nutrition

级别	丰缺度	养分种类及含量			
		有机质/（g/kg）	速效氮/（mg/kg）	速效磷/（mg/kg）	速效钾/（mg/kg）
1 级	丰	>40	>150	>40	>200
2 级	稍丰	30~40	120~150	20~40	150~200
3 级	中等	20~30	90~120	10~20	100~150
4 级	稍缺	10~20	60~90	5~10	50~100
5 级	缺	6~10	30~60	3~5	30~50
6 级	极缺	<6	<30	<3	<30

表 3.8　沉陷区土壤化学养分含量
Tab. 3.8　The nutritive content of the soil in the pit

小区	取样深度/cm	pH	有机质/（g/kg）	速效氮/（mg/kg）	速效磷/（mg/kg）	速效钾/（mg/kg）
1	0~20	8.02	8.02	15.69	0.71	57.15
	20~50	8.07	5.27	13.92	0.53	44.73
	50~90	8.05	4.57	8.04	0.45	108.90
2	0~20	8.38	4.59	9.46	0.56	27.89
	20~50	8.37	2.08	5.04	0.69	16.13
	50~90	8.42	3.35	9.61	0.75	22.17
3	0~20	8.16	6.59	10.21	0.59	36.88
	20~50	8.27	2.87	7.56	0.50	28.73
	50~90	8.05	3.88	12.35	0.44	62.35
4	0~20	7.90	9.26	18.41	0.66	93.53
	20~50	8.16	5.85	10.90	0.25	107.00
	50~90	8.17	11.00	5.42	0.55	112.83
5	0~20	8.27	9.27	10.49	0.38	65.71
	20~50	8.29	2.67	8.31	0.44	53.07
	50~90	8.14	5.98	5.14	0.56	79.20

小区	取样深度/cm	pH	有机质/（g/kg）	速效氮/（mg/kg）	速效磷/（mg/kg）	速效钾/（mg/kg）
	0～20	7.78	4.94	9.76	0.70	64.91
6	20～50	8.08	3.72	7.08	0.54	101.80
	50～90	8.05	6.10	4.96	0.69	103.83
	0～20	8.16	4.06	6.03	0.45	52.10
7	20～50	8.26	2.41	9.89	0.69	27.94
	50～90	8.24	2.21	12.24	0.75	51.69
	0～20	8.11	8.35	13.86	0.56	52.84
8	20～50	8.43	5.72	7.57	0.60	28.86
	50～90	8.64	2.61	6.96	0.75	16.36
	0～20	8.53	2.18	11.85	0.52	44.18
9	20～50	8.37	2.74	10.12	0.96	36.22
	50～90	8.32	2.48	6.24	0.43	24.19
	0～20	8.25	1.86	7.70	1.08	22.26
10	20～50	8.08	2.12	9.01	1.43	20.15
	50～90	8.24	4.66	10.66	2.51	30.18
	0～20	8.58	1.31	13.82	1.18	20.49
11	20～50	8.35	0.90	8.29	0.90	24.34
	50～90	8.39	1.54	3.26	0.70	30.00
	0～20	8.10	3.33	14.58	1.26	20.16
12	20～50	7.90	1.85	10.69	1.05	31.87
	50～90	7.77	2.84	6.82	1.53	30.36
	0～20	8.35	9.06	22.84	1.12	43.12
13	20～50	8.17	2.47	5.82	1.62	33.72
	50～90	8.48	3.64	3.88	2.15	29.22
	0～20	8.12	6.40	14.06	1.89	33.11
14	20～50	8.04	2.54	9.46	1.58	20.83
	50～90	8.02	1.52	7.37	1.39	29.35
	0～20	7.87	1.17	13.15	0.52	17.96
15	20～50	7.94	0.84	7.78	1.68	44.18
	50～90	7.64	0.91	3.93	1.87	15.97
	0～20	8.46	3.93	13.25	2.27	28.40
16	20～50	8.58	2.84	11.76	1.41	12.42
	50～90	8.55	1.57	6.16	1.23	49.93
	0～20	7.91	6.80	13.95	0.92	51.34
17	20～50	8.95	3.59	9.41	0.81	96.73
	50～90	8.03	2.18	4.23	1.41	84.94
	0～20	8.16	1.07	7.43	1.10	21.96
18	20～50	8.21	1.14	6.35	1.82	12.10
	50～90	8.34	1.31	10.80	1.00	26.11
	0～20	8.54	6.31	13.38	3.39	20.28
19	20～50	8.36	6.44	8.42	0.71	12.24
	50～90	8.32	10.29	2.81	1.08	38.38

（1）土壤 pH

土壤酸碱度是土壤在形成过程中受生物、气候、地质、水文等因素综合作用所产生的重要属性。对土壤肥力的发展有巨大影响，主要表现在土壤微生物的活性、对矿物质和有机质分解及土壤胶体带电性等方面，从而对土壤养分的释放、固定和迁移起重要作用。不适宜的土壤 pH 会导致土壤微生物的活性降低，使土壤肥力的发展受到阻碍，因此土壤的 pH 是影响作物吸收养分的重要因素，也影响营养元素有效性的发挥。

如表 3.8 和图 3.4 所示，所有小区的土壤都呈微碱性，这与土壤的地带性有关，研究区地带性土壤大部分属于典型的栗钙土，其 pH 的背景基本一致。同一小区土壤不同土层 pH 变化并不大，这是因为研究区土壤成土母质含盐量高，气候属典型的干旱半干旱大陆性季风气候，干旱少雨，降雨淋溶不充分，蒸发强烈、风蚀、水蚀严重，所以其土壤 pH 主要受成土母质影响。成土母岩风化形成的表土在强烈风蚀、水蚀的作用下，大部分保留时间较短，随后又有新的母岩形成表土，因此表土层的土壤成分和心土层的成分基本一致，最终导致同一小区不同深度层次土壤 pH 变化不大。

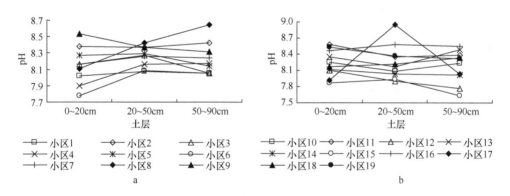

图 3.4 沉陷区土壤 pH 变化

Fig. 3.4 Soil pH values in the pit

a. 活鸡兔沉陷区土壤 pH 折线图；b. 补连塔沉陷区土壤 pH 折线图

活鸡兔沉陷区不同小区土壤之间，0～20cm 土层和 50～90cm 土层的 pH 变化范围相对较大，而 20～50cm 土层的 pH 变化范围较小且接近。造成这种变化的原因是：0～20cm 土层是生物、植被、气候、水文等因素直接作用的土层，不同小区土壤其外界环境对其影响不同，因而造成了这一土层 pH 变化范围较大；20～90cm 土层由成土母岩或半成土母岩组成，并且含盐量高，其 pH 受成土母质的影响比较强烈，但相对于 20～50cm 土层而言，50～90cm 土层 pH 受成土母质的影响更为强烈，因而 50～90cm 土层 pH 变化范围也较大，而 20～50cm 土层 pH 变化范围不大。

补连塔沉陷区同一小区不同土层 pH 变化也不大。不同小区之间，随土壤深度的增加，其 pH 变化范围增大，这是因为：补连塔沉陷区植被分布普遍较少并且较单一，生物因素对其表土影响不大，而随着深度的增加，土壤 pH 受母质影响越强烈；同时在小区分布上，相对于活鸡兔沉陷区而言，补连塔沉陷区复垦小区分布范围较广且稀疏，且不同小区土壤立地条件差异较大，土壤母质成分略有不同，因而形成不同小区间随土壤深度的增加，其 pH 变化范围增大的结果。

（2）土壤有机质

土壤有机质是土壤中非常活跃且普遍存在的组分，是土壤固相部分的重要组成成分。它是植物矿质营养和有机营养的重要源泉，也是土壤微生物活动的能源。土壤适宜的有机质含量，能促进土壤良好结构的形成，创造适宜的土壤松紧度，促进土壤微生物的活动和植物的呼吸能力，提高土壤的保水保肥能力，减少养分的流失，提高肥料利用率，还可增强土壤的吸热能力，提高土壤的肥力，促进作物的生长发育。因此，土壤有机质对土壤物理、化学和生物学性质有着深刻的影响。

从表 3.7、表 3.8 和图 3.5 可以看出，研究区土壤有机质含量非常低。活鸡兔沉陷区 9 个小区共 27 个土壤有机质含量平均值，有 20 个有机质含量处于极缺状态，6 个处于缺少状态，1 个处于稍缺状态；补连塔沉陷区 10 个小区共 30 个土壤有机质含量平均值，有 24 个处于极缺状态，5 个处于缺少状态，1 个处于稍缺状态。其总体变化趋势是：在 3 个土层中，20～50cm 土层土壤有机质最为缺乏；0～20cm 土层到 20～50cm 土层的过渡中，大部分小区有机质含量显著降低；20～50cm 土层到 50～90cm 土层过渡中，有机质含量略有上升；在不同的小区之间，0～20cm

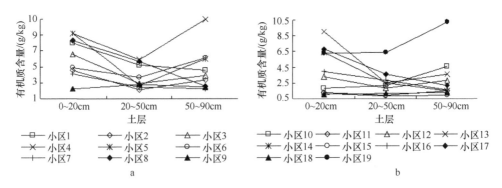

图 3.5　沉陷区土壤有机质含量变化

Fig. 3.5　Organic matter of the soil in the pit

a. 活鸡兔沉陷区土壤有机质含量；b. 补连塔沉陷区土壤有机质含量

土层有机质含量变化范围较大，20～50cm 土层有机质含量变化范围较小。50～90cm 土层的有机质含量只有活鸡兔沉陷区的 4 号小区和补连塔沉陷区的 19 号小区发生了明显变化，其原因可能是采矿引起地表沉陷后，肥分从土壤表层向深层渗漏、流失明显，土壤肥力赋存特征发生了明显改变造成的。

土壤有机质一般来源于动植物残体、微生物残体、动植物和微生物的排泄物和分泌物及人工施加有机肥。调查表明，研究区土壤有机质的主要来源为人工施加的少量有机肥。研究区植物分布稀疏且以草本植物为主，动物极少，因此动植物残体、分泌物及排泄物来源极少，所以造成了研究区土壤有机质含量水平极低。研究区土壤机械组成粗，广布风沙土，相关研究表明，土壤有机质含量与土壤砂粒含量呈负相关，与土壤粉粒、黏粒含量呈正相关。较细土粒通透性差，所以有机质一旦与之结合，则很难被微生物分解。与较细土粒相比，砂粒则颗粒大、正电荷少，与有机质结合机会较少，即便是与有机质结合，由于通透性强，也能轻易地被微生物分解，这也是造成土壤有机质缺少的又一原因。

（3）土壤速效氮

氮素是构成一切生命的重要元素，是蛋白质的基本成分，是植物生长和发育所必需的大量营养元素之一，也是土壤肥力的重要物质基础之一。土壤中的速效性氮素既是易淋失的，也是容易被植物吸收利用的。因此，土壤氮素含量的分析具有重要意义。

从表 3.7、表 3.8 和图 3.6 可知，研究区 57 个土壤速效氮含量平均值，均处于养分丰缺度指标的 6 级水平，即"极缺"。其总体变化趋势是：大部分小区土壤速效氮的含量随土层的加深逐渐降低，整体含氮量：0～20cm 土层＞20～50cm 土层＞50～90cm 土层，但每个小区有自己独特的变化趋势。造成不同小区、不同土壤层

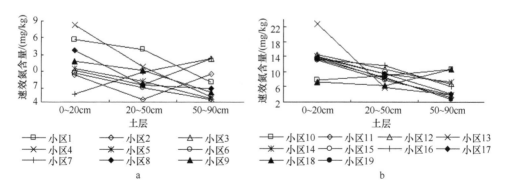

图 3.6　沉陷区土壤速效氮含量变化

Fig. 3.6　Soluble nitrogen of the soil in the pit

a. 活鸡兔沉陷区土壤速效氮含量；b. 补连塔沉陷区土壤速效氮含量

次土壤速效氮含量水平差异的因素有多种，除了与自然因素、土壤质地因素有关外，与土壤的耕作背景也有很大关系。如活鸡兔沉陷区的 1 号小区所在位置是弃耕地，补连塔沉陷区的 13 号小区是人工林地，都有一定的施肥基础或生物改良土壤的基础，因此其表土速效氮含量和 3 个土层的总含氮量都分别居于两个沉陷区所有小区的最高或相对较高的水平。

造成研究区土壤缺乏氮素的主要原因是：土壤氮素主要来源于土壤的有机物，并且氮素含量的消长与土壤有机质含量呈正相关，研究区土壤有机质含量低，土壤氮素含量自然也就低。另外，研究区广布风沙土，土壤机械组成粗，土层较薄，土壤 20cm 以下土层绝大部分为成土母质，或者因为土壤机械组成粗，有机质含量少，缺乏微生物生存所需的能源物质，导致微生物难以生存，固氮作用也微弱，因而生物固氮积累的速效氮也比较少。

（4）土壤速效磷

磷素是植物生长发育所必需的又一大量营养元素。土壤磷素是影响土壤肥力的重要因子之一，磷是一种沉积性的矿物。土壤磷素包括速效磷和迟效磷，能被植物吸收利用的土壤速效磷往往只占土壤全磷量的极小部分，而两者在更多时候并不相关，因此土壤速效磷含量才是衡量土壤磷素供应状况的最好指标。

如表 3.7、表 3.8 和图 3.7 所示，土壤速效磷在每个土壤层次总体含量基本相当，但每个小区有自己独特的变化特征。在研究区 57 个土壤速效磷含量平均值中，只有 1 个处于养分丰缺度指标的缺少水平，其他都处于极缺水平。但总体来看，补连塔沉陷区土壤速效磷含量水平明显优于活鸡兔沉陷区。

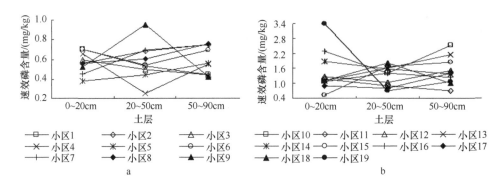

图 3.7　沉陷区土壤速效磷含量变化

Fig. 3.7　Soluble phosphorus of the soil in the pit

a. 活鸡兔沉陷区土壤速效磷含量；b. 补连塔沉陷区土壤速效磷含量

在土壤速效磷含量分布上，其规律性显然不如有机质和速效氮那样明显，在19 个小区中，其中有 9 个小区 0～20cm 土层到 20～50cm 土层的过渡中速效磷含量呈下降趋势,有 12 个小区 20～50cm 土层到 50～90cm 土层的过渡中速效磷含量呈上升趋势。研究区土壤磷素缺乏是由多种因素造成的:其一,土壤磷素的有效性受土壤酸碱度的影响很大,土壤 pH 为 6.0～7.5 时,土壤磷素具有最大有效性,pH<5.5 或 pH>7.5 时,磷素的有效性都降低,研究区的土壤 pH 大多都高于8.0,因此土壤速效磷含量较低。其二,磷是一种沉积性矿物,磷化合物在土壤中往往很难溶解,从而导致其很难被植物吸收利用。其三,无机磷肥施用后,可溶性的磷肥很容易被固定为不溶性的磷肥。因此在神东矿区采煤沉陷区植被建设时,不仅要施加磷肥,更重要的是要改善土壤 pH 环境,提高磷肥的有效利用率。

(5)土壤速效钾

钾素也是植物生长发育必需的大量营养元素之一,也是影响土壤肥力的重要因子之一。根据钾素对植物有效性的不同,土壤中的钾包括无效钾、缓效钾、速效钾 3 种形态。土壤速效钾含量是衡量土壤钾素供应状况的主要指标。

由表 3.7、表 3.8 和图 3.8 可知,在研究区 3 个土壤层次中,20～50cm 土层速效钾含量最低。在活鸡兔沉陷区 9 个小区的 27 个土壤速效钾含量平均值中,有 8 个速效钾含量处于极缺水平,4 个处于缺少水平,10 个处于稍缺水平,5 个处于中等水平。这表明活鸡兔沉陷区不同立地类型间土壤速效钾含量变化比较显著,因此在施肥的过程中,不但要施入钾肥,而且建议在有条件的情况下因地制宜地施入钾肥。在补连塔沉陷区 10 个小区的 30 个土壤速效钾含量平均值中,有 17 个速效钾含量处于极缺水平,10 个处于缺少水平,3 个处于稍缺水平,其速效钾含量整体水平明显低于活鸡兔沉陷区,但不同小区间分布比较均匀。

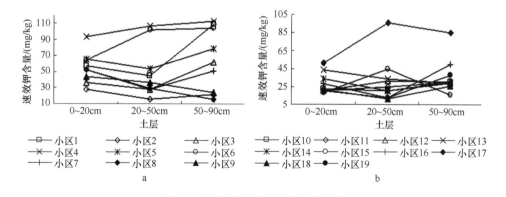

图 3.8 沉陷区土壤速效钾含量变化

Fig. 3.8 Soluble potassium of the soil in the pit

a. 活鸡兔沉陷区土壤速效钾含量;b. 补连塔沉陷区土壤速效钾含量

3. 沉陷区土壤质量总体评价

通过以上分析及实地勘察结果可知：土壤立地类型复杂，土壤机械组成粗、质地差、有效养分贫乏是神东矿区采煤沉陷复垦区土壤的普遍特征。

研究区 0～90cm 深度的土壤颗粒主要由粗砂、中砂和细砂组成，有 81.2% 以上的颗粒为砂粒，而粒径小于 0.05mm 的粉粒和黏粒含量相对较低，土壤质地总体为砂土和壤土，其中砂土占 78.9%，壤土占 19.3%，相对于整个研究区而言，活鸡兔沉陷区砂土占 33.3%，壤土占 14.0%，其土壤质地略优于补连塔沉陷区。由于土壤机械组成粗，物理性黏粒少，导致土壤比表面积较小，持水保肥能力较弱，矿质养分较低，抗蚀能力差，从而严重影响肥料的有效性发挥，加之采矿引起地表沉陷，使肥分从土壤表层向深层渗漏、流失，土壤肥力赋存特征发生了明显改变，因此不利于植物生长和植被恢复。所以在土壤培肥改善土壤养分供应的同时，还应着重考虑土壤质地的改良。

研究区 0～90cm 深度的土壤 pH 均呈微碱性。其中活鸡兔沉陷区土壤 pH 变化范围为 7.78～8.64，0～90cm 土层 pH 平均值为 8.21；补连塔沉陷区变化范围为 7.64～8.95，0～90cm 土层 pH 平均值为 8.22。土壤总体 pH 环境不利于肥料有效性的发挥。

研究区 0～90cm 深度的土壤有机质、速效性养分含量总体都处于极低的水平上，肥力极其匮乏。活鸡兔沉陷区 0～90cm 土层有机质含量平均值为 4.92mg/kg，补连塔为 3.21mg/kg，均处于 6 级水平，极其缺乏，20～50cm 土层有机质最为缺乏。活鸡兔沉陷区 0～90cm 土层速效氮含量平均值为 9.52mg/kg，补连塔为 9.37mg/kg，均处于 6 级水平，极其缺乏，但以 0～20cm 表土层含量最高，随土层加深，速效氮含量逐渐降低。活鸡兔沉陷区 0～90cm 土层速效磷含量平均值为 0.58mg/kg，补连塔为 1.42mg/kg，均处于 6 级水平，极其缺乏，但在每个土壤层次总体含量基本相当。活鸡兔沉陷区 0～90cm 土层速效钾含量平均值为 56.34mg/kg，处于 4 级水平，即"稍缺"，补连塔为 31.74mg/kg，处于 5 级水平，即"缺少"。但活鸡兔沉陷区不同立地类型土壤速效钾含量变化比较显著，因此在土壤培肥过程中建议在有条件的情况下，因地制宜地施入不同量的钾肥，以达到均衡营养、节约肥料，促进植被生长的效果。

七、结合复垦目标的土壤单元培肥

1. 土壤培肥目标

（1）总体目标

从土壤背景肥力分析评价总体结果来看，沉陷区土壤各种肥力因子水平均十分低下，不能满足植被恢复生长的肥力需求，为了改善这一状况，必须对沉陷区土壤进行培肥。通过对复垦土壤培肥，改善土壤物理、化学及生物学性状，提高土壤综合肥力水平，为复垦植被建设提供良好的土壤环境，提高植被的生产能力，最终达到经济效益、生态效益、社会效益的统一。

（2）补充土壤养分目标

沉陷区 0～90cm 土壤各种养分背景均处于极低的水平上，肥力极其匮乏，这要求在土壤培肥过程中，要大量补充土壤中植物生长所需的营养元素，提高土壤养分的供应水平，以满足植被生长的需求。

这里，不同土壤类型、不同植被类型及不同植物种类需肥量是最重要的指标。不同植物、不同植物生长时期、不同土壤的供肥能力、不同肥料在特定土壤上的利用率等都是影响土壤培肥肥料用量的因素。但值得指出的是：关于不同植物、不同生长时期需肥状况及与之相关的平衡施肥的研究，目前仅在少数高经济价值农作物和少数经济树种种植上有所应用，而在大面积生态林营造上的应用研究还缺乏很多基础工作，并且从目前的经济技术发展状况来看，也没有很大的必要。同时，土壤培肥是适当结合不同植被建植目标针对土壤进行培肥，其主要目的是为植物的生存生长提供一个相对较好的初始土壤环境。所以，对于补充土壤养分目标的确定，作者在适当参考以往当地植被建设和农业生产过程中的施肥量的基础上，以不同小区土壤复垦植被建设目标和土壤背景肥力为依据，使不同植被类型根系相应土壤层次的速效性肥力供应水平达到能保证植被恢复生长的肥力级别，由此确定不同植被建设小区土壤施肥量的理论值。

（3）改良土壤物理性状目标

沉陷区 0～90cm 土壤质地主要为砂土，只有少部分为砂壤土，土壤机械组成粗，物理性黏粒少，导致土壤持水保肥能力差，矿质养分较低，抗蚀能力差，生物学性状差，不利于植物生长和植被恢复。这要求在土壤培肥过程中，在补充土壤养分以满足植物生长营养需求的同时，应尽可能地考虑改良土壤质地，改善土壤环境，提高土壤养分供应的能力。

（4）养分均衡目标

沉陷区不同立地类型土壤背景养分分布及相同立地类型土壤不同层次各种养分含量不均衡，且各种化学性速效养分含量比例也不均衡，这要求在土壤培肥过程中，要因地制宜地、均衡地补充土壤养分，以达到提高肥料利用率、节约肥料、均衡供给植物生长所需养分、保护生态的目的。

2. 肥料的选择及化学性养分含量的测定

沉陷区土壤肥力极其匮乏，在土壤培肥过程中要施入大量的肥料。因此在肥料的选择上，一方面要结合植被建设目标和土壤肥力背景，充分考虑肥料特点和有效养分含量；另一方面要综合考虑肥料的来源、施用成本等因素。

（1）肥料种类的选择

有机肥是一种多功能性肥料，也称完全肥料。其种类很多，常见有人畜禽粪尿、绿肥、堆肥、泥炭和腐殖酸类肥料等。其成分大部分以有机物形态存在，富含蛋白质、氨基酸、核酸、碳水化合物和各种生物酶。养分含量丰富且完全，除了能起到为植物生长提供所需养分作用外，兼有改善土壤理化性状和生物学性状的特点，起到培肥土壤和改善土壤微生物生存、生长环境，提高生物活性的作用。

化学肥料，简称化肥，是以矿物、空气、水为原料，经化工合成的肥料。其成分主要是植物生长所需的化学性养分，特点是养分含量种类单一，但速效性养分含量高，短期内补充土壤养分效果显著。

根据沉陷区土壤培肥目标要求，在改善土壤养分的基础上，应着重考虑土壤质地的改良，所以应该优先选择有机肥，在适当补充土壤中植物生长所需养分的基础上，尽最大可能改良土壤理化性状和生物学性状。然后因地制宜地选择化肥种类，以作为土壤化学性养分的补充，同时弥补有机肥料养分含量不均衡的不足。

干旱少雨是研究区气候的普遍特征，土壤 pH 呈弱碱性是研究区土壤的普遍特征，这些因素都不利于肥料有效性的发挥。所以在化肥的选择上，最好选用化学性质呈弱酸性或中性、易溶于水的化肥，以在改善土壤养分的同时改良土壤环境。经过对各种化学肥料的对比分析，分别选择氯化铵（NH_4Cl）、过磷酸钙[$Ca(H_2PO_4)_2 \cdot H_2O$]、氯化钾（KCl）3 种化学肥料作为研究区土壤培肥的化学肥料。其有效养分含量及化学特性见表 3.9。

表 3.9　研究区培肥土壤主要化学肥料的养分含量和性质

Tab. 3.9　Nutrition content and character of fertilized soil's main chemical fertilizer in study area

肥料名称	化学组分	有效成分	有效养分含量/%	主要化学性质
氯化铵	NH_4Cl	N	17	微酸性，易溶于水
过磷酸钙	$Ca(H_2PO_4)_2 \cdot H_2O$	P_2O_5	12	呈酸性反应，易溶于水
氯化钾	KCl	K_2O	52	化学中性，易溶于水

（2）肥料的来源及化学性养分含量

神东矿区蕴藏着丰富的煤炭资源，总储量约 2000 亿 t，为世界八大煤田之一，也是我国未来优质动力煤和出口创汇煤的工业生产基地。每年有大量工业生产污泥排出井田，如果不加以处理，暴露在环境中不仅占用大量土地，同时蒸发污染大气，渗漏污染水体，集中堆积还可能造成河道、沟谷淤堵，给当地生产、生活带来安全隐患。经测定，井田排出的污泥具有有机质和化学性养分高、有害成分低的特点。作为沉陷区复垦土壤培肥肥料，不但可以变废为宝，而且来源充足，便宜易得，极大地节约了施肥成本，因此可作为神东矿区采煤沉陷区复垦土壤培肥有机肥的首选肥料。另外，矿区利用井田排出的污泥、褐煤、污水、粉煤灰作为原料，建立了腐殖酸厂，生产大量的腐殖酸，这也可以作为有机肥用以补充污泥有机肥料量的不足。

　　除此之外，羊粪、厩肥也是沉陷区复垦有机肥料的重要来源。矿区及周边的鄂尔多斯草原地区分布着许多从事畜禽养殖业的农牧民畜禽散养户。位于神木县北部的中鸡镇，是神木县大型肉、奶生产，畜牧强镇，农民多年来有种草养畜的传统。据统计，该镇羊产业有着较好的发展基础，截至 2007 年年底，全镇羊存栏13.8 万只，羊产业是全镇大多数村的支柱产业。在地区有关政策的激励下，截至2008 年 9 月底，全镇养奶牛 2500 多头，羊存栏 10 万多只，养猪 6000 多头。鄂尔多斯市 2007 年全市家畜存栏量达到 1351.3 万头（只），全市农牧民人均家畜数达20 头（只），依托鄂尔多斯羊绒衫厂等大型毛皮制品、肉产品企业，养羊业已经成为鄂尔多斯市畜牧业的主要产业。以上数据说明：羊粪、厩肥在该地区的农业、矿区复垦植被建设上，有着广阔的有机肥料利用前景。

　　经过对该地区上述主要有机肥料采样，分析测定其主要养分含量（表 3.10）。结合 3 种肥料养分含量和目前当地肥料利用总体情况来看，为了避免污泥有害成分对农产品质量的影响，在有机肥料的选择上，对于农田建设应优先选择羊粪，而对于其他目标复垦区，推荐首选污泥。

表 3.10　神东矿区几种有机肥料养分含量

Tab. 3.10　The nutritive contents of several organic fertilizer in the Shendong diggings

肥料名称	主要养分种类及其含量						
	有机质/ （g/kg）	全氮/ （g/kg）	全磷/ （g/kg）	全钾/ （g/kg）	速效氮/ （mg/kg）	速效磷/ （mg/kg）	速效钾/ （mg/kg）
污泥	318.74	16.1	9.4	12.7	561.4	335.5	462.4
腐殖酸	250.56	98.7	1.4	1.5	58.7	55.8	312.2
羊粪	305.45	22.3	7.5	7.1	389.1	564.7	3274.6

3. 不同植被建设目标土壤培肥施肥量的确定

（1）土壤目标养分供应水平确定

　　根据生产经验，作为农田建设的土壤，由于作物在生长期内生物量累积较大，其产量是我们追求的主要目标，所以表层土壤肥力供应水平要求应较高，这里将0~20cm 土壤目标养分供应水平定为"土壤养分含量分级与丰缺度指标"的 3 级水平上限值。作为草地建设的土壤，可稍次于农田，其 0~20cm 表层土壤目标养分供应水平定为"土壤养分含量分级与丰缺度指标"的 3 级水平下限值。而对于作为灌木林和乔木林建设的土壤，由于作物根系较深，可吸收和利用的土壤营养层次和范围较大，年内生物量累积平均水平相对较低，一般情况下可以降低培肥目标，但这里存在的问题是，在灌木林和乔木林建设时，往往采用点状施肥的方法，沉陷区土壤肥力普遍较低，所以在肥料施入后，会不可避免地发生养分扩散损失，加上沉陷区土壤物理性状较差，气候干旱少雨，肥料利用率不高，所以在培肥过程中应适当提高培肥目标，0~90cm 土壤目标养分供应水平也定为"土壤养分含量分级与丰缺度指标"的 3 级水平下限值。由此确定不同植被建设目标土壤相应层次的目标养分供应水平，见表 3.11。

表 3.11 不同植被建设目标下土壤相应层次肥力供应目标水平

Tab. 3.11 The fertilizer levels of soil layer with the different vegetation restoration

植被类型	相应土壤层次目标养分供应水平/（mg/kg）								
	0~20cm			0~50cm			0~90cm		
	速效氮	速效磷	速效钾	速效氮	速效磷	速效钾	速效氮	速效磷	速效钾
农田	120	20	150						
草地	90	10	100						
灌木				90	10	100			
乔木							90	10	100

（2）施肥方法

根据不同植被根系分布的主要土壤层次，考虑节省肥料和人力、物力，确定不同植被建设目标土壤培肥的施肥方法如下。

农田、草地：面施。即在 0~20cm 土层内，均匀撒施肥料。

灌木、乔木：点施（穴施）。结合植物根系深度挖穴，按要求在土壤中拌匀肥料后回填。

（3）不同植被建设目标土壤小区施肥量

土壤培肥的目的就是通过人工补充土壤中植物生长所需的养分，提高土壤的供肥能力和水平，达到增产、增收的效果。而根据上述土壤质量评价结果，本区土壤物理性状极度不良，化学养分极度贫瘠并且各种养分十分不平衡，所以要求的培肥目标更加严格和广泛，不仅要培肥地力，还要求在充分掌握土壤供肥背景、不同单元土壤植被建设目标的基础上，使土壤各种养分达到均衡供给，以提高肥料的利用率，达到节约肥料、增产增收、保护生态的效果。因此，这里的土壤培肥不是盲目的施肥，它要求的目标是使拟达到的最佳肥力供应水平应是人工施肥水平与自然肥力水平之和。由此可得施肥量公式为

$$W = (Y-X) \cdot C \cdot V / R \tag{3.1}$$

式中，W 为施肥量（kg）；Y 为某肥料施肥目标（拟达到的某肥料供应水平）（mg/kg）；X 为某肥料自然背景含量（mg/kg）；C 为土壤容重（kg/m³）；V 为土壤体积（m³）；R 为肥料有效养分含量（mg/kg）。

但这里存在的问题是，不同的土壤各种养分背景含量及比例各不相同，不同肥料的各种养分含量及比例也不尽一致。如已知土壤缺乏氮、磷、钾，但如果盲目地补充有机肥以达到补充土壤氮素的要求，可能导致磷素和钾素的过剩或不足，造成肥料浪费，污染土壤环境，甚至使土壤各种养分比例更加失调，导致减产。如果只向土壤施入单一养分因子的化肥，缺什么补什么，问题就迎刃而解了，但是研究区土壤背景肥力水平极低，完全靠引进化肥用以提高土壤养分，显然不太现实，同时也不符合上述土壤培肥改良土壤质地的目标要求。对于神东矿区的土壤，其土壤质地的改良应是着重考虑的因素，所以在土壤培肥中不仅要施入有机肥，还要尽最大可能地施用有机肥。这就要求我们必须找到影响施肥量的养分限制因子。为此，作者可以把上述施肥量公式（3.1）加以修正，根据土壤每一种养分含量的背景和既定的有机肥料各种养分含量，单独计算补充每一种养分所需的有机肥施入量，取其中最小值作为有机肥料的施入量。

$$\text{Min}(W_i) = (Y_i - X_i) \cdot C \cdot V / R_i \tag{3.2}$$

式中，W_i 为以某一施肥因子计算的施肥量（kg）；Y_i 为某肥力因子施肥目标（拟达到的某肥力因子供应水平）（mg/kg）；X_i 为某肥力因子自然背景值（mg/kg）；C 为土壤容重（kg/m³）；V 为土壤体积（m³）；R_i 为肥料某有效养分因子含量（mg/kg）。

按照这种方法，可以继续选择其他肥料施入量，或者为了减少计算工作量，在保证至少一种有机肥施入的基础上，直接选用单一养分因子的化肥进行补充，以弥补有机肥料养分含量不均衡的不足。这里只以羊粪、污泥分别作为农田和其他植被建设目标小区土壤培肥的有机肥料，列出这两种有机肥理论施肥量。在养分平衡的补充上，直接选用单一养分因子的化肥。

1）农田建设土壤培肥施肥量：由于一般农作物根系分布较浅，所以在施肥过程中主要保证表土耕作层次的土壤肥力供应水平，这里只考虑 0～20cm 表层土壤。将几个农田复垦小区 0～20cm 土壤容重及速效性肥力背景含量列入表 3.12，计算出各小区单位土地面积理论施肥量（表 3.13）。

2）"乔+灌+草"林地建设土壤培肥施肥量：在"乔+灌+草"林地建设土壤培肥中，不仅要计算 0～20cm 表层土壤施肥量以满足草地植被生长需要，同时还要

表3.12 农田建设不同小区土壤相应层次肥力背景含量

Tab. 3.12 The fertilizer contents of the different soil layer of the cropland reclamation

小区	0~20cm 土层 土壤容重/（g/cm³）	0~20cm 土层肥力背景/（mg/kg）		
		速效氮	速效磷	速效钾
1	1.60	15.69	0.71	57.15
6	1.52	9.76	0.70	64.91
9	1.65	11.85	0.52	44.18
10	1.60	7.70	1.08	22.26

表3.13 农田建设不同小区土壤培肥施肥量

Tab. 3.13 The fertilizer dosages of the different soil of the cropland reclamation

小区	羊粪/(kg/hm²)	NH₄Cl/(kg/hm²)	Ca(H₂PO₄)₂·H₂O/(kg/hm²)	KCl/(kg/hm²)
1	90 734.75	1 755.81	87.32	—
6	78 993.95	1 790.55	117.08	—
9	106 640.81	1 855.30	33.83	—
10	107 214.45	1 868.49	—	110.93

根据灌木、乔木造林过程中树穴的规格分别计算 0~50cm 和 0~90cm 土壤施肥量（以开挖土方量计算）。将几个"乔+灌+草"复垦小区相应土层土壤容重及速效性肥力背景含量平均值列入表 3.14。分别计算出各小区相应层次土壤理论施肥量（表 3.15）。

3）"乔+灌"林地建设土壤培肥施肥量：在"乔+灌"林地建设土壤培肥中，需要结合穴植灌木、乔木过程中穴的规格，按照"乔+灌+草"林地建设土壤培肥施肥量中灌木、乔木穴植施肥量计算方法，分别计算 0~50cm 和 0~90cm 土壤施肥量。将几个"乔+灌"复垦小区相应土层土壤容重及速效性肥力背景含量平均值列入表 3.16。分别计算出各小区相应层次土壤理论施肥量（表 3.17）。

表3.14 "乔+灌+草"林地建设不同小区土壤相应层次肥力背景含量

Tab. 3.14 The fertilizer contents of the different soil layer of the grass-shrub-arbor reclamation

小区	相应土层肥力[背景/（mg/kg），容重/（g/cm³）]											
	0~20cm 土层				0~50cm 土层				0~90cm 土层			
	容重	速效氮	速效磷	速效钾	容重	速效氮	速效磷	速效钾	容重	速效氮	速效磷	速效钾
4	1.59	18.41	0.66	93.53	1.63	14.66	0.46	100.27	1.68	11.58	0.49	104.45
5	1.54	10.49	0.38	65.71	1.61	9.40	0.41	59.39	1.57	7.98	0.46	65.99
8	1.34	13.86	0.56	52.84	1.42	10.72	0.58	40.85	1.51	9.46	0.64	32.69
13	1.46	22.84	1.12	43.12	1.59	14.33	1.37	38.42	1.65	10.85	1.63	35.35
17	1.51	13.95	0.92	51.34	1.54	11.68	0.87	74.04	1.59	9.20	1.05	77.67

表3.15　"乔+灌+草"林地建设不同小区土壤培肥施肥量

Tab. 3.15　The fertilizer dosages of the different soil of the grass-shrub-arbor reclamation

| 小区 | 植被类型 | 施肥量[乔木林/（kg/m³），灌木林/（kg/m³），草地/（kg/hm²）] | | | |
		污泥	NH₄Cl	Ca(H₂PO₄)₂·H₂O	KCl
4	乔木林	0	0.77	0.13	—
	灌木林	0	0.72	0.13	—
	草地	44 495.24	1 192.22	123.11	—
5	乔木林	44.64	0.61	—	0.06
	灌木林	46.02	0.61	—	0.08
	草地	88 314.75	1 148.89	—	124.57
8	乔木林	42.13	0.58	—	0.16
	灌木林	39.87	0.53	—	0.13
	草地	75 407.45	951.30	—	176.00
13	乔木林	41.16	0.63	—	0.17
	灌木林	40.90	0.57	—	0.15
	草地	77 286.44	898.34	—	250.68
17	乔木林	42.42	0.62	—	0.03
	灌木林	41.91	0.57	—	0.04
	草地	81 733.53	1 081.09	—	209.92

表3.16　"乔+灌"林地建设不同小区土壤相应层次肥力背景含量

Tab. 3.16　The fertilizer content of soil corresponding layers in different units of shrub-arbor reclamation

| 小区 | 相应土层肥力[背景/（mg/kg），容重/（g/cm³）] | | | | | | | |
| | 0～50cm 土层 | | | | 0～90cm 土层 | | | |
	容重	速效氮	速效磷	速效钾	容重	速效氮	速效磷	速效钾
3	1.68	8.89	0.55	32.81	1.69	10.04	0.51	42.65
16	1.45	12.51	1.84	20.41	1.49	10.39	1.64	30.25
19	1.68	10.90	2.05	16.26	1.65	8.20	1.73	23.63

表3.17　"乔+灌"林地建设不同小区土壤培肥施肥量

Tab. 3.17　The soil fertilizer dosages of different units of the shrub-arbor reclamation

| 小区 | 植被类型 | 施肥量/（kg/m³） | | | |
		污泥	NH₄Cl	Ca(H₂PO₄)₂·H₂O	KCl
3	乔木林	47.80	0.64	—	0.14
	灌木林	47.32	0.65	—	0.17
16	乔木林	37.13	0.58	—	0.17
	灌木林	35.27	0.54	—	0.19
19	乔木林	40.67	0.66	—	0.21
	灌木林	39.81	0.65	—	0.24

4）纯乔木林地建设土壤培肥施肥量：纯乔木林地建设土壤培肥施肥量计算，只需结合穴植乔木过程中穴的规格，按照"乔+灌+草"林地建设土壤培肥施肥量中乔木穴植施肥量计算方法计算 0～90cm 土壤施肥量。将纯乔木林复垦小区相应土层土壤容重及速效性肥力背景含量平均值列入表 3.18。分别计算出各小区相应层次土壤理论施肥量（表 3.19）。

表 3.18　纯乔木林地建设不同小区土壤相应层次肥力背景含量

Tab. 3.18　The fertilizer contents of soil corresponding layer in different units arbor of forest reclamation

小区	0～90cm 土层土壤容重/（g/cm³）	0～90cm 土层肥力背景/（mg/kg）		
		速效氮	速效磷	速效钾
2	1.62	8.04	0.67	22.06
7	1.61	9.39	0.63	43.91
11	1.53	8.46	0.93	24.94
12	1.50	10.70	1.28	27.46
14	1.58	10.30	1.62	27.76
15	1.61	8.29	1.36	26.04
18	1.59	8.19	1.31	20.06

表 3.19　纯乔木林地建设不同小区土壤培肥施肥量

Tab. 3.19　The soil fertilizer dosages of different units of arbor forest reclamation

小区	污泥/（kg/m³）	NH_4Cl/（kg/m³）	$Ca(H_2PO_4)_2·H_2O$/（kg/m³）	KCl/（kg/m³）
2	45.05	0.63	—	0.20
7	44.96	0.61	—	0.13
11	41.36	0.60	—	0.18
12	38.99	0.57	—	0.17
14	39.46	0.61	—	0.18
15	41.46	0.64	—	0.19
18	41.18	0.63	—	0.21

由于目前林木施肥没有标准，甚至没有可以参考的依据，因此本章结合一般生产经验，以我国 1996 年《第二次全国土壤普查技术规程》中"土壤养分含量分级与丰缺度指标"中的 3 级土壤肥力状况为参考。在平衡土壤养分进行土壤培肥时，本章只给出了不同植被建设小区土壤施肥量的理论值。但事实上，不同性状土壤的供肥能力及不同肥料在特定土壤上的利用率等存在很大差别，这些都有待于进一步研究，以对肥料用量加以修正。另外，本章阐述的内容只是结合不同植被建植目标针对土壤进行培肥，主要目的是为植物的生存生长提供一个相对较好

的初始土壤环境。对于不同植物、不同生长时期需肥状况不同的问题，需要在土壤培肥的基础上，根据特定的植物种类及特定的生长发育时期进行平衡施肥研究。

第二节　采煤沉陷区土壤保水技术

采煤沉陷区大量的土壤沉陷使地表土体结构发生变化，土壤水分含量及水分运移规律也发生变化，植被大部分死亡，采煤沉陷区的土壤与环境遭到破坏。本节试验区域位于神府–东胜煤矿的活鸡兔采区，属于陕西省神木县活鸡兔乡高家畔村，处于鄂尔多斯高原与黄土高原的过渡地带，地貌类型是剥蚀梁地，水土流失与风沙活动都非常强烈，而且矿区常年气候条件干旱少雨，风力强劲，土地贫瘠且植被稀疏，采煤沉陷地土壤结构与性质遭到严重破坏，矿区自然环境条件恶劣艰苦（刘美英等，2013）。采煤沉陷区最突出的特点就是土壤特别疏松，容易漏水漏肥，对植被生长产生了不利影响，土壤水分条件差植被成活率低，而且土壤缺氮少磷，土壤肥力非常低，植被生长状况差，因此针对试验地的这种特点，进行采煤沉陷区保水技术研究尤为重要。

本试验区气候特点是干旱半干旱大陆性季风气候，土壤的特点是贫瘠且极易沙化。土壤机械组成粗，因而砂粒含量较多，抗侵蚀能力差，易遭受水蚀和风蚀的影响。植被类型是暖温带典型草原区，试验区的代表群落是针茅（*Stipa capillata* L.）草原。整体来看，矿区植被的特点是：植被稀少且盖度低。由于矿区的干旱风沙较大，再加上人类活动的影响，矿区生态环境极其恶劣，植被一旦被破坏就很难依靠天然恢复，只能人工植被恢复。

一、多因素土壤保水技术

本部分试验针对采煤沉陷区的特点，通过研究覆盖材料、保水剂、肥料 3 个因素保水技术措施的保水效果，为矿区植被恢复与重建提供理论支持（表 3.20）。本试验选择两年生乡土树种长柄扁桃（*Amygdalus pedunculata* Pall.），试验前对各树种的苗木进行仔细挑选，均选择株高与地径一致的苗木，并且对苗木的株高与地径指标进行测量。在栽植完成后，进行灌水，之后进行不同材料覆盖，地膜覆盖使用普通 PE 农地膜中的白色地膜，杂草覆盖厚度 2~3cm，风成沙覆盖厚度 2~3cm。使用胜利油田长安集团聚合物有限公司生产的沃特保水剂，属于聚丙烯酰胺–无机矿物复合型保水剂，灰褐色的颗粒，可溶于水。本试验采用正交试验，使用 $L_{16}(4^3)$ 正交表（表 3.21）。整地方式为穴状整地，树坑规格为 60cm×60cm，挖好后进行肥料与本地土不同比例混合（体积比），保水剂的施用方式是层施。

土壤含水量采用烘箱烘干法；成活率、生长指标采用每木调查法。

表 3.20　正交试验因素与水平表

Tab. 3.20　The orthogonal factors and levels

水平	A 覆盖材料	B 保水剂施用量/（g/株）	C 肥料配比
1	无覆盖	未施	未施
2	杂草覆盖	40	本地土：肥料（4：1）
3	风成沙覆盖	60	本地土：肥料（3：2）
4	地膜覆盖	80	本地土：肥料（2：3）

表 3.21　正交试验表 L_{16}（4^3）

Tab. 3.21　Orthogonal test L_{16}（4^3）

试验号	A 覆盖材料	B 保水剂施用量/（g/株）	C 肥料配比
1	无覆盖	40	本地土：肥料（4：1）
2	无覆盖	60	本地土：肥料（3：2）
3	无覆盖	80	本地土：肥料（2：3）
4	杂草覆盖	未施	本地土：肥料（4：1）
5	杂草覆盖	40	未施
6	杂草覆盖	60	本地土：肥料（2：3）
7	杂草覆盖	80	本地土：肥料（3：2）
8	风成沙覆盖	未施	本地土：肥料（3：2）
9	风成沙覆盖	40	本地土：肥料（2：3）
10	风成沙覆盖	60	未施
11	风成沙覆盖	80	本地土：肥料（4：1）
12	地膜覆盖	未施	本地土：肥料（2：3）
13	地膜覆盖	40	本地土：肥料（3：2）
14	地膜覆盖	60	本地土：肥料（4：1）
15	地膜覆盖	80	未施
16	无覆盖	未施	未施

1. 多因素保水技术对成活率的影响

　　成活率是判断植物成活情况的重要指标，也是评价植物适应性的主要依据，成活率高表明植物在该区成活效果好，一定程度上说明该植物对该区的环境较适应。因此本试验首先对成活率进行每木调查。

　　由表 3.22 可知，长柄扁桃的成活率随着时间的变化逐渐减小，不同处理成活率有较大差异，处理 1 的成活率最低，处理 9 到处理 15 的成活率较高，而处理 1 到处理 8 的成活率较低，处理 9 到处理 15 保水措施为地表覆盖风成沙或地表覆盖地膜，而处理 1 等地表无任何覆盖材料。随着调查时间的变化，长柄扁桃成活率呈减小趋势，9

月 16 日调查数据显示处理 14 的成活率最高，为 80.45%，而 5 月 4 日成活率为 88.90%。9 月 16 日调查数据显示处理 1 的成活率最低，为 30.10%，处理 14 成活率是处理 1 成活率的 2.67 倍。9 月 16 日，处理 14 成活率是处理 16 成活率（30.13%）的 2.67 倍。可以看出地表覆盖可以有效提高土壤含水量，从而提高苗木成活率。

表 3.22　长柄扁桃成活率调查结果（%）

Tab. 3.22　The investigation results of *Amygdalus pedunculata* Pall. survival rate（%）

处理号	5 月 4 日	5 月 22 日	6 月 29 日	7 月 15 日	9 月 16 日
1	54.33	66.75	32.58	30.65	30.10
2	69.68	54.65	50.00	46.79	30.55
3	56.78	55.96	33.33	32.12	30.45
4	80.11	64.98	60.10	59.88	52.77
5	70.55	66.78	60.61	60.61	53.45
6	77.80	67.83	65.15	60.65	55.67
7	80.00	75.87	72.73	68.94	50.88
8	80.12	77.66	53.03	50.21	48.90
9	83.45	82.14	81.24	79.80	71.10
10	82.00	79.73	78.90	77.50	70.65
11	83.67	79.57	78.79	77.34	70.34
12	86.43	84.87	82.45	80.89	71.32
13	80.39	77.83	74.68	74.50	70.23
14	88.90	87.54	87.33	86.90	80.45
15	85.27	83.31	83.21	80.78	71.33
16	44.56	40.33	38.35	34.23	30.13

极差分析具有计算简单、直观形象、简单易懂的优点，是正交试验结果分析中最常用的方法，R 值反映了某列因素的水平变化时试验指标的变动幅度大小，R 值越大，说明该因素对试验指标的影响越大，在试验中起的作用越大，根据 R 值的大小可以判断因素的主次顺序，同一列中 K 值的大小反映了该列因素中该水平对试验结果的影响，K 值越大表示该因素的该水平对试验的效果最好。

由表 3.23 中极差分析可以看出，覆盖材料的 4 个水平中，$K_4 > K_3 > K_2 > K_1$，也就是地膜覆盖＞风成沙覆盖＞杂草覆盖＞无覆盖，K_4 值最大，表示覆盖材料因素中地膜覆盖水平对成活率试验效果最好；保水剂的 4 个水平中，$K_3 > K_2 > K_4 > K_1$，由此可知，保水剂不同梯度下成活率大小顺序依次为 60g/株＞40g/株＞80g/株＞未施；在肥料的施用中，由结果显示 $K_2 > K_4 > K_1 > K_3$，肥料与本地土不同配比的成活率顺序为本地土：肥料（4∶1）＞本地土：肥料（2∶3）＞未施＞本地土：肥料（3∶2）。

表 3.23　长柄扁桃成活率极差分析

Tab. 3.23　The range analysis for survival rate of *Amygdalus pedunculata* Pall.

	A 覆盖材料	B 保水剂	C 肥料配比	成活率/%
1	1	2	2	30.10
2	1	3	3	30.55
3	1	4	4	30.45
4	2	1	2	52.77
5	2	2	1	53.45
6	2	3	4	55.67
7	2	4	3	50.88
8	3	1	3	48.90
9	3	2	4	71.10
10	3	3	1	70.65
11	3	4	2	70.34
12	4	1	4	71.32
13	4	2	3	70.23
14	4	3	2	80.45
15	4	4	1	71.33
16	1	1	1	30.13
K_1	121.23	203.12	225.56	$Y=55.52$
K_2	212.77	224.88	233.66	
K_3	260.99	237.41	200.56	
K_4	293.33	223.00	228.54	
优水平	A_4	B_3	c_2	
R	172.1	34.29	33.1	
主次顺序		AB 碳		

注：K 值为某个因素同一水平所对应的苗木成活率的和，R 值为极差，Y 为平均值

　　由以上结果分析，为保证苗木成活率，在覆盖材料的选择时，建议使用地膜覆盖，保水剂的施用量建议为 60g/株，肥料的配比建议施用本地土：肥料（4：1），综合分析，由极差 R 值显示，各因素对长柄扁桃成活率的影响顺序为：A＞B＞C，最优水平组合为 $A_4B_3C_2$，可以得出最佳的保水措施组合为：地膜覆盖—使用保水剂 60g/株—使用本地土：肥料（4：1）的肥料配比。

　　同时由表 3.23 可知，不同措施组合长柄扁桃的成活率平均值为 55.52，因此为了提高采煤沉陷区保水能力，从而提高造林成活率，在采煤沉陷区的植被恢复造林时应选择多种技术措施的组合。

　　比较 F 值与临界值的大小，F 值大于临界值即 $F_A＞F_\alpha$（df_A，df_e），说明因素 A

对试验结果有显著影响；若 $F_A < F_\alpha$（df_A，df_e），说明因素 A 对试验结果无显著影响。由表 3.24 可知，覆盖材料、保水剂、肥料配比对长柄扁桃成活率的影响极显著（$P < 0.01$）。

表 3.24 长柄扁桃成活率方差分析

Tab. 3.24 **The result of the preservation rate of analysis of variance of *Amygdalus pedunculata* Pall.**

变异来源	SS（偏差平方和）	df（自由度）	MS（方差）	F	P
A 覆盖材料	4211.9836	3	1403.9945	73.3684	<0.01
B 保水剂	160.7986	3	53.5995	2.8393	<0.01
C 肥料配比	162.7736	3	54.2579	2.8740	<0.01
误差	113.2732	6	18.8789		

注：$F_{0.10}$（3，6）=0.189；$F_{0.01}$（3，6）=0.0075；$F_{0.05}$（3，6）=0.1118

2. 多因素保水技术措施对生长指标的影响

植物新枝的生长是表征植物成活情况的重要依据，通过测量新枝数、新枝长、新枝直径可以反映出植物的生长情况及对该区的适应性。表 3.25 反映了长柄扁桃

表 3.25 长柄扁桃生长指标调查结果

Tab. 3.25 **The investigation results of growth indexes of *Amygdalus pedunculata* Pall.**

处理号	新枝数/个				新枝长/cm				新枝直径/mm				冠幅/cm		
	5月	6月	7月	9月	5月	6月	7月	9月	5月	6月	7月	9月	6月	7月	9月
1	6	11	10	13	4.2	6.2	11.6	20.6	0.21	0.28	1.33	1.63	17	19	34
2	11	10	9	9	5.5	8.6	13.9	19.3	0.49	0.42	1.36	1.31	11	16	24
3	3	3	5	6	3.0	5.7	12.6	14.6	0.15	0.36	1.45	1.34	11	16	23
4	7	24	20	25	6.0	9.7	15.9	26.8	0.13	0.80	1.94	1.97	12	16	22
5	3	11	10	15	5.3	7.7	13.8	20.3	0.12	0.83	1.58	2.29	22	25	30
6	4	6	7	7	4.0	5.4	8.5	14.5	0.21	0.28	1.35	2.36	18	23	33
7	7	11	16	17	3.1	8.1	11.9	23.8	0.27	0.75	1.24	2.55	22	27	37
8	14	7	8	11	5.3	7.9	8.6	22.7	0.45	0.45	1.75	2.45	17	20	26
9	10	17	17	18	7.3	8.7	16.4	41.0	0.22	1.23	1.34	2.35	15	17	27
10	13	13	20	20	11.2	14.8	20.3	37.9	0.42	0.86	2.00	3.95	26	27	29
11	8	16	26	29	8.8	16.4	20.7	26.6	0.24	0.96	2.10	3.78	21	29	29
12	20	21	21	22	6.2	11.7	22.7	33.3	0.33	1.23	2.14	3.02	13	18	26
13	11	16	16	18	10.6	19.2	26.6	46.7	0.68	1.13	2.23	3.01	15	17	23
14	27	25	26	26	12.8	15.3	27.8	48.5	0.36	1.24	2.84	4.02	32	45	49
15	34	38	39	38	12.7	20.9	26.9	45.7	0.35	1.22	2.42	4.35	39	42	49
16	5	8	9	12	9.0	9.6	11.3	14.9	0.87	1.84	2.45	3.25	38	46	57

5～9 月的新枝数、新枝长、新枝直径、冠幅等生长指标，由于 5 月长柄扁桃的冠幅非常小，也不容易测量，因此 5 月的冠幅不列入分析。由表 3.25 可知，9 月新枝数最多的是处理 15（38 个），新枝长最长的是处理 14（48.5cm），新枝直径最粗的是处理 15（4.35mm），冠幅最大的是处理 16（57cm），处理 14 与处理 15 的冠幅相同，均为 49cm。

　　由表 3.26 中极差分析 R 值可以看出，试验 3 种因素对长柄扁桃新枝数和新枝

表 3.26　长柄扁桃生长指标极差分析

Tab. 3.26　The range analysis for growth indexes of *Amygdalus pedunculata* Pall.

	A 覆盖材料	B 保水剂	C 肥料	新枝数/个	新枝长/cm	新枝直径/ mm	冠幅/cm
1	1	2	2	13	20.6	1.63	34
2	1	3	3	9	19.3	1.31	24
3	1	4	4	6	14.6	1.34	23
4	2	1	2	25	26.8	1.97	22
5	2	2	1	15	20.3	2.29	30
6	2	3	4	7	14.5	2.36	33
7	2	4	3	17	23.8	2.55	37
8	3	1	3	11	22.7	2.45	26
9	3	2	4	18	41.0	2.35	27
10	3	3	1	20	37.9	3.95	29
11	3	4	2	29	26.6	3.78	29
12	4	1	4	22	33.3	3.02	26
13	4	2	3	18	46.7	3.01	23
14	4	3	2	26	48.5	4.02	49
15	4	4	1	38	45.7	4.35	49
16	1	1	1	12	14.9	3.25	57
K_1 新枝数	51	70	85	Y=17.875	Y=28.575	Y=2.727	Y=32.375
新枝长	69.4	97.7	118.8				
新枝直径	7.53	10.69	13.84				
冠幅	115	102	135				
K_2 新枝数	64	64	93				
新枝长	85.4	128.6	122.5				
新枝直径	9.17	9.28	11.4				
冠幅	122	114	134				
K_3 新枝数	78	62	55				
新枝长	128.2	120.2	112.5				
新枝直径	12.53	11.64	9.32				
冠幅	111	135	110				
K_4 新枝数	104	101	64				
新枝长	174.2	110.7	103.4				
新枝直径	14.4	12.02	9.07				
冠幅	147	145	116				
R 新枝数	53	39	40				
新枝长	104.8	30.9	19.1				
新枝直径	6.87	3.04	4.77				
冠幅	36	43	25				

长的影响大小顺序均为 A＞B＞C；对长柄扁桃新枝直径的影响顺序为 A＞C＞B；对长柄扁桃冠幅的影响顺序为 B＞A＞C。因此，以长柄扁桃新枝数为依据，保水措施最佳组合为 $A_4B_4C_2$。以长柄扁桃新枝长为依据，保水措施最佳组合为 $A_4B_2C_2$。以长柄扁桃新枝直径为依据，保水措施最佳组合为 $A_4B_4C_1$。以长柄扁桃冠幅为依据，保水措施最佳组合为 $A_4B_4C_1$。由于冠幅在 3 个月之内变化并不是很大，现只考虑新生枝条的生长指标，因此以新枝数、新枝长、新枝直径为依据，综合分析认为，最佳的保水技术措施组合为：$A_4B_4C_2$，即地膜覆盖–使用保水剂 80g/株–使用肥料配比本地土：肥料（4：1）。

由表 3.27~表 3.30 可知，因素 A、因素 B、因素 C 对长柄扁桃新枝数、新枝长、新枝直径、冠幅的影响极显著（$P<0.01$），即覆盖材料、保水剂、肥料对长柄扁桃新枝数、新枝长、新枝直径、冠幅均有极显著影响（$P<0.01$）。

表 3.27 长柄扁桃新枝数方差分析

Tab. 3.27 The result of analysis of variance of new branch number of *Amygdalus pedunculata* Pall.

变异来源	SS（偏差平方和）	df（自由度）	MS（方差）	F	P
A 覆盖材料	386.187 5	3	128.729 167	7.507 899	＜0.01
B 保水剂	247.187 5	3	82.395 8	4.805 589	＜0.01
C 肥料	235.687 5	3	78.562 5	4.582 017 9	＜0.01
误差	102.875	6	17.145 83		

注：$F_{0.10}$（3，6）=0.189；$F_{0.01}$（3，6）=0.0075；$F_{0.05}$（3，6）=0.1118

表 3.28 长柄扁桃新枝长方差分析

Tab. 3.28 The result of analysis of variance of new branch length of *Amygdalus pedunculata* Pall.

变异来源	SS（偏差平方和）	df（自由度）	MS（方差）	F	P
A 覆盖材料	1658.112 5	3	552.704 167	10.949 15	＜0.01
B 保水剂	131.957 5	3	43.985 8	0.871 365	＜0.01
C 肥料	52.387 5	3	17.462 5	0.345 9	＜0.01
误差	302.875	6	50.479 17		

注：$F_{0.10}$（3，6）=0.189；$F_{0.01}$（3，6）=0.0075；$F_{0.05}$（3，6）=0.1118

表 3.29 长柄扁桃新枝直径方差分析

Tab. 3.29 The result of analysis of variance of new branch diameter of *Amygdalus pedunculata* Pall.

变异来源	SS（偏差平方和）	df（自由度）	MS（方差）	F	P
A 覆盖材料	7.314 112	3	2.438 037	9.639 04	＜0.01
B 保水剂	1.117 542	3	0.372 514	1.472 77	＜0.01
C 肥料	3.684 662	3	1.228 22	4.855 9	＜0.01
误差	1.517 601	6	0.252 933 5		

注：$F_{0.10}$（3，6）=0.189；$F_{0.01}$（3，6）=0.0075；$F_{0.05}$（3，6）=0.1118

表 3.30　长柄扁桃冠幅方差分析
Tab. 3.30　The result of analysis of variance of crown diameter of *Amygdalus pedunculata* Pall.

变异来源	SS（偏差平方和）	df（自由度）	MS（方差）	F	P
A 覆盖材料	195.687 5	3	65.229	1.228	<0.01
B 保水剂	348.437 5	3	116.145 8	2.187 13	<0.01
C 肥料	120.187 5	3	40.062 5	0.754 41	<0.01
误差	318.625	6	53.104 17		

注：$F_{0.10}$（3，6）=0.189；$F_{0.01}$（3，6）=0.0075；$F_{0.05}$（3，6）=0.1118

3. 保水技术措施对土壤含水量的影响

土壤水分是植物生长发育所必需的条件。研究不同保水措施土壤水分的动态变化及垂直变化规律对有效提高矿区植物对土壤水分的利用率有重要意义。

（1）土壤含水量时空动态变化

由表 3.31 可知，随着时间的变化，0～10cm 土层深度土壤含水量有一定的变

表 3.31　不同保水措施下 0～10cm 土层土壤含水量（%）
Tab. 3.31　Soil moisture content at 0～10cm depth under different water retention measures（%）

处理号	5 月 4 日	5 月 22 日	6 月 29 日	7 月 15 日	9 月 16 日
1	9.03	7.36	9.55	10.87	9.17
2	11.98	8.56	12.15	11.43	10.22
3	10.88	10.54	12.40	11.35	9.40
4	11.33	10.82	11.89	12.36	11.89
5	10.45	11.47	11.24	12.46	12.62
6	11.23	11.79	13.53	14.77	11.64
7	11.87	10.81	10.78	14.95	11.09
8	11.76	10.74	11.58	12.36	13.96
9	11.65	11.35	13.03	14.59	13.69
10	12.78	11.81	10.43	13.28	13.63
11	12.30	11.23	13.99	13.54	12.39
12	12.90	11.36	14.53	15.35	13.87
13	13.89	12.64	15.13	15.24	14.78
14	14.23	14.67	15.47	15.89	14.41
15	13.56	12.91	15.03	15.70	14.01
16	7.34	6.67	9.04	9.06	9.04

化规律，4 月灌水以后到 5 月 4 日，地表有覆盖材料且施入保水剂的土壤含水量明显高，而无覆盖材料如处理 16、处理 1 等表层土壤含水量有不同程度的下降，到 5 月 22 日，表层土壤含水量变化趋势都是降低，地膜覆盖的处理土壤含水量下降速度明显比其他处理慢。6 月、7 月各处理土壤含水量呈上升趋势，而地膜覆盖处理的表层土壤含水量上升速度较慢，这是由于地膜的覆盖对雨水下渗造成了阻隔，降雨后入渗速度慢，由于苗木根部地膜有孔，随着时间变化，逐渐下渗到土壤中。9 月各处理土壤含水量均下降，而覆盖地膜处理土壤含水量下降最慢，水分损失最少。9 月处理 14 是处理 16 的 1.59 倍。

　　由表 3.32～表 3.34 可知，随着时间变化各处理土壤含水量呈先上升后下降的趋势。相同日期测得数据均显示处理 14 土壤含水量最高，而处理 16 土壤含水量最小。10～40cm 土层土壤含水量随着时间的变化趋势一致，覆盖地膜加施入保水剂处理对土壤保水持水有较大作用，可以看出表中显示地表地膜覆盖的处理随着时间变化，曲线变化较为平缓，而其他处理的曲线变化较大。

（2）土壤含水量垂直变化

　　由于地膜覆盖、杂草覆盖、风成沙覆盖、保水剂等对土壤蓄水保水的性能不同，不同保水措施下的土壤含水量不同，因而土壤水分的垂直变化有一定差异。

表 3.32　不同保水措施下 10～20cm 土层土壤含水量（%）

Tab. 3.32　**Soil moisture content at 10～20cm depth under different water retention measures**（%）

处理号	5 月 4 日	5 月 22 日	6 月 29 日	7 月 15 日	9 月 16 日
1	10.33	8.97	11.45	12.44	9.87
2	12.64	9.00	12.08	13.32	10.35
3	12.85	9.71	11.77	12.55	11.28
4	13.32	10.34	12.73	14.78	11.09
5	13.69	12.46	12.32	14.35	12.34
6	14.92	12.00	13.38	14.82	12.91
7	14.60	11.28	14.55	15.33	12.14
8	14.33	11.22	14.78	15.66	14.61
9	14.40	12.96	14.51	15.47	14.82
10	15.26	14.06	15.73	16.23	14.22
11	15.33	15.02	15.89	16.79	14.35
12	15.47	13.19	15.99	16.35	15.26
13	15.56	15.17	15.41	16.97	15.76
14	16.37	16.24	18.25	18.56	18.13
15	15.93	15.88	17.30	17.46	17.34
16	9.02	7.85	10.16	11.23	8.74

表 3.33　不同保水措施下 20～30cm 土层土壤含水量（%）

Tab. 3.33　Soil moisture content at 20～30cm depth under different water retention measures（%）

处理号	5 月 4 日	5 月 22 日	6 月 29 日	7 月 15 日	9 月 16 日
1	10.33	10.17	10.77	12.46	10.21
2	12.64	11.32	15.97	13.46	10.45
3	12.85	11.83	16.99	12.53	10.98
4	13.32	13.15	13.23	14.79	10.88
5	13.69	12.08	14.27	14.55	11.28
6	14.92	12.37	14.92	14.86	10.91
7	14.60	12.97	14.07	15.37	12.03
8	14.33	14.03	15.51	15.68	12.23
9	14.40	13.68	16.07	15.84	13.71
10	15.26	13.97	16.22	16.31	12.80
11	15.33	15.43	17.11	16.94	14.17
12	15.47	15.07	17.79	16.39	14.13
13	15.56	16.13	18.00	16.98	15.82
14	16.37	16.50	19.79	18.66	16.77
15	15.93	17.71	18.87	17.59	18.62
16	9.02	9.42	9.84	11.35	8.38

表 3.34　不同保水措施下 30～40cm 土层土壤含水量（%）

Tab. 3.34　Soil moisture content at 30～40cm depth under different water retention measures（%）

处理号	5 月 4 日	5 月 22 日	6 月 29 日	7 月 15 日	9 月 16 日
1	10.33	11.86	11.94	12.58	11.20
2	12.64	13.51	12.06	13.57	11.32
3	12.85	12.92	12.53	12.72	11.14
4	13.32	13.53	12.84	14.86	11.38
5	13.69	13.60	12.82	14.63	12.18
6	14.92	13.68	14.51	14.96	12.06
7	14.60	14.78	14.91	15.49	12.24
8	14.33	15.66	15.51	15.77	12.29
9	14.40	15.58	16.72	15.89	14.31
10	15.26	15.30	15.17	16.35	14.36
11	15.33	16.51	16.75	16.95	15.06
12	15.47	16.29	18.00	16.45	15.07
13	15.56	18.44	18.03	16.98	16.67
14	16.37	20.76	19.52	18.79	17.61
15	15.93	20.05	18.76	17.88	18.75
16	9.02	9.54	11.01	11.36	10.53

图 3.9 是 5 月土壤含水量垂直变化图，5 月各处理土壤含水量随着土层深度的增加呈上升趋势。处理 14、处理 15、处理 13 的各土层深度土壤含水量较高，保水剂的施入能够增加树穴中的水分含量，再加上覆盖地膜，有效地保持了水分，减少了水分从地表的蒸发，处理 14 在 10～20cm、20～30cm、30～40cm 土层土壤含水量分别是处理 16 对应土层的 2.07 倍、1.75 倍、2.18 倍。图 3.10～图 3.12 分别是 6 月、7 月、9 月土壤含水量垂直变化图。6 月各处理土壤含水量随着土层深度的增加呈上升趋势，各土层深度土壤含水量最高的为处理 14、处理 15、处理 13，处理 14 在 10～20cm、20～30cm、30～40cm 土层土壤含水量分别是处理 16 对应土层的 1.80 倍、2.01 倍、1.77 倍。7 月各处理土壤含水量同样随着土层深度的增加呈上升趋势，各土层深度土壤含水量最高的为处理 14，在 10～20cm、20～

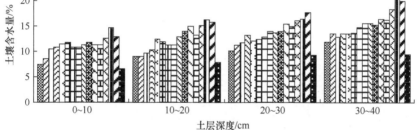

图 3.9 不同保水措施下土壤含水量的垂直变化（5 月）

Fig. 3.9 The vertical variation of soil moisture content under different water retention measures（May）

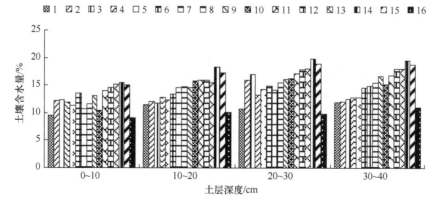

图 3.10 不同保水措施下土壤含水量的垂直变化（6 月）

Fig. 3.10 The vertical variation of soil moisture content under different water retention measures（June）

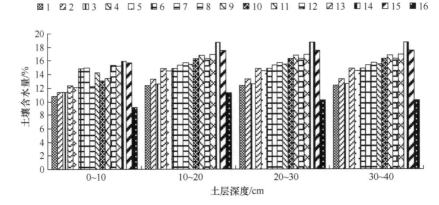

图 3.11 不同保水措施下土壤含水量的垂直变化（7 月）

Fig. 3.11 The vertical variation of soil moisture content under different water retention measures（July）

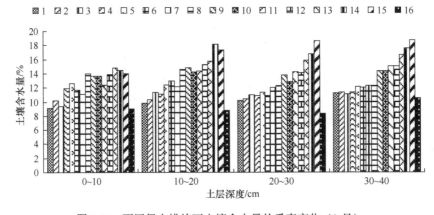

图 3.12 不同保水措施下土壤含水量的垂直变化（9 月）

Fig. 3.12 The vertical variation of soil moisture content under different water retention measures（September）

30cm、30~40cm 土层土壤含水量分别是处理 16 对应土层的 1.66 倍、1.82 倍、1.82 倍。9 月各处理土壤含水量同样随着土层深度的增加呈上升趋势，处理 14 各土层深度土壤含水量相对较高，在 10~20cm、20~30cm、30~40cm 土层土壤含水量分别是处理 16 对应土层的 2.07 倍、2.00 倍、1.67 倍。

由表 3.35 中极差分析 R 值可以看出，试验 3 种因素对 0~10cm、10~20cm、20~30cm、30~40cm 土壤含水量的影响大小顺序均为 A＞B＞C。因此，以 0~10cm 土壤含水量为依据，保水措施最佳组合为 $A_4B_2C_3$。以 10~20cm 土壤含水量的为依据，保水措施最佳组合为 $A_4B_3C_2$。以 20~30cm 土壤含水量为依据，保水措施最佳组合为 $A_4B_4C_2$。以 30~40cm 土壤含水量的为依据，保水措施最佳组合为 $A_4B_4C_1$。

表 3.35　土壤含水量极差分析
Tab. 3.35　The range analysis for soil moisture

	A 覆盖材料	B 保水剂	C 肥料	0～10cm/%	10～20cm/%	20～30cm/%	30～40cm/%
1	1	2	2	9.17	9.87	10.21	11.20
2	1	3	3	10.22	10.35	10.45	11.32
3	1	4	4	9.40	11.28	10.98	11.14
4	2	1	2	11.89	11.09	10.88	11.38
5	2	2	1	12.62	12.34	11.28	12.18
6	2	3	4	11.64	12.91	10.91	12.06
7	2	4	3	11.09	12.14	12.03	12.24
8	3	1	3	13.96	14.61	12.23	12.29
9	3	2	4	13.69	14.82	13.71	14.31
10	3	3	1	13.63	14.22	12.80	14.36
11	3	4	2	12.39	14.35	14.17	15.06
12	4	1	4	13.87	15.26	14.13	15.07
13	4	2	3	14.78	15.76	15.82	16.67
14	4	3	2	14.41	18.13	16.77	17.61
15	4	4	1	14.01	17.34	18.62	18.75
16	1	1	1	9.04	8.74	8.38	10.53
$K1$ 0～10cm	37.83	48.76	49.3	Y=12.238	Y=13.326	Y=12.71	Y=13.51
10～20cm	40.24	49.7	52.64				
20～30cm	40.02	45.62	51.08				
30～40cm	44.19	49.27	55.82				
$K2$ 0～10cm	47.24	50.26	47.86				
10～20cm	48.48	52.78	53.44				
20～30cm	45.1	51.02	52.03				
30～40cm	47.86	54.36	55.25				
$K3$ 0～10cm	53.67	49.9	50.05				
10～20cm	58.00	55.61	52.86				
20～30cm	52.91	50.93	50.53				
30～40cm	56.02	55.35	52.52				
$K4$ 0～10cm	57.07	46.89	48.6				
10～20cm	66.49	55.11	54.27				
20～30cm	65.34	55.8	49.73				
30～40cm	68.1	57.19	52.58				
R 0～10cm	19.24	3.37	2.19				
10～20cm	26.25	5.91	1.63				
20～30cm	25.32	10.18	2.3				
30～40cm	23.91	7.92	3.3				

分析表 3.36～表 3.39 可知,因素 A、因素 B、因素 C 对 0～10cm、20～30cm、30～40cm 土壤含水量的影响极显著($P<0.01$),因素 A、因素 B 对 10～20cm 土壤含水量的影响极显著($P<0.01$),因素 C 对 10～20cm 土壤含水量的影响显著($0.05<P<0.1$)。

表 3.36 0～10cm 土壤含水量方差分析

Tab. 3.36 The result of analysis of variance of soil moisture at 0～10cm depth

变异来源	SS(偏差平方和)	df(自由度)	MS(方差)	F	P
A 覆盖材料	53.6977	3	17.899	65.3487	<0.01
B 保水剂	1.724	3	0.575	2.099	<0.01
C 肥料	0.661	3	0.220	0.8032	<0.01
误差	1.6435	6	0.2739		

注:$F_{0.10}$(3,6)=0.189;$F_{0.01}$(3,6)=0.0075;$F_{0.05}$(3,6)=0.1118。

表 3.37 10～20cm 土壤含水量方差分析

Tab. 3.37 The result of analysis of variance of soil moisture at 10～20cm depth

变异来源	SS(偏差平方和)	df(自由度)	MS(方差)	F	P
A 覆盖材料	97.465 5	3	32.488 5	38.267	<0.01
B 保水剂	5.193	3	1.731	2.039	<0.01
C 肥料	0.398	3	0.132 7	0.156	0.05<P<0.1
误差	5.096 55	6	0.849		

注:$F_{0.10}$(3,6)=0.189;$F_{0.01}$(3,6)=0.0075;$F_{0.05}$(3,6)=0.1118。

表 3.38 20～30cm 土壤含水量方差分析

Tab. 3.38 The result of analysis of variance of soil moisture at 20～30cm depth

变异来源	SS(偏差平方和)	df(自由度)	MS(方差)	F	P
A 覆盖材料	91.138	3	30.379	47.268	<0.01
B 保水剂	12.973	3	4.324	6.728	<0.01
C 肥料	0.7	3	0.233	0.3625	<0.01
误差	3.856	6	0.6427		

注:$F_{0.10}$(3,6)=0.189;$F_{0.01}$(3,6)=0.0075;$F_{0.05}$(3,6)=0.1118。

表 3.39 30～40cm 土壤含水量方差分析

Tab. 3.39 The result of analysis of variance of soil moisture at 30～40cm depth

变异来源	SS(偏差平方和)	df(自由度)	MS(方差)	F	P
A 覆盖材料	84.2075	3	28.069	113.181	<0.01
B 保水剂	8.625	3	2.875	11.593	<0.01
C 肥料	2.27	3	0.757	3.052	<0.01
误差	1.4885	6	0.248		

注:$F_{0.10}$(3,6)=0.189;$F_{0.01}$(3,6)=0.0075;$F_{0.05}$(3,6)=0.1118。

以上分析得出：地膜覆盖–使用保水剂 60g/株–使用本地土：肥料（4∶1）的保水措施组合长柄扁桃成活率最高为 80.5%，土壤含水量最高为 17.11%，无任何保水措施的处理成活率为 30.13%，土壤含水量为 8.59%。覆盖材料、保水剂、肥料配比对长柄扁桃成活率、生长指标、土壤含水量的影响极显著，影响程度为：覆盖材料＞保水剂＞肥料配比；长柄扁桃多因素保水技术措施最佳组合为地膜覆盖–使用保水剂 60g/株–使用肥料配比本地土：肥料（4∶1）。

二、双因素保水技术

本试验安排了覆盖材料与肥料双因素的正交试验（表 3.40），使用 L_{16}（4^3）正交表（表 3.41）。本试验采用乡土树种欧李[*Prunus humilis*（Bge.）Sok]与文冠果

表 3.40 正交试验因素与水平
Tab. 3.40 The orthogonal factors and levels

水平	A 覆盖材料	C 肥料配比
1	无覆盖	未施
2	杂草覆盖	本地土：肥料（4∶1）
3	风成沙覆盖	本地土：肥料（3∶2）
4	地膜覆盖	本地土：肥料（2∶3）

表 3.41 正交试验 L_{16}（4^3）
Tab. 3.41 Orthogonal test L_{16}（4^3）

试验号	A 覆盖材料	C 肥料配比
1	无覆盖	本地土：肥料（4∶1）
2	无覆盖	本地土：肥料（3∶2）
3	无覆盖	本地土：肥料（2∶3）
4	杂草覆盖	本地土：肥料（4∶1）
5	杂草覆盖	未施
6	杂草覆盖	本地土：肥料（2∶3）
7	杂草覆盖	本地土：肥料（3∶2）
8	风成沙覆盖	本地土：肥料（3∶2）
9	风成沙覆盖	本地土：肥料（2∶3）
10	风成沙覆盖	未施
11	风成沙覆盖	本地土：肥料（4∶1）
12	地膜覆盖	本地土：肥料（2∶3）
13	地膜覆盖	本地土：肥料（3∶2）
14	地膜覆盖	本地土：肥料（4∶1）
15	地膜覆盖	未施
16	无覆盖	未施

（*Xanthoceras sorbifolia* Bunge.），苗木来源是本地大田育苗基地，均为 2 年生苗木。试验前对各树种的苗木进行仔细挑选，均选择株高与地径一致的苗木，并且对苗木的株高与地径指标进行测量。在栽植完成后，进行灌水，之后进行不同材料覆盖，地膜覆盖使用普通 PE 农地膜中的白色地膜，杂草覆盖厚度 2～3cm，风成沙覆盖厚度 2～3cm。整地方式为穴状整地，树坑规格为 60cm×60cm，挖好后进行肥料与本地土不同比例混合（体积比）。

土壤含水量采用烘箱烘干法；成活率、生长指标采用每木调查法。

1. 双因素保水技术对成活率的影响

双因素正交试验成活率调查见表 3.42，文冠果与欧李成活率随着时间的变化均呈现出递减的趋势，不同处理文冠果与欧李的成活率均是处理 16 的最低。

由表 3.42 可知，9 月文冠果成活率最大值为 74.88%，最小值为 24.90%，最大值是有地表覆盖和施入保水剂的处理 13，而最小值是无任何措施的处理 16，最大值是最小值的 3.0 倍。9 月欧李成活率最高的为处理 12 与处理 13，成活率都大于80.00%，最小值为处理 16，最大值是最小值的 2.4 倍。

表 3.42　成活率调查结果（%）

Tab. 3.42　The investigation results of survival rate（%）

处理号	文冠果					欧李				
	5 月 4 日	5 月 22 日	6 月 29 日	7 月 15 日	9 月 16 日	5 月 4 日	5 月 22 日	6 月 29 日	7 月 15 日	9 月 16 日
1	66.43	64.23	55.32	50.31	43.21	67.55	66.12	60.43	54.21	51.00
2	64.21	63.55	54.99	53.33	67.23	66.00	65.23	57.67	55.68	50.33
3	60.79	61.34	54.99	42.54	40.23	68.34	70.44	60.45	58.99	54.45
4	60.45	60.98	51.22	48.22	45.79	69.23	70.00	66.34	63.89	58.80
5	69.21	67.32	60.32	55.20	42.01	72.00	72.78	70.88	64.66	60.65
6	68.33	69.00	64.22	62.45	60.43	80.33	79.34	77.65	73.45	65.89
7	73.12	73.00	72.90	70.22	63.21	73.23	72.00	71.99	70.33	69.11
8	76.34	76.77	73.33	70.43	68.97	76.00	75.23	75.00	74.03	69.00
9	77.89	76.34	73.45	72.00	69.93	82.44	82.10	76.33	75.00	74.92
10	82.00	81.43	78.93	75.80	70.20	78.90	77.66	74.90	72.56	69.89
11	83.10	80.33	79.31	77.90	71.42	83.56	82.11	81.00	80.93	74.32
12	79.45	77.83	72.45	74.90	70.21	89.32	85.33	81.45	80.34	80.11
13	82.53	83.90	82.45	80.23	74.88	89.00	84.33	83.33	80.21	80.00
14	78.34	78.44	75.44	72.10	70.09	85.23	84.90	83.22	80.99	79.12
15	78.34	78.23	74.34	73.24	70.98	82.89	75.90	73.24	72.11	70.99
16	42.67	40.32	39.45	36.33	24.90	43.90	45.25	44.09	38.44	33.90

由表 3.43 中极差分析可以看出，以文冠果成活率为依据，覆盖材料的 4 个水平中，$K_4 > K_3 > K_2 > K_1$，也就是地膜覆盖＞风成沙覆盖＞杂草覆盖＞无覆盖，K_4 值最大，表示覆盖材料因素中地膜覆盖水平对成活率试验效果最好；保水剂的 4 个水平中 $K_3 > K_4 > K_2 > K_1$，由此可知，保水剂不同梯度下成活率大小顺序依次为 60g/株＞80g/株＞40g/株＞未施；由以上结果分析，为保证苗木成活率，在覆盖材料的选择时，建议使用地膜覆盖，保水剂的施用量建议为 60g/株，综合分析，由极差 R 值显示，各因素对文冠果成活率的影响顺序为：A＞C，最优水平组合为 A_4C_3，可以得出最佳的保水措施组合为：地膜覆盖–使用保水剂 60g/株。

表 3.43　成活率极差分析
Tab. 3.43　The range analysis for survival rate

	A 覆盖材料	C 肥料配比	文冠果成活率/%	欧李成活率/%
1	1	2	43.21	51.00
2	1	3	67.23	50.33
3	1	4	40.23	54.45
4	2	2	45.79	58.80
5	2	1	42.01	60.65
6	2	4	60.43	65.89
7	2	3	63.21	69.11
8	3	3	68.97	69.00
9	3	4	69.93	74.92
10	3	1	70.20	69.89
11	3	2	71.42	74.32
12	4	4	70.21	80.11
13	4	3	74.88	80.00
14	4	2	70.09	79.12
15	4	1	70.98	70.99
16	1	1	24.90	33.90
K_1 文冠果	175.57	208.09	Y=59.61	Y=65.16
K_1 欧李	189.68	235.43		
K_2 文冠果	211.44	230.51		
K_2 欧李	254.45	263.24		
K_3 文冠果	280.52	274.29		
K_3 欧李	288.13	268.44		
K_4 文冠果	286.16	240.8		
K_4 欧李	310.22	275.37		
R 文冠果	110.59	66.2		
R 欧李	120.54	39.94		

以欧李成活率为依据，覆盖材料的 4 个水平中，$K_4 > K_3 > K_2 > K_1$，也就是地膜覆盖＞风成沙覆盖＞杂草覆盖＞无覆盖，保水剂的 4 个水平中 $K_4 > K_3 > K_2 > K_1$，由此可知，保水剂不同梯度下成活率大小顺序依次为 80g/株＞60g/株＞40g/株＞未施；由以上结果分析，为保证苗木成活率，在覆盖材料的选择时，建议使用地膜覆盖，保水剂的施用量建议为 80g/株，综合分析，由极差 R 值显示，各因素对欧李成活率的影响顺序为 A＞C，最优水平组合为 A_4C_4，可以得出最佳的保水措施组合为：地膜覆盖–使用保水剂 80g/株。

由表 3.43 可知，不同措施组合文冠果的成活率平均值为 59.61%，欧李的成活率平均值为 65.16%，为了提高造林成活率，在采煤沉陷区的植被恢复造林时应选择多种技术措施的组合。

由表 3.44 可知，因素 A 与因素 C 对试验结果有极显著影响（$P < 0.01$），即覆盖材料和肥料对文冠果成活率的影响极显著。

表 3.44　文冠果成活率方差分析

Tab. 3.44　The result of analysis of variance of survival rate of *Xanthoceras sorbifolia* Bunge

变异来源	SS（偏差平方和）	df（自由度）	MS（方差）	F	P
A 覆盖材料	2 182.386 5	3	727.462 167	9.339	<0.01
C 肥料	568.711 5	3	189.570 5	2.433 67	<0.01
误差	701.053 5	9	77.894 8		

注：$F_{0.10}$（3，9）=0.190 8；$F_{0.01}$（3，9）=0.0077；$F_{0.05}$（3，9）=0.004 84

由表 3.45 可知，因素 A 与因素 C 对试验结果有极显著影响（$P < 0.01$），即覆盖材料和肥料对欧李成活率的影响极显著。

表 3.45　欧李成活率方差分析

Tab. 3.45　The result of analysis of variance of survival rate of *Prunus humilis*（Bge.）Sok

变异来源	SS（偏差平方和）	df（自由度）	MS（方差）	F	P
A 覆盖材料	2071.890 6	3	690.630 2	35.275	<0.01
C 肥料	230.040 6	3	76.680 2	3.916 6	<0.01
误差	176.204 4	9	19.578 3		

注：$F_{0.10}$（3，9）=0.1908；$F_{0.01}$（3，9）=0.0077；$F_{0.05}$（3，9）=0.004 84

2. 双因素保水技术对生长指标的影响

表 3.46 是文冠果 5～9 月生长指标调查结果，新枝数、新枝长、新枝直径、冠幅均有较大变化。表 3.47 是欧李 5～9 月生长指标调查结果。由于 5 月文冠果与欧

李的冠幅不明显，不列入分析。

由表 3.46 可知，以 9 月为例，文冠果新枝数最多的是处理 10，为 12 个，保水措施组合为地膜覆盖–使用保水剂 60g/株–本地土：肥料（4：1），新枝数最少的是处理 16（5 个），最大值是最小值的 2.2 倍；文冠果新枝长最长的是处理 11，其值为 9.7cm，新枝长最短的是处理 16（2.4cm），比处理 11 新枝长短 7.3cm；新枝直径最粗的是处理 12，为 3.23mm，最短的是处理 16，为 0.50mm；冠幅最大值为处理 12，为 35cm，最小值为处理 5，其值为 12cm，最大值是最小值的 2.33 倍。

表 3.46 文冠果生长指标调查结果

Tab. 3.46 The investigation results of growth indexes of *Xanthoceras sorbifolia* Bunge

处理号	新枝数/个				新枝长/cm				新枝直径/mm				冠幅/cm		
	5月	6月	7月	9月	5月	6月	7月	9月	5月	6月	7月	9月	6月	7月	9月
1	5	6	8	8	0.6	1.2	1.8	3.6	0.36	0.55	0.66	0.78	11	16	23
2	4	4	5	6	1.5	2.0	3.9	4.0	0.47	0.54	0.67	0.98	11	17	21
3	3	4	5	6	2.0	2.4	3.7	5.0	0.58	0.89	0.92	0.99	10	16	22
4	5	6	7	7	1.7	2.0	2.2	4.3	0.63	0.80	0.91	0.98	12	13	15
5	7	8	8	9	1.1	1.4	1.7	3.0	0.28	0.98	1.45	1.54	9	12	12
6	5	7	8	8	2.0	2.2	3.3	4.0	0.27	1.14	1.25	1.33	11	12	15
7	4	4	5	6	2.0	2.3	2.9	3.8	0.69	1.40	1.47	1.53	15	16	22
8	1	8	9	9	2.4	2.5	2.7	7.0	0.79	0.91	1.20	1.21	15	18	23
9	5	8	8	9	2.1	2.7	3.7	4.3	0.83	1.64	1.79	1.91	17	21	25
10	5	9	9	12	2.3	2.7	2.9	3.6	0.78	1.77	1.87	2.93	16	20	24
11	4	6	8	10	3.1	3.3	5.6	9.7	0.79	1.97	2.05	2.15	19	20	25
12	7	8	9	10	3.6	4.7	5.5	8.3	0.89	0.94	1.46	3.23	18	22	35
13	8	9	9	10	3.2	3.5	3.6	5.7	0.94	1.05	1.45	2.57	16	19	22
14	5	8	8	11	3.9	4.3	4.7	8.7	0.99	1.24	1.65	2.55	14	18	22
15	3	7	8	10	6.4	7.5	7.9	8.9	0.94	1.13	1.56	2.25	16	20	33
16	4	6	6	5	1.2	1.5	1.7	2.4	0.23	0.45	0.46	0.50	13	14	15

由表 3.47 可知，以 9 月欧李生长状况为例，新枝数最多的是处理 14，其值为 29 个，处理 14 保水措施组合为地膜覆盖–使用保水剂 60g/株–本地土：肥料（4：1），最小值为处理 10，其值为 11 个；新枝长最大值为处理 14，其值为 37.8cm，最小值为处理 9，其值为 13.8cm，处理 9 保水措施组合为风成沙覆盖–保水剂 40g/株–本地土：肥料（2：3），最大值是最小值的 2.49 倍；新枝直径最粗的是处理 13，为 2.65mm，最小值为处理 16，为 0.89mm，最大值是最小值的 2.98 倍，冠幅最大值为处理 15，为 42cm，最小值为处理 16，为 22cm，最大冠幅是最小冠幅的 1.91 倍。

表 3.47　欧李生长指标调查结果

Tab. 3.47　The investigation results of growth indexes of *Prunus humilis*（Bge.）Sok

处理号	新枝数/个				新枝长/cm				新枝直径/mm				冠幅/cm		
	5月	6月	7月	9月	5月	6月	7月	9月	5月	6月	7月	9月	6月	7月	9月
1	9	15	15	16	5	10.4	11.4	15.2	0.43	0.52	0.86	1.91	16	20	24
2	9	15	16	15	7.9	8.5	10.7	16.3	0.76	0.94	0.99	1.46	19	25	24
3	10	10	11	12	4.3	4.7	9.8	24.7	0.84	0.99	1.04	1.23	22	26	29
4	7	13	14	17	9.9	14.3	14.8	15.1	0.26	0.64	0.85	1.78	24	27	36
5	8	22	24	28	9.9	10.8	14.3	21.7	0.55	0.93	0.96	1.15	26	27	28
6	10	11	14	18	6.8	8.7	12.0	28.3	0.52	0.78	1.20	1.49	20	22	23
7	15	16	17	16	5.4	6.3	14.1	22.6	0.35	0.71	1.05	1.51	25	26	30
8	10	19	20	25	5.8	6.4	11.4	23.0	0.94	1.08	1.43	1.87	21	25	35
9	9	20	24	25	5.7	9.0	13.7	13.8	0.57	0.88	0.89	1.96	22	26	27
10	21	22	26	11	6.1	9.0	14.9	31.8	0.82	0.89	0.90	1.99	27	28	30
11	13	21	24	12	12.0	8.0	13.8	22.2	0.85	0.87	0.96	1.98	35	36	38
12	23	43	45	25	5.7	6.1	15.4	28.3	0.88	1.00	1.72	2.18	30	34	38
13	25	33	33	17	9.8	10.2	14.6	26.9	0.83	1.00	1.52	2.65	29	33	39
14	24	32	33	29	11.6	6.6	12.8	37.8	0.94	1.15	1.25	2.23	27	28	32
15	14	16	18	22	8.1	10.2	14.7	29.6	0.81	0.85	1.24	2.41	29	30	42
16	8	10	11	13	6.7	13.7	11.6	15.4	0.32	0.64	0.70	0.89	20	22	22

由表 3.48 中极差分析 R 值可以看出，试验两种因素对文冠果新枝数、新枝长、新枝直径、冠幅的影响大小顺序均是 A＞C。因此，以文冠果新枝数为依据，保水措施最佳组合为 A_4C_4；以文冠果新枝长为依据，保水措施最佳组合为 A_4C_2；以文冠果新枝直径为依据，保水措施最佳组合为 A_4C_4；以文冠果冠幅为依据，保水措施最佳组合为 A_4C_4。综合分析认为双因素保水试验文冠果最佳保水技术组合为 A_4C_4，即地膜覆盖–本地土∶肥料（2∶3）。

由表 3.49 中极差分析 R 值可以看出，试验两种因素对欧李新枝数、新枝长、新枝直径、冠幅的影响大小顺序均为 A＞C。因此，以欧李新枝数为依据，保水措施最佳组合为 A_4C_4；以欧李新枝长为依据，最佳保水技术组合为 A_4C_4；以欧李新枝直径为依据，保水措施最佳组合为 A_4C_2；以欧李冠幅为依据，保水措施最佳组合为 A_4C_2。考虑到冠幅变化并不明显，以新生枝条生长指标为依据，综合分析认为双因素保水试验欧李最佳保水技术组合为 A_4C_4，地膜覆盖–本地土∶肥料（2∶3）。

由表 3.50 可知，文冠果的方差分析表明因素 A 与因素 C 对试验结果有极显著影响（$P＜0.01$），即覆盖材料、肥料对文冠果新枝数影响极显著；欧李的方差分

表 3.48 文冠果极差分析
Tab. 3.48 The range analysis of *Xanthoceras sorbifolia* Bunge

	A 覆盖材料	C 肥料	新枝数/个	新枝长/cm	新枝直径/mm	冠幅/cm
1	1	2	8	3.6	0.78	23
2	1	3	6	4.0	0.98	21
3	1	4	6	5.0	0.99	22
4	2	2	7	4.3	0.98	15
5	2	1	9	3.0	1.54	12
6	2	4	8	4.0	1.33	15
7	2	3	6	3.8	1.53	22
8	3	3	9	7.0	1.21	23
9	3	4	9	4.3	1.91	25
10	3	1	12	3.6	2.93	24
11	3	2	10	9.7	2.15	25
12	4	4	10	8.3	3.23	35
13	4	3	10	5.7	2.57	22
14	4	2	11	8.7	2.55	22
15	4	1	10	8.9	2.25	33
16	1	1	5	2.4	0.50	15
K_1 新枝数	25	36	$Y=8.5$	$Y=5.39$	$Y=1.71$	$Y=22.125$
新枝长	15	17.9				
新枝直径	3.25	7.22				
冠幅	81	84				
K_2 新枝数	30	36				
新枝长	15.1	26.3				
新枝直径	5.38	6.46				
冠幅	64	85				
K_3 新枝数	40	31				
新枝长	24.6	20.5				
新枝直径	8.2	6.29				
冠幅	97	88				
K_4 新枝数	41	33				
新枝长	31.6	21.6				
新枝直径	10.6	7.46				
冠幅	112	97				
R 新枝数	16	5				
新枝长	16.6	8.4				
新枝直径	7.35	1.17				
冠幅	48	13				

表 3.49　欧李极差分析

Tab. 3.49　The range analysis of *Prunus humilis*（Bge.）Sok

	A 覆盖材料	C 肥料	新枝数/个	新枝长/cm	新枝直径/mm	冠幅/cm
1	1	2	16	15.2	1.91	24
2	1	3	15	16.3	1.46	24
3	1	4	12	24.7	1.23	29
4	2	2	17	15.1	1.78	36
5	2	1	28	21.7	1.15	28
6	2	4	18	28.3	1.49	23
7	2	3	16	22.6	1.51	30
8	3	3	25	23.0	1.87	35
9	3	4	25	13.8	1.96	27
10	3	1	11	31.8	1.99	30
11	3	2	12	22.2	1.98	38
12	4	4	25	28.3	2.18	38
13	4	3	17	26.9	2.65	39
14	4	2	29	37.8	2.23	32
15	4	1	22	29.6	2.41	42
16	1	1	13	15.4	0.89	22
K_1 新枝数	54	74	$Y=18.8125$	$Y=23.2938$	$Y=1.7931$	$Y=31.0625$
新枝长	71.6	94.5				
新枝直径	5.49	6.44				
冠幅	99	122				
K_2 新枝数	79	74				
新枝长	87.7	90.3				
新枝直径	5.93	7.9				
冠幅	117	130				
K_3 新枝数	73	73				
新枝长	90.8	88.8				
新枝直径	7.8	7.49				
冠幅	130	128				
K_4 新枝数	93	80				
新枝长	122.6	95.1				
新枝直径	9.47	6.86				
冠幅	151	117				
R 新枝数	48	16				
新枝长	51	9.7				
新枝直径	3.98	1.46				
冠幅	52	13				

表 3.50 新枝数方差分析

Tab. 3.50 The result of analysis of variance of new branch number

变异来源	文冠果方差分析					欧李方差分析				
	SS	df	MS	F	P	SS	df	MS	F	P
A 覆盖材料	45.5	3	15.1667	11.378	<0.01	121.1875	3	40.3958	0.887 69	<0.01
C 肥料	4.5	3	1.5	1.1253	<0.01	7.6875	3	2.562 5	0.05631	0.05<P<0.1
误差	12	9	1.333			409.5625	9	45.506 9		

注：$F_{0.10}$（3，9）=0.1908；$F_{0.01}$（3，9）=0.0077；$F_{0.05}$（3，9）=0.004 84

析表明，因素 A 对试验结果影响极显著（$P<0.01$），即覆盖材料对欧李新枝数有极显著影响；因素 C 对试验结果有显著影响（$0.01<P<0.05$），即肥料对欧李新枝数影响显著。

由表 3.51 可知，文冠果的方差分析结果显示因素 A 与因素 C 对试验结果有极显著影响（$P<0.01$），即覆盖材料、肥料对文冠果新枝长有极显著的影响；欧李方差分析表明因素 A 对试验结果影响极显著（$P<0.01$），即覆盖材料对欧李新枝长有极显著影响；因素 C 对试验结果有显著影响（$0.01<P<0.05$），即肥料对欧李新枝长影响显著。

表 3.51 新枝长方差分析

Tab. 3.51 The result of analysis of variance of new branch length

变异来源	文冠果方差分析					欧李方差分析				
	SS	df	MS	F	P	SS	df	MS	F	P
A 覆盖材料	48.7	3	16.2339	5.8347	<0.01	341.7319	3	113.910 6	2.7755	<0.01
C 肥料	9.2	3	3.0822	1.1078	<0.01	14.866 87	3	4.9556	0.1207	0.05<P<0.1
误差	25.0	9	2.7822			369.370 63	9	41.041		

注：$F_{0.10}$（3，9）=0.190；$F_{0.01}$（3，9）=0.0077；$F_{0.05}$（3，9）=0.004 84

由表 3.52 可知，文冠果的方差分析表明因素 A 与因素 C 对试验结果有极显著影响（$P<0.01$），即覆盖材料、肥料对文冠果新枝直径有极显著的影响；欧李的方差分析结果表明因素 A 与因素 C 对试验结果影响极显著（$P<0.01$），即覆盖材料和肥料对欧李新枝直径有极显著的影响。

表 3.52 新枝直径方差分析

Tab. 3.52 The result of analysis of variance of new branch diameter

变异来源	文冠果方差分析					欧李方差分析				
	SS	df	MS	F	P	SS	df	MS	F	P
A 覆盖材料	7.752	3	2.584	10.857	<0.01	2.5115	3	0.837	13.017	<0.01
C 肥料	0.2439	3	0.0813	0.3416	<0.01	0.3158	3	0.1053	1.6376	<0.01
误差	2.142	9	0.238			0.5784	9	0.0643		

注：$F_{0.10}$（3，9）=0.1908；$F_{0.01}$（3，9）=0.0077；$F_{0.05}$（3，9）=0.004 84

由表 3.53 可知，文冠果的方差分析表明因素 A 与因素 C 对试验结果有极显著影响（$P<0.01$），即覆盖材料和肥料对文冠果冠幅的影响极显著；欧李的方差分析表明因素 A 与因素 C 对试验结果影响极显著（$P<0.01$），即覆盖材料和肥料对欧李冠幅有极显著影响。

表 3.53　冠幅方差分析

Tab. 3.53　The result of analysis of variance of crown diameter

变异来源	文冠果方差分析					欧李方差分析				
	SS	df	MS	F	P	SS	df	MS	F	P
A 覆盖材料	320.25	3	106.75	3.917	<0.01	360.1875	3	120.0625	5.0835	<0.01
C 肥料	26.25	3	8.75	0.321	<0.01	26.1875	3	8.729	0.3696	<0.01
误差	215.25	9	27.25			212.5625	9	23.618		

注：$F_{0.10}$（3，9）=0.1908；$F_{0.01}$（3，9）=0.0077；$F_{0.05}$（3，9）=0.004 84

3. 保水技术对土壤含水量的影响

土壤水分是植物生长发育所必需的条件。研究不同保水措施土壤水分的动态变化及垂直变化规律对有效提高矿区植物对土壤水分的利用率有重要意义。

（1）土壤含水量时空变化

由表 3.54 可知，随着时间的变化，文冠果与欧李 0~10cm 土层深度土壤含水量有一定的变化规律，4 月灌水以后到 5 月 4 日，地表有覆盖材料且施入保水剂的土壤含水量明显增加，而无覆盖材料如处理 16、处理 1 等表层土壤含水量有不同程度的下降，到 5 月 22 日，表层土壤含水量均呈下降趋势，地膜覆盖的处理土壤含水量变化比较平缓。6 月、7 月各处理土壤含水量呈上升趋势，而地膜覆盖处理的表层土壤含水量上升速度较慢，这是由于地膜的覆盖对雨水下渗造成了阻隔。9 月各处理土壤含水量均下降，而覆盖地膜处理土壤含水量下降最慢，水分损失最少。

由表 3.55~表 3.57 可知，随着时间变化文冠果与欧李各处理土壤含水量呈先上升后下降的趋势。相同日期测得数据均显示出处理 14 土壤含水量最高，而处理 16 土壤含水量最小。10~40cm 土层土壤含水量随着时间的变化趋势一致，覆盖地膜加施入保水剂处理对土壤含保水持水有较大作用，可以地表地膜覆盖的处理随着时间变化，曲线变化较为平缓，而其他处理的曲线变化较大。

（2）土壤含水量垂直变化

由于地膜覆盖、杂草覆盖、风成沙覆盖、保水剂等对土壤蓄水保水的性能不同，不同保水措施下的土壤含水量不同，因此土壤水分的垂直变化有一定差异。

表 3.54　不同保水措施下 0～10cm 土层土壤含水量

Tab. 3.54　Soil moisture content at 0～10cm depth of *Xanthoceras sorbifolia* and *Cerasus humilis* under different water retention measures

		5 月 4 日	5 月 22 日	6 月 29 日	7 月 15 日	9 月 16 日
文冠果	1	9.03	9.52	10.93	10.77	9.12
	2	11.98	10.65	10.15	11.33	9.78
	3	10.88	10.91	11.00	11.33	11.57
	4	11.33	11.01	12.80	12.32	12.99
	5	10.45	11.46	11.80	12.11	11.66
	6	11.23	12.70	12.70	14.89	11.60
	7	11.87	11.90	11.40	14.99	11.53
	8	11.76	10.08	10.10	12.25	13.89
	9	11.65	10.21	12.31	14.25	12.52
	10	12.78	11.25	11.09	13.09	10.94
	11	12.30	11.39	12.08	13.45	12.47
	12	12.90	13.14	12.61	15.35	14.61
	13	13.89	12.43	13.90	15.24	15.67
	14	14.23	14.69	16.85	15.89	15.87
	15	13.56	12.26	15.11	15.70	14.09
	16	7.34	7.49	9.23	9.06	9.29
欧李	1	9.03	9.35	9.62	10.77	12.10
	2	11.98	9.64	9.58	11.33	10.23
	3	10.88	12.13	11.61	11.33	11.19
	4	11.33	12.51	10.38	12.32	11.74
	5	10.45	12.44	13.41	12.11	13.20
	6	11.23	13.10	12.95	14.89	12.70
	7	11.87	12.06	11.97	14.99	14.18
	8	11.76	13.60	11.93	12.25	14.80
	9	11.65	13.01	12.86	14.25	13.20
	10	12.78	13.82	10.10	13.09	14.45
	11	12.30	13.51	10.82	13.45	13.30
	12	12.90	13.32	12.48	15.35	15.87
	13	13.89	15.04	15.45	15.24	15.61
	14	14.23	14.49	15.25	15.89	16.79
	15	13.56	15.32	16.76	15.70	14.42
	16	7.34	9.05	8.67	9.06	9.79

表 3.55　不同保水措施下 10～20cm 土层土壤含水量

Tab. 3.55　Soil moisture content at 10～20cm depth of *Xanthoceras sorbifolia* and *Cerasus humilis* under different water retention measures

		5 月 4 日	5 月 22 日	6 月 29 日	7 月 15 日	9 月 16 日
	1	10.33	11.19	10.41	12.32	9.39
	2	12.64	10.05	12.68	13.33	11.90
	3	12.85	10.08	13.19	12.53	11.97
	4	13.32	12.21	11.34	14.88	12.17
	5	13.69	12.56	10.75	14.55	13.39
	6	14.92	12.47	12.24	14.91	12.01
	7	14.60	10.72	13.30	15.37	13.12
文冠果	8	14.33	10.06	11.73	15.69	12.14
	9	14.40	12.93	13.30	15.48	14.79
	10	15.26	13.88	13.85	16.33	13.92
	11	15.33	14.54	14.10	16.80	12.42
	12	15.47	14.56	14.88	16.27	15.14
	13	15.56	15.33	14.38	16.93	16.10
	14	16.37	17.52	18.57	18.63	17.47
	15	15.93	15.73	17.53	17.46	15.07
	16	9.02	9.76	7.44	10.23	8.69
	1	10.33	10.20	9.85	12.45	11.53
	2	12.64	12.62	9.72	13.14	12.31
	3	12.85	11.75	13.53	12.67	13.63
	4	13.32	13.86	12.45	14.43	13.68
	5	13.69	13.84	12.58	14.48	13.82
	6	14.92	14.71	11.64	14.41	13.61
	7	14.60	12.91	14.23	15.22	13.50
	8	14.33	13.68	14.50	15.48	14.64
欧李	9	14.40	14.26	15.06	15.59	14.94
	10	15.26	14.64	13.17	16.47	14.86
	11	15.33	14.06	15.82	16.75	15.40
	12	15.47	15.59	15.18	16.24	15.82
	13	15.56	15.42	15.27	16.58	16.17
	14	16.37	15.55	17.31	18.52	15.26
	15	15.93	16.83	17.73	17.50	18.35
	16	9.02	10.06	9.46	10.15	11.29

表 3.56　不同保水措施下 20～30cm 土层土壤含水量

Tab. 3.56　Soil moisture content at 20～30cm depth of *Xanthoceras sorbifolia* and *Cerasus humilis* under different water retention measures

		5 月 4 日	5 月 22 日	6 月 29 日	7 月 15 日	9 月 16 日
文冠果	1	10.33	13.38	11.67	12.34	11.27
	2	12.64	12.60	11.67	13.41	13.11
	3	12.85	16.00	14.87	12.56	11.16
	4	13.32	12.96	13.97	14.83	13.07
	5	13.69	13.74	13.74	14.61	14.08
	6	14.92	14.83	13.57	14.92	12.97
	7	14.60	10.83	13.64	15.41	13.34
	8	14.33	15.53	15.94	15.77	10.70
	9	14.40	14.61	16.42	15.49	14.05
	10	15.26	12.84	17.23	16.45	16.27
	11	15.33	12.12	16.62	16.94	16.77
	12	15.47	11.25	17.92	16.34	16.65
	13	15.56	14.01	16.52	16.97	16.96
	14	16.37	18.38	21.05	18.65	17.12
	15	15.93	12.80	16.01	17.75	18.90
	16	9.02	11.14	10.40	10.27	9.80
欧李	1	10.33	9.08	11.82	12.56	10.23
	2	12.64	12.23	12.54	13.56	12.59
	3	12.85	11.21	13.46	12.74	12.21
	4	13.32	12.36	15.38	14.69	12.22
	5	13.69	13.95	14.38	14.65	12.57
	6	14.92	12.43	13.13	14.56	14.77
	7	14.60	13.60	13.39	15.36	14.84
	8	14.33	13.51	15.83	15.78	13.91
	9	14.40	14.37	15.87	16.35	13.91
	10	15.26	14.09	15.17	16.54	15.61
	11	15.33	14.57	14.72	16.79	13.47
	12	15.47	17.62	15.67	16.26	15.33
	13	15.56	19.48	17.32	16.88	15.02
	14	16.37	18.46	17.61	18.63	16.23
	15	15.93	19.53	20.01	17.46	19.00
	16	9.02	8.56	8.77	10.29	9.46

表 3.57　不同保水措施下 30～40cm 土层土壤含水量

Tab. 3.57　Soil moisture content at 30～40cm depth of *Xanthoceras sorbifolia* and *Cerasus humilis* under different water retention measures

		5 月 4 日	5 月 22 日	6 月 29 日	7 月 15 日	9 月 16 日
文冠果	1	10.33	12.06	13.82	12.45	11.89
	2	12.64	12.14	13.72	13.46	11.51
	3	12.85	15.41	13.94	12.58	12.00
	4	13.32	12.26	16.55	14.95	14.93
	5	13.69	16.94	14.89	14.65	14.03
	6	14.92	12.10	15.54	14.98	12.02
	7	14.60	15.61	15.21	15.47	13.29
	8	14.33	15.67	14.93	15.85	15.20
	9	14.40	15.44	16.76	15.55	16.38
	10	15.26	15.29	14.87	16.57	16.34
	11	15.33	17.15	15.25	16.96	17.25
	12	15.47	18.01	16.61	16.36	18.59
	13	15.56	17.90	18.58	17.12	16.32
	14	16.37	18.26	19.39	18.73	18.10
	15	15.93	18.62	18.82	17.76	19.66
	16	9.02	11.90	11.89	10.36	10.43
欧李	1	10.33	11.25	12.08	12.68	8.67
	2	12.64	12.78	14.22	13.66	11.24
	3	12.85	12.53	12.50	12.89	11.90
	4	13.32	13.28	12.89	14.97	12.72
	5	13.69	12.92	14.23	14.87	14.23
	6	14.92	12.84	12.37	14.80	14.47
	7	14.60	12.24	14.56	15.48	14.94
	8	14.33	13.11	14.47	15.98	13.78
	9	14.40	14.10	15.77	15.36	14.08
	10	15.26	16.53	15.66	16.58	15.01
	11	15.33	16.18	15.58	16.87	17.40
	12	15.47	17.86	16.12	16.39	18.51
	13	15.56	16.22	17.97	16.95	18.61
	14	16.37	16.26	17.54	18.84	19.56
	15	15.93	20.80	19.95	17.79	15.47
	16	9.02	11.26	8.07	10.56	7.16

图 3.13 是 5 月文冠果土壤含水量垂直变化图，5 月各处理土壤含水量随着土层深度的增加呈上升趋势。各土层深度土壤含水量最高的为处理 14、处理 15，保水剂的施入能够增加树坑中的水分含量，再加上覆盖地膜，有效地保持了水分，减少了水分从地表的蒸发，处理 14 在 10～20cm、20～30cm、30～40cm 土层土壤含水量分别是处理 16 对应土层的 1.80 倍、1.65 倍、1.53 倍。

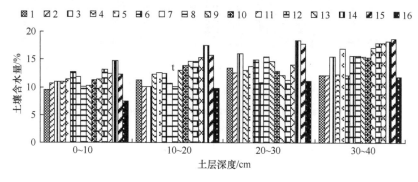

图 3.13　不同保水措施下文冠果土壤含水量的垂直变化（5 月）

Fig. 3.13　The vertical variation of soil moisture content of *Xanthoceras sorbifolia* under different water retention measures（May）

图 3.14～图 3.16 分别是 6 月、7 月、9 月文冠果土壤含水量垂直变化。6 月各处理土壤含水量随着土层深度的增加呈上升趋势，各土层深度土壤含水量最高的为处理 14、处理 15，处理 14 在 10～20cm、20～30cm、30～40cm 土层土壤含水量分别是处理 16 对应土层的 2.50 倍、2.02 倍、1.63 倍。7 月各处理土壤含水量同样随着土层深度的增加呈上升趋势，各土层深度土壤含水量最高的为处理 14，

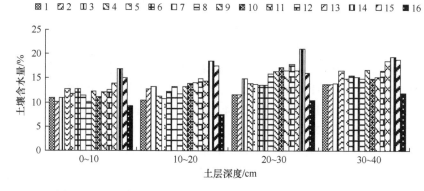

图 3.14　不同保水措施下文冠果土壤含水量的垂直变化（6 月）

Fig. 3.14　The vertical variation of soil moisture content of *Xanthoceras* under different water retention measures（June）

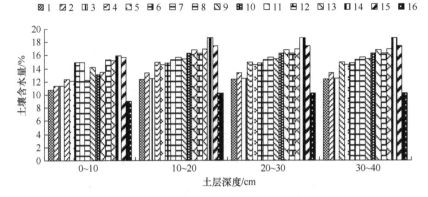

图 3.15　不同保水措施下文冠果土壤含水量的垂直变化（7 月）

Fig. 3.15　The vertical variation of soil moisture content of *Xanthocer as* under different water zretention measures（July）

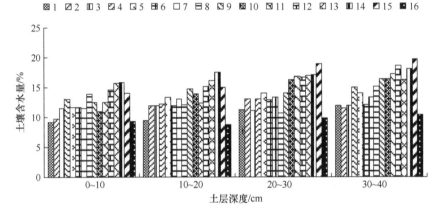

图 3.16　不同保水措施下文冠果土壤含水量的垂直变化（9 月）

Fig. 3.16　The vertical variation of soil moisture content of *Xanthoceras* under different water retention measures（September）

在 10～20cm、20～30cm、30～40cm 土层土壤含水量分别是处理 16 对应土层的 1.82 倍、1.82 倍、1.80 倍。9 月各处理土壤含水量同样随着土层深度的增加呈上升趋势，各土层深度土壤含水量最高的为处理 14，在 10～20cm、20～30cm、30～40cm 土层土壤含水量分别是处理 16 对应土层的 2.01 倍、1.75 倍、1.74 倍。

图 3.17～图 3.20 分别为欧李 5 月、6 月、7 月、9 月所测数据。图 3.16 是 5 月欧李土壤含水量垂直变化，5 月各处理土壤含水量随着土层深度的增加呈上升趋势，各土层深度土壤含水量最高的为处理 15，保水剂的施入能够增加树坑中的水分含量，再加上地膜覆盖，有效地保持了水分，减少了水分从地表蒸发，处理 14 在 10～20cm、20～30cm、30～40cm 土层土壤含水量分别是处理 16 对应土层的

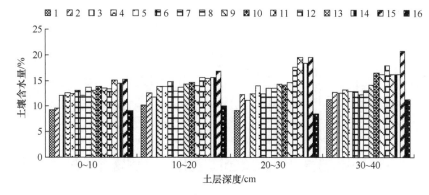

图 3.17　不同保水措施下欧李土壤含水量的垂直变化（5 月）

Fig. 3.17　The vertical variation of soil moisture content of *Cerasus humilis* under different water retention measures（May）

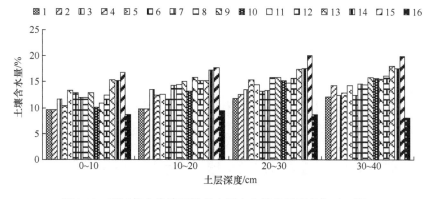

图 3.18　不同保水措施下欧李土壤含水量的垂直变化（6 月）

Fig. 3.18　The vertical of soil moisture content of *Cerasus humilis* under different water retention measures（June）

1.55 倍、2.16 倍、1.44 倍。6 月各处理土壤含水量随着土层深度的增加呈上升趋势，各土层深度土壤含水量最高的为处理 14、处理 15，在处理 14 的 10～20cm、20～30cm、30～40cm 土层土壤含水量分别是处理 16 对应土层的 1.83 倍、2.01 倍、2.17 倍。7 月各处理土壤含水量同样随着土层深度的增加呈上升趋势，各土层深度土壤含水量最高的为处理 14，在 10～20cm、20～30cm、30～40cm 土层土壤含水量分别是处理 16 对应土层的 1.82 倍、1.882 倍、1.82 倍。9 月各处理土壤含水量同样随着土层深度的增加呈上升趋势，各土层深度土壤含水量较高的为处理 14，在 10～20cm、20～30cm、30～40cm 土层土壤含水量分别是处理 16 对应土层的 1.35 倍、1.72 倍、2.73 倍。

以 9 月 16 日测量的土壤含水量为依据，进行方差分析。

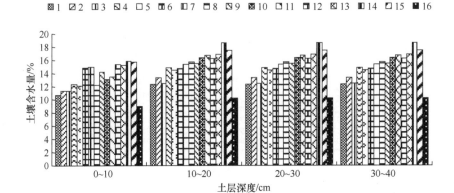

图 3.19　不同保水措施下欧李土壤含水量的垂直变化（7 月）

Fig. 3.19　The vertical variation of soil moisture content of *Cerasus humilis* under different water retention measures（July）

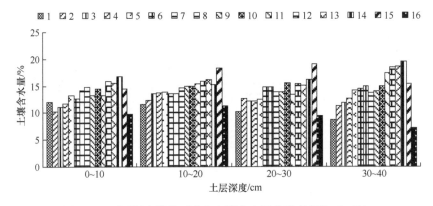

图 3.20　不同保水措施下欧李土壤含水量的垂直变化（9 月）

Fig. 3.20　The vertical variation of soil moisture content of *Cerasus humilis* under different water retention measures（September）

由表 3.58 可知，文冠果方差分析表明因素 A 与因素 C 对试验结果有极显著影响（$P<0.01$），即覆盖材料与肥料对文冠果 0～10cm 土壤含水量的影响极显著；欧李的方差分析表明因素 A 和因素 C 对试验结果影响极显著（$P<0.01$），即覆盖材料与肥料对欧李 0～10cm 土壤含水量的影响极显著。

由表 3.59 可知，文冠果方差分析表明因素 A 与因素 C 对试验结果有极显著影响（$P<0.01$），即覆盖材料与肥料对文冠果 10～20cm 土壤含水量的影响极显著；欧李的方差分析表明因素 A 和因素 C 对试验结果影响极显著（$P<0.01$），即覆盖材料与肥料对欧李 10～20cm 土壤含水量的影响极显著。

表 3.58 0～10cm 土壤含水量方差分析

Tab. 3.58 The result of analysis of variance of soil moisture at 0～10cm depth

变异来源	文冠果方差分析					欧李方差分析				
	SS	df	MS	F	P	SS	df	MS	F	P
A 覆盖材料	53.366	3	17.789	20.565	<0.01	49.026	3	16.342	14.723	<0.01
C 肥料	3.987	3	1.329	1.536	<0.01	1.1385	3	0.3795	0.342	<0.01
误差	7.782	9	0.865			9.99	9	1.11		

注：$F_{0.10}$（3，9）=0.1908；$F_{0.01}$（3，9）=0.0077；$F_{0.05}$（3，9）=0.004 84

表 3.59 10～20cm 土壤含水量方差分析

Tab. 3.59 The result of analysis of variance of soil moisture at 10～20cm depth

变异来源	文冠果方差分析					欧李方差分析				
	SS	df	MS	F	P	SS	df	MS	F	P
A 覆盖材料	60.5375	3	20.179	10.62	<0.01	38.8695	3	12.9565	14.317	<0.01
C 肥料	1.4475	3	0.4825	0.2539	<0.01	1.0145	3	0.338	0.373	<0.01
误差	17.08	9	1.90			8.146	9	0.905		

注：$F_{0.10}$（3，9）=0.1908；$F_{0.01}$（3，9）=0.0077；$F_{0.05}$（3，9）=0.004 84

由表 3.60 可知，文冠果方差分析表明因素 A 与因素 C 对试验结果有极显著影响（$P<0.01$），即覆盖材料与肥料对文冠果 20～30cm 土壤含水量的影响极显著；欧李的方差分析表明因素 A 对试验结果有极显著影响（$P<0.01$），即覆盖材料与肥料对欧李 20～30cm 土壤含水量的影响极显著。

表 3.60 20～30cm 土壤含水量方差分析

Tab. 3.60 The result of analysis of variance of soil moisture at 20～30cm depth

变异来源	文冠果方差分析					欧李方差分析				
	SS	df	MS	F	P	SS	df	MS	F	P
A 覆盖材料	76.7875	3	25.596	8.257	<0.01	56.4544	3	18.818	7.738	<0.01
C 肥料	4.39	3	1.463	0.472	<0.01	3.4369	3	1.1456	0.471	<0.01
误差	27.9065	9	3.10			21.8871	9	2.4319		

注：$F_{0.10}$（3，9）=0.1908；$F_{0.01}$（3，9）=0.0077；$F_{0.05}$（3，9）=0.004 84

由表 3.61 可知，文冠果方差分析表明因素 A 与因素 C 对试验结果有极显著影响（$P<0.01$），即覆盖材料与肥料对文冠果 30～40cm 土壤含水量的影响极显著；欧李的方差分析表明因素 A 与因素 C 对试验结果有极显著影响（$P<0.01$），即覆盖材料与肥料对欧李 30～40cm 土壤含水量的影响极显著。

以上分析得出：地膜覆盖—使用本地土：肥料（3：2）的保水措施组合文冠

果成活率最高为 74.88%，土壤含水量最高为 16.57%，无任何保水措施的处理成活率为 24.90%，土壤含水量为 9.91%。覆盖材料、肥料对文冠果成活率、生长指标、平均土壤含水量的影响极显著，影响程度为覆盖材料＞肥料；文冠果保水技术措施最佳组合为地膜覆盖–使用肥料配比本地土：肥料（3：2）。地膜覆盖–使用本地土：肥料（2：3）的保水措施组合欧李成活率最高为 80.11%，土壤含水量最高为 16.12%，无任何保水措施的处理成活率为 33.90%，土壤含水量为 9.79%。覆盖材料、肥料对欧李成活率、生长指标、平均土壤含水量的影响显著，影响程度为覆盖材料＞肥料；欧李双因素保水技术措施最佳组合为地膜覆盖–使用肥料配比本地土：肥料（2：3）。

表 3.61　30～40cm 土壤含水量方差分析

Tab. 3.61　The result of analysis of variance of soil moisture at 30～40cm depth

变异来源	文冠果方差分析					欧李方差分析				
	SS	df	MS	F	P	SS	df	MS	F	P
A 覆盖材料	104.907	3	34.969	33.083	＜0.01	141.4025	3	47.134	15.978	＜0.01
C 肥料	4.562	3	1.52	1.438	＜0.01	8.4675	3	2.8225	0.957	＜0.01
误差	9.511	9	1.057			26.546	9	2.9500		

注：$F_{0.10}$（3，9）=0.1908；$F_{0.01}$（3，9）=0.0077；$F_{0.05}$（3，9）=0.004 84

参 考 文 献

刘美英, 高永, 汪季, 等. 2013. 矿区复垦地土壤碳氮含量变化特征. 水土保持研究, 20(1): 95-97

第四章　露天矿土壤修复技术

矿产资源是国民经济发展的物质基础，是人类社会可持续发展的保障。随着社会的发展，人口的快速增长，世界各国工业化、城市化进程的加快，各种矿产资源的需求与消耗剧增，自然地加速了矿山的开发。矿业的发展一方面为国家的经济建设提供了大量的燃料和原材料，另一方面也对矿山环境产生了负面影响，尤其是对土地资源的破坏更为严重。而由此造成的环境问题在世界范围内都是十分严重并且日益受到高度重视的。我国是世界上少数几个矿产资源总量丰富的资源大国之一，矿产资源总值占世界矿产资源总值的 12%，仅次于美国。我国 95%以上的一次性能源、80%以上的工业原料、70%以上的农业生产资料都来自矿产资源。据统计，1998 年全国各类矿产资源开发利用的矿种数为 182 种，其中煤炭是开采数量最大的矿产资源。工业化以来，我国一直是世界上以煤炭为主要能源的国家之一，煤炭提供了 72%的工业燃料、52%的化工原料和 62%的电力。长期以来，我国煤炭在一次能源生产与消费构成中所占比例一直维持在 70%左右，据专家和有关部门预测，这一格局还将延续很长一段时间。我国煤炭资源储量丰富，截至 1994 年年底，累积探明储量为 14 480 亿 t，保有储量为 10 018.65 亿 t，已知的含煤面积超过 550 000hm^2，而且煤种齐全。从煤炭的分布区域看，它大多分布于我国的干旱、半干旱地区，如山西、陕西、内蒙古、新疆、山东、河南、江苏及黑龙江等地区。煤炭资源在我国国民经济发展中具有举足轻重的地位，2004 年我国煤炭产量由 2000 年的 9.98Gt 增至 19.56Gt，年均增加的 2.4Gt，成为世界煤炭生产第一大国。煤炭资源的开发对我国经济建设和社会发展起到了重要的支撑作用，但是煤的开发和利用也带来了一系列的生态环境问题。这些问题已经成为制约矿区可持续发展及区域生态安全的重大问题，最为突出的是对土地资源的破坏及引发次生环境变化，其严重后果不但伴随整个开采过程，而且在矿区开发结束后仍将继续存在。虽然国家一直实行最严格的土地管理政策，要求谁破坏，谁复垦，占多少，垦多少。但是，由于历史的积累及复垦技术的落后，导致被破坏的土地很难恢复地力。

我国露天矿开采每 10 000t 煤约破坏土地 0.22hm^2，今后 30 年累计破坏土地面积达 135 000hm^2，到 2020 年年均破坏土地面积约 66 000hm^2。在土地破坏的同时，生产中还会产生固体废弃物、废水、废气等对环境有害的物质。煤炭为人类社会做出贡献的同时，也为人类带来了灾难。如果不及时将露天开采的土地进行复垦，那么对于人们赖以生存的环境及人类自身的生产生活都有着重大的影响。因此为了实现农业复垦这个首要目标,应当在矿区实行土地复垦措施,及时控制土地结构的破坏及土地生产力的下降,从而为实现农业复垦的目标而奠定基础,以推动露天开采区植被建设的持续发展。

目前,露天开采造成的土地破坏已经产生了一系列严重的后果,例如,土壤的肥力下降,植被生长受到影响,以及影响到矿区小环境的变化,从而影响到群众的生产生活等。但是,由露天开采所造成的地表土壤结构的破坏和养分结构的变化,人们知之甚少,致使生产企业对开采后的环境问题难以做出预测性的判断。此外,我国的煤田主要分布在西部干旱半干旱区,这里的生态环境本来就十分脆弱,如果对露天开采区复垦前后土壤的质量没有一个更加明确的认识和一个正确的判断,可能会对决策产生影响。因此对露天开采矿区土壤进行土壤肥力提高的修复势在必行。

第一节　露天矿土壤培肥技术

露天矿土壤培肥技术集中在矿区的植被恢复上,目前复垦的重点放在优良乡土树种的选择及如何提高苗木的成活率上,通过盆钵育苗移植或直接播种种子试验,证明文冠果(*Xanthoceras sorbifolia* Bunge.)在神东矿区可以栽植,而且文冠果是生物能源物质,可以利用其榨油,所以它的实用价值比常规树种油松、侧柏、杨树等要高,因此,对其研究也比较多。通过对文冠果在移植播种中出现成活率低的现象进行室内模拟培养试验,通过对复垦土壤施用不同比例的污泥、羊厩肥和腐殖酸来增加栽培基质的保肥能力,提高有效养分含量,污泥、羊厩肥和腐殖酸均直接取自矿区及附近,充分利用矿区自有资源,来达到以废治废,变废为宝的目的。这对于土壤质量较低且处于干旱半干旱地区的复垦区而言,无疑是科学之举,为矿区土壤质量的可持续发展奠定基础。

污泥是污水处理过程中产生的一种含水率很高的絮状(或固态、半固态、液态)泥粒的废弃物,含有大量的有机物,丰富的氮、磷等矿物质,虽然污泥也含有有毒、有害成分,但污泥中的氮、磷以有机态为主,同时还含有许多植物所必需的微量元素,可以缓慢释放,具有长效性。因此,污泥是有用的生物资源,是很好的土壤改良剂和肥料。国内外许多学者曾从污泥农用对植物生长和环境的影响等方面做过大量研究。Zhang(1993)指出,随城市污泥施用量的增大,表土(0~20cm)中的全氮、全磷和有机质的含量增加。薛澄泽等(1997)的研究认为,城市污泥堆肥施用于林木、花卉、草坪及用作林木容器育苗基质,对土壤的化学及生物学性质均有所改善。对于污泥堆肥在矿山废弃地复垦中的应用也有一些报道。杨子江(2004)对我国污泥处理的现状进行了研究,分析了常用污泥处理方法存在的问题。莫测辉等（2001）研究表明，要在矿山废弃地迅速有效地恢复植被，关键之一是增施有机肥。城市污泥及其堆肥是一种良好的有机肥料和土壤改良剂。但施用在农田上，由于污染物可能进入食物链而受到严格的限制。若施用在矿山废弃地复垦上，通常是避开了食物链，因而具有更广阔的应用前景。同时也解决了城市污泥的处置难题，以废治废，变废为宝，具有良好的环境、生态、社会和经济多方面的综合效益。孙永明等（2008）通过对城市污泥和矿区土壤成分分析，研究了施用城市污泥对矿区土壤环境的影响，表明利用污泥中大量的氮、磷、钾和有机质及污泥较强的黏性、持水性和保水性等理化性质不仅可以提高矿区土壤的肥力、迅速恢复植被，还可以改善土壤的结构，从而达到复垦的目的。在干旱半干旱的神东矿区露天复垦区研究施用污泥堆肥对复垦植被（文冠果）生长量及土壤含水量和萎蔫点（植物凋萎时栽培基质的含水量）的影响，以便为利用污泥作为植物培养基质的可行性提供科学依据，同时达到以废治废，变废为宝的目的。

腐殖酸（humic acid）是自然环境中广泛存在的一类高分子物质，是动植物残体通过复杂的生物、化学作用形成的，占土壤和水圈生态体系总有机质的 50%～80%。腐殖酸是形成土壤肥力最主要、最活跃的因素，是土壤肥力的基本要素，特别是自然土壤的肥力基本要素，它是植物赖以生存的所需有机养分，是我们研究各类土壤差异的一个重要标志。它结构复杂、带有多种活性官能团，能与许多有机物、无机物发生相互作用。自然界中除了土壤中富含腐殖酸物质外，泥炭、褐煤、风化煤中也含有丰富的腐殖酸，从泥炭、褐煤、风化煤中提取腐殖酸类物质已经成为化学、农业、工业、医学及生物学等各学科研究的热点（张学才和张德祥，2000；陈玉玲，2000）。腐殖酸在农林业生产中的应用，主要利用腐殖酸的络合物性质和物理结构上的多孔性，可以改善土壤团粒结构，形成通透性强、团粒结构稳定的有利于植物生长的土壤结构。由于腐殖酸具有多种活性官能团和较大的表面积，它也是一种环保型的吸附剂，正是利用腐殖酸的这种特性来改变复垦土壤基质的保肥性能。

随着现代农业生产的高度专业化与集约化，农业对无机化肥的依赖性不断增加。过量使用化肥和使用比例失调，不仅造成土壤保水保肥能力降低，氮污染物的流失量也在增加。与无机化肥相比，有机肥被认为可减少对环境的污染，同时可促进农业生产养分的可持续管理。羊厩肥的主要成分是纤维素、半纤维素、木质素、蛋白质及其分解产物，含有一定数量的有机质和氮、磷、钾及微量元素等，还含有钙、镁、硫等元素。粪尿中的养分形态，除钾素外，绝大部分为有机态，肥效较慢，必须腐熟后施用，富含有机质、可溶性糖、氨基酸、核酸等有机养料与酶类，粪质细密而又干燥，肥分浓厚，有机质和氮、磷含量是家畜粪中最高的一种，适合于各种土壤施用。

神东矿区露天采区在培肥土壤肥力过程中选取附近采集的污泥、腐殖酸及羊厩肥，其中污泥取自马家塔煤矿污泥处理厂，腐殖酸取自附近的腐殖酸厂，羊厩肥取自当地的牧场。三者的养分含量见表 4.1。

表 4.1 矿区复垦添加物料的主要性质
Tab. 4.1 Properties of studied soil and added materials

类型	有机质/ （g/kg）	全氮/ （g/kg）	全磷/ （g/kg）	全钾/ （g/kg）	速效氮/ （mg/kg）	速效磷/ （mg/kg）	速效钾/ （mg/kg）
羊厩肥	305.45	22.34	7.45	7.12	389.1	564.7	3274.6
污泥	318.74	16.1	9.4	12.7	561.4	335.5	462.4
腐殖酸	250.56	98.7	1.4	1.5	58.7	55.8	312.2
复垦土壤	3.61	0.11	0.29	17.3	11.2	0.2	13.8

利用这 3 种基质通过盆栽试验研究复垦土壤培肥技术，试验在温室内进行，为防止水分的渗漏，植物盆栽试验在 185mm×155mm 的塑料花盆中进行，每盆装土和供试肥料共 1000g。供试植物为文冠果，沙埋发芽后播种，每盆 3 株。每种肥料设 3 个对比实验，每个实验均设 5 个处理，腐殖酸和污泥添加比例（质量比）均分别为 0%、20%、40%、60% 和 80%，羊厩肥的添加比例为 0%、15%、30%、45% 和 60%，3 个实验共 15 个处理，每个处理均设置 5 个重复。3 个实验的具体试验方案如下。

实验 1：种植植物，培养 30d 后停止浇水，使植物因干旱缺水而死亡，测定土壤的含水量以研究各处理的保水性能和植物凋萎情况。

实验 2：种植植物，按照与实验 1 同样的条件进行管理，培养 30d 后收获，测定地上部生物量、土壤含水量及速效氮、速效磷、速效钾含量。

实验 3：对照实验，不种植物。培养 30d，按照与实验 1 同样的条件进行管理，测定土壤含水量及速效氮、速效磷、速效钾含量。

在植物生长过程中，根据实验 1 中盆栽的水分蒸发情况定量补充水分，以充分保证文冠果生长的水分要求。当盆栽试验培养到第 30 天时，实验 1 的各处理均补充等量水分，以便研究其相应的萎蔫点。

一、污泥、腐殖酸及羊厩肥对文冠果生长的影响

添加污泥试验中，文冠果种植 30d 后，实验 2 的各个处理中地上部的生物量，随着复垦土壤中污泥添加量的增加，植物的地上部生物量也不断增加，说明文冠果的生长越来越好，也体现出了土壤肥力的提高。通过相关分析表明，地上部生物量与污泥堆肥的添加量呈显著的正相关。说明施用污泥堆肥，能够显著促进文冠果的生长（图 4.1）。陈同斌等（2002）研究了城市污泥堆肥对栽培基质保水能

力和有效养分的影响，同样得出了施用污泥堆肥能够显著促进植物生长的结果。

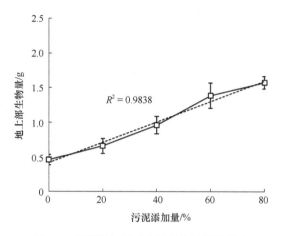

图 4.1　污泥添加量对文冠果生长量的影响

Fig. 4.1　Effect of sewage sludge to biomass of *Xanthoceras sorbifolia* Bunge

　　在运用腐殖酸肥料作为栽培基质时，随着栽培基质中腐殖酸含量的不断增加，文冠果的生长量也不断上升（图 4.2），与对照相比（不添加腐殖酸），添加腐殖酸量最多时生物量提高 4 倍，而且相关分析表明地上部生物量与腐殖酸肥料的添加量呈现显著的正相关，相关系数为 0.992，说明文冠果的生长同样受腐殖酸的影响。潘明辉等（2000）将腐殖酸用于造林上，也得出了腐殖酸促进林木生长的结果。这主要是由于腐殖酸的络合物性质和物理结构上的多孔性，可以改善土壤基质结构，通透性强，有利于植物生长。

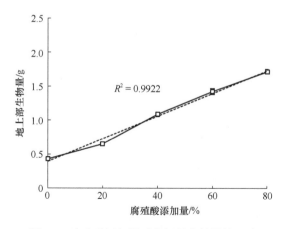

图 4.2　腐殖酸添加量对文冠果生长量的影响

Fig. 4.2　Effect of humic acid to biomass of *Xanthoceras sorbifolia* Bunge

随着复垦土壤中羊厩肥添加量的增加，植物的地上部生物量也不断增加（图4.3），同样说明文冠果的生长越来越好。通过相关分析表明，地上部生物量与羊厩肥的添加量也呈显著的正相关。由此可见，施用羊厩肥同样能够显著促进文冠果的生长。这与目前有关羊厩肥的施用促进植物生长的研究结果基本一致。试验的目的正是想利用这一结果为矿区复垦中文冠果的培育提供理论和技术支持。

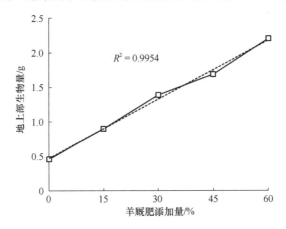

图 4.3　羊厩肥添加量对文冠果生长量的影响

Fig. 4.3　Effect of sheep manure to biomass of *Xanthoceras sorbifolia* Bunge

对比 3 种添加物质对文冠果生长量的影响（表 4.2），可以看出，三者均不同程度地促进了文冠果的生长，而且羊厩肥的添加要显著优于添加腐殖酸和污泥，腐殖酸和污泥的处理之间差异不明显，所以，单从提高植物生长量的角度而言，应该优先选用羊厩肥作为栽培基质的辅助添加料，但是，这一结果在运用到野外大面积栽培文冠果时，最好在室内盆栽的前提下先结合小面积的复垦实地野外试验，因为，肥料的施用效果会受到很多外界条件的限制。

表 4.2　不同类型肥料对文冠果生长量的差异比较

Tab. 4.2　Contract of different organic material on biomass of *Xanthoceras sorbifolia* Bunge

类型	地上生物量/g				
	0%	20（15）%	40（30）%	60（45）%	80（60）%
污泥	0.46±0.08b	0.66±0.11b	0.96±0.12b	1.39±0.18b	1.57±0.09b
腐殖酸	0.43±0.02b	0.65±0.02b	1.09±0.03b	1.42±0.04b	1.72±0.03b
羊厩肥	0.46±0.02a	0.90±0.03a	1.39±0.05a	1.69±0.05a	2.21±0.04a

注：同列不同小写字母表示差异显著

二、污泥、腐殖酸及羊厩肥对栽培基质速效氮的影响

污泥、腐殖酸及羊厩肥作为添加物质对栽培基质中有效氮的影响（图 4.4），

三者中，污泥处理中的有效氮含量最高，羊厩肥次之，腐殖酸最少，这与添加肥料的本底养分有直接关系（表 4.1）。随着肥料添加量的增加，有效氮含量的变化均呈现不断上升的趋势，上升幅度最大的是污泥处理，虽然污泥中 91% 以上的氮是以有机态存在的，但无论是在种植植物的实验中还是在不种植植物的实验中，污泥均使栽培基质的有效氮含量显著提高，而且其添加量与栽培基质的有效氮含量呈正相关。因此，污泥不仅可以提供植物生长所需的氮源，还可以明显增加土壤有效氮含量。同样对于羊厩肥处理，无论是种植植物还是不种植植物均表现出了栽培基质有效氮含量显著提高的趋势，尤其当羊厩肥比例超过 45% 时，这种提高的作用更加明显。腐殖酸也表现出了同样的规律，只是有效氮含量提高的幅度相比之下最小。在种植植物的实验中，三者的 4 个添加比例的平均有效氮含量相比对照分别提高了 17.2 倍、2.6 倍和 8.6 倍，而不种植植物的实验中则分别提高了 22.2 倍、2.1 倍和 9.4 倍，可见不种植植物的栽培基质的有效氮含量都高于种植植物的，这主要是由于种植植物时，植物在生长的过程中消耗的氮素要大于栽培基质转化而来的有效氮素。

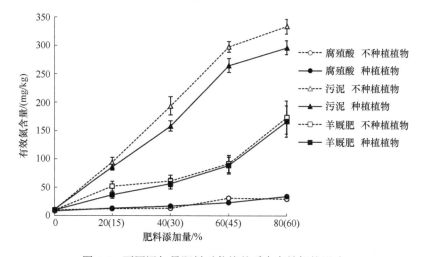

图 4.4　不同添加量肥料对栽培基质中有效氮的影响

Fig. 4.4　Effects of different material on the available nitrogen of planting medium

三、污泥、腐殖酸及羊厩肥对栽培基质速效磷的影响

当污泥作为添加物料时，在种植植物和不种植植物的实验中 5 个处理的平均速效磷含量分别为 113.93mg/kg、111.68mg/kg，种植植物比不种植植物增加了 2.25mg/kg，但是差异不明显（表 4.3），和不添加污泥的对照相比，种植植物与不种植植物两种情况下，分别平均提高了 139.94mg/kg 和 139.13mg/kg，而且随着添

加量的增加，速效磷的含量也显著提高，总体上，污泥的添加极显著地提高了栽培基质的速效磷含量。

表 4.3 不同肥料对栽培基质中速效磷含量的影响（mg/kg）

Tab. 4.3 **Effects of different material on available phosphorus of planting medium**（mg/kg）

	类型		0%	20(15)%	40(30)%	60(45)%	80(60)%	平均值	t 值
污泥	种植植物	实测值	1.98	70.30	128.50	170.76	198.12	113.93	
	不种植植物		0.38	72.91	117.97	179.06	188.11	111.68	
	种植植物	差异		68.32	126.52	168.78	196.14	139.94	7.756**
	不种植植物			72.53	117.59	178.68	187.73	139.13	
腐殖酸	种植植物	实测值	4.58	18.32	20.94	14.75	15.75	14.87	
	不种植植物		4.80	9.91	17.70	29.49	32.70	18.92	
	种植植物	差异		13.74	16.36	10.17	11.17	12.86	5.684**
	不种植植物			5.11	12.90	24.69	27.90	17.65	
羊厩肥	种植植物	实测值	2.33	47.11	86.77	91.03	222.22	89.89	
	不种植植物		1.13	71.28	54.69	103.00	251.83	96.38	
	种植植物	差异		44.78	84.44	88.70	219.89	109.45	4.176**
	不种植植物			70.15	53.56	101.87	250.70	119.07	

注：$t_{0.01}$（7）=3.499，$t_{0.05}$（7）=2.365；**表示在 0.01 水平下显著

当腐殖酸作为添加物料时，在种植植物和不种植植物的实验中 5 个处理的平均速效磷含量分别为 14.87mg/kg、18.92mg/kg，种植植物比不种植植物减少了 4.05mg/kg，但是差异同样不明显，而且随着添加量的增加，速效磷的含量也表现为显著提高。总体上，腐殖酸的添加同样极显著地提高了栽培基质的速效磷含量。

当羊厩肥作为添加物料时，种植植物比不种植植物平均速效磷减少了 6.49mg/kg，但是差异不明显，和对照相比，种植植物与不种植植物两种情况下，分别平均提高了 109.45mg/kg 和 119.07mg/kg，随着添加量的增加，速效磷的含量也显著提高，总体上，羊厩肥的添加同样极显著地提高了栽培基质的速效磷含量。

对比 3 种添加物料，对于提高栽培基质速效磷含量的作用，污泥＞腐殖酸＞羊厩肥，虽然污泥中 95%以上的磷是以有机态存在的，但无论是在种植植物的实验还是在不种植植物的实验，污泥均使栽培基质的有效磷含量显著提高，因此污泥不仅可以提供植物生长所需的磷源，还可以明显增加土壤速效磷含量。所以从增加栽培基质速效磷养分的角度而言，复垦土壤中添加污泥是比较可行的办法。

四、污泥、腐殖酸及羊厩肥对栽培基质速效钾的影响

当污泥作为添加物料时，在种植植物和不种植植物的实验中 5 个处理的平均速效钾含量分别为 154.37mg/kg 和 162.31mg/kg，种植植物比不种植植物减少了 7.94mg/kg，但是差异不明显（表 4.4）；与不添加污泥的对照相比，种植植物与不种植植物两种情况下，分别平均提高了 121.67mg/kg 和 132.12mg/kg，而且随着添加量的增加，速效钾的含量也显著提高，可见污泥的添加极显著地提高了栽培基质的速效钾含量。

表 4.4　不同肥料对栽培基质中速效钾含量的影响（mg/kg）

Tab. 4.4　Effects of different material on readily available potassium of planting medium（mg/kg）

	类型		0%	20（15）%	40（30）%	60（45）%	80（60）%	平均值	t 值
污泥	种植植物	实测值	57.03	103.50	163.67	201.39	246.24	154.37	
	不种植植物		56.61	104.21	169.62	211.99	269.10	162.31	
	种植植物	差异		46.47	106.64	144.36	189.21	121.67	5.925**
	不种植植物			47.60	113.01	155.38	212.49	132.12	
腐殖酸	种植植物	实测值	56.80	90.25	110.12	140.48	169.59	113.45	
	不种植植物		58.70	89.96	112.63	146.89	174.10	116.46	
	种植植物	差异		33.45	53.32	83.68	112.79	70.81	6.072**
	不种植植物			31.26	53.93	88.19	115.40	72.20	
羊厩肥	种植植物	实测值	57.71	703.12	929.53	1201.00	1460.23	870.32	
	不种植植物		58.02	702.44	938.24	1208.65	1459.11	873.29	
	种植植物	差异		645.41	871.82	1143.29	1402.52	1015.76	9.468**
	不种植植物			644.42	880.22	1150.63	1401.09	1019.09	

注：$t_{0.01}$（7）=3.499；$t_{0.05}$（7）=2.365；**表示 $P<0.01$

腐殖酸作为添加物料时，在种植植物和不种植植物的实验中 5 个处理的平均速效钾含量分别为 113.45mg/kg 和 116.46mg/kg，种植植物比不种植植物减少了 3.01mg/kg，但是差异不明显（表 4.4）；与不添加腐殖酸的对照相比，种植植物与不种植植物两种情况下，分别平均提高了 70.81mg/kg 和 72.20mg/kg，随着添加量的增加，速效钾的含量表现为显著提高，总体上，腐殖酸的添加极显著地提高了栽培基质的速效钾含量。

添加羊厩肥后种植植物比不种植植物的速效钾含量减少了 2.97mg/kg，与对照相比，种植与不种植两种情况下，分别平均提高了 1015.76mg/kg 和 1019.09mg/kg，

且随着添加量的增加，速效钾的含量也显著提高，总体上，羊厩肥的添加同样极显著地提高了栽培基质的速效钾含量。

对比 3 种添加物料，对于提高栽培基质速效钾含量的作用，羊厩肥＞腐殖酸＞污泥，而且 3 种物料的添加均极显著地提高了栽培基质中的速效钾含量，因此污泥、腐殖酸、羊厩肥不仅可以提供植物生长所需的钾源，还可以明显增加土壤速效钾含量。

第二节　露天矿土壤保水技术

随着露天开采的不断进行，矿区复垦也面临着许多问题，为了改善神东矿区的生态环境，提高植被覆盖率，探索适合矿区的保水技术，对以后大面积造林、加速植被恢复与重建有重要意义。国内研究表明，保水剂施用得当可促进植物根系发育，提高出苗率和移栽成活率，促进植株生长发育，延缓凋萎时间。唐自力等（2012）对几种保水剂在沙漠梭梭造林中所表现的吸水倍率进行了测试，保水剂可显著提高 20～30cm 土层的土壤含水量和沙漠梭梭造林成活率。赵青华和胡焕平（2005）认为杂草覆盖能够使植物根系处于适宜生长的状态，促进根系的生长发育，同时能够保持土壤水分，减少地面蒸发。对神东矿区露天开采区复垦土壤施用污泥、腐殖酸和羊厩肥，试验方法同本章第一节，对比不同基质的保水性能。

一、不同添加物料对栽培基质保水性能的影响

1. 污泥对栽培基质保水性能的影响

矿区复垦土壤添加污泥培养 30d 后，停止浇水以后的 7d 时间内，种植植物实验中各处理的基质含水量每天都明显减少（图 4.5），一方面是水分蒸发所致，另一方面植物仍然在吸收水分；污泥添加量越多，则栽培基质的保水能力越强，但是这种差异随着时间的推移趋势不断缩小。这主要是由于施用污泥能够改良土壤物理性质，降低土壤容重，增加土壤团粒结构和孔隙率等。前人也在大田试验研究中得出了施用污泥和污泥堆肥能显著提高土壤含水量和田间持水量（Navas and Bermudez，1998）。因此，采用污泥堆肥作为基质材料能提高栽培基质的保水性能，能够增强植物的抗旱能力。因此在植被恢复过程中，在将文冠果应用于矿区复垦地作为优良品种推广时，基质中添加污泥可以促进文冠果的生长，最主要的是在干旱半干旱矿区的植被恢复过程中，最大的一个难题就是水分的补给跟不上，所以采用添加污泥来提高栽培基质的保水性能，进而提高文冠果的成活率，是比较可行的办法之一。

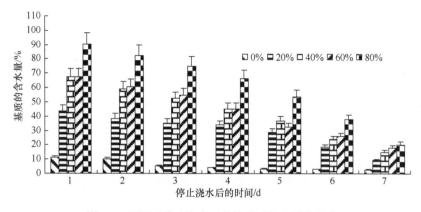

图 4.5 污泥对停止浇水后栽培基质持水量的影响

Fig. 4.5 Effects of moisture of substrate made from sewage sludge after stopping irrigation

2. 腐殖酸肥料对栽培基质保水性能的影响

腐殖酸作为添加物料在停止浇水以后的 7d 时间内，随着植物的不断生长及地表水分的不断蒸发，种植植物的实验中各处理的基质含水量每天都明显减少（图4.6）；栽培基质的保水能力随腐殖酸添加量的改变而改变，总体上，腐殖酸添加比例越大，基质的保水能力越强，但是这种差异随着时间的推移趋势不断缩小，当水分减少到几乎不能维持植物正常生长时，甚至有时会出现反常现象，但总体上依然是基质保水能力随腐殖酸的增加而增强。在矿区复垦实践中正是想利用腐殖酸的这种保水能力来提高植物（文冠果）的成活率和加快育苗进程。基质保水能力增强是由于腐殖酸具有多种活性官能团和较大的表面积，施用基质后能够改良土壤物理性质，增加土壤团粒结构的稳定性。因此，采用腐殖酸作为栽培基质材料同样能提高栽培基质的保水性能，有利于提高植物的抗旱能力。

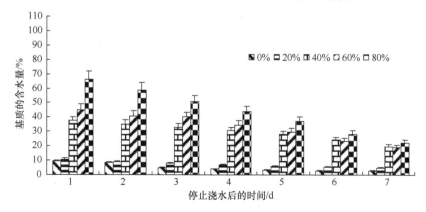

图 4.6 腐殖酸对停止浇水后栽培基质持水量的影响

Fig. 4.6 Effects of moisture of substrate made from humic acid after stopping irrigation

3. 羊厩肥对栽培基质保水性能的影响

矿区复垦土壤添加羊厩肥后，随着地面水分的蒸发及植物根系的不断吸水，各处理的基质含水量都明显减少，而且羊厩肥添加的量不同，基质的保水性能也不同，总体趋势是栽培基质的保水性能随羊厩肥添加量的增加而增强，但是这种增强的趋势随着时间的推移而逐渐缩小（图 4.7）。但是同腐殖酸和污泥相比，羊厩肥的保水能力明显增强，因此栽培基质中使用羊厩肥能显著提高土壤含水量。这主要是由于施用羊厩肥能够改良土壤物理性质、降低土壤容重、增加土壤团粒结构等。因此，采用羊厩肥作为基质材料能提高栽培基质的保水性能，有利于提高植物的抗旱能力。同样会在矿区复垦的植被恢复中起到一定的作用。

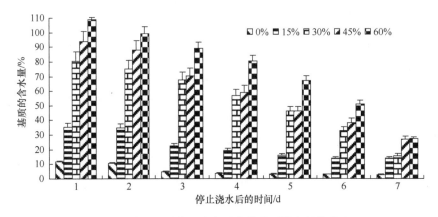

图 4.7　羊厩肥对停止浇水后栽培基质持水量的影响

Fig. 4.7　Effects of moisture of substrate made from sheep manure after stopping irrigation

污泥、腐殖酸和羊厩肥均能不同程度地提高栽培基质的保水性能，它们的作用效果依次为羊厩肥＞污泥＞腐殖酸，而且羊厩肥的作用显著地高于其他两种肥料，在停止浇水的 7d 时间内，羊厩肥栽培基质的含水量可以最高达到 108%，这可能是由于羊厩肥中的有机质含量高，不但可以增强吸附作用，而且可以促使土壤颗粒趋于细化，这既有利于微团聚体和团聚体的形成，也有助于水分和养分的吸附蓄积。而且羊厩肥在农用研究中比较多见，主要是由于羊厩肥中一般不含有毒成分，所以它不会由于食物链循环而造成污染与毒害。对于污泥，尽管国内外对污泥农用研究较多，污泥堆肥在农田上的应用也确实增产增效，但也有人认为污泥中含有一些有毒成分，由于在农田上应用参与了食物链循环，故污泥堆肥直接农用未必是一种好的土地利用途径，因此将污泥堆肥应用于园林绿地及土地复垦等非食物链循环可能是比较有前途的利用方式，但这方面国外的研究较多，我国的研究才刚刚起步。对于干旱半干旱矿区而言，选用文冠果作为矿区植被恢复的一种优选品种，一方面起到了恢复植被的作用，另一方面发挥了生物能源的作用（利用文冠果榨油）。至于腐殖酸，因为它是煤矿的副产品，而且可以发挥其最大的吸附作用来提高栽培基质的保水性能，促进植物的成活。所以，单从保水性能角度考虑，羊厩肥的保水性最好，但是对于矿区而言，腐殖酸和污泥原料比羊厩肥成本低一些，从经济上分析，污泥和腐殖酸也是比较可行的办法。因此，可以充分利用污泥和腐殖酸的特性，加强矿区土壤的复垦工作，使土壤肥力得以提高。

二、污泥、腐殖酸及羊厩肥对植物凋萎时间的影响

1. 污泥对植物凋萎时间的影响

栽培基质中添加 20%～80% 的污泥可以使植物出现凋萎的时间由 100h 延长到 169～256h（图 4.8），说明添加污泥可以延长植物的凋萎时间。经过多次研究结果表明，污泥的添加比例为 60% 左右时，植物的抗旱性能最强，也进一步说明并不是污泥的用量越多抗旱能力就越强。与不添加污泥的对照相比，其余 4 个添加污泥处理使植物发生凋萎的时间延长了 3～7d。污泥添加量与植物出现凋萎的时间之间符合抛物线方程 $y= -0.0389x^2+4.7002x+97.045$。把该方程求一阶导数（关于 x）并令其等于零，则可以计算出，当污泥的添加量为 60.4% 时，其最大值为 239h。即当污泥的添加比例最合适时，最多可以连续 10d 时间不浇水也能保证植物（文冠果）不会因干旱而死亡。因此污泥作为基质具有明显的抗旱效果。如果在园林和农业生产中采用污泥作为栽培基质，则可以大量减少浇水方面的人工成本；如果用于矿区复垦地，尤其是比较干旱的地区，则可以大大减少浇水的费用，另外也可以避免因大面积栽培时由于不能及时浇水而造成的苗木死亡或延长缓苗时间，进而延缓了植被恢复的进程。

植物发生凋萎时栽培基质的含水量称为萎蔫点，添加污泥对萎蔫点的影响也比较大（图 4.9），随着污泥添加量的增大，植物凋萎时的栽培基质含水量呈现不断升高的趋势，不论是种植植物还是不种植植物，不添加污泥的对照处理二者的萎蔫点都非常接近，分别为 3.89% 和 5.01%，而当污泥施用量为 80% 时，其相应的萎蔫点分别升高了 5 倍和 6 倍。体现出了污泥能够显著增加土壤的保水能力，提高土壤持水量，同时也提高栽培基质的萎蔫点。因此，在相同含水量的条件下，植物从污泥（栽培基质）中吸收水分的能力比从土壤基质中吸收水分相对要困难一些，尤其是不种植植物时这种影响更加明显。国外也曾有人发现，施用污泥显著提高植物的萎蔫点（Pinamonti, 1998）。由此可以推定，用污泥作为栽培基质能够提高植物的抗旱能力，主要是减少基质中的水分蒸发的缘故。

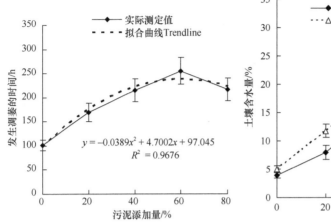

图 4.8　污泥添加量对植物抗旱能力的影响　　　　图 4.9　污泥添加量对萎蔫点的影响

Fig. 4.8　Effect of sewage sludge to drought resistant ability of plant

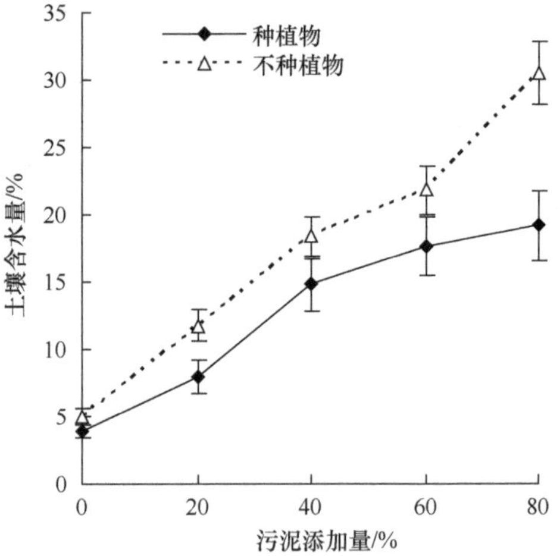

Fig. 4.9　Effect of sewage sludge on wilting point of *Xanthoceras sorbifolia* Bunge

2. 腐殖酸肥料对植物凋萎时间的影响

不同腐殖酸的添加量对应的植物发生凋萎的时间也不同（图 4.10），和复垦的土壤相比（不添加腐殖酸），添加 20%～80% 的腐殖酸可以使出现凋萎的时间由 106h 延长到 164～240h，说明添加腐殖酸可以延长植物的凋萎时间，与不添加腐殖酸相比，其余不同添加比例的腐殖酸可以使植物发生凋萎的时间延长 2～5d。对比不同添加比例，污泥的添加比例为 60%～80% 时，植物的抗旱性能最强，即植物发生凋萎的时间最长，但是并不是污泥的用量越多抗旱能力就越强。腐殖酸添加量与植物出现凋萎的时间之间符合抛物线方程 $y = -0.0273x^2 + 3.7481x + 103.23$。由方程则可以计算出，当腐殖酸的添加量为 68.6% 时，其最大值为 232h。即当腐殖酸的添加比例最合适时，最多可以连续 9～10d 不浇水也能保证文冠果不会因干旱而死亡。因此腐殖酸作为栽培基质具有明显的抗旱效果。同样将其应用于农业生产中或者矿区复垦地，可以大量减少浇水方面的人力和财力，也可以大大促进植物和苗木的成活及加快生长速度，缩短植被被恢复的进程。

矿区复垦植被（文冠果）发生凋萎时栽培基质的含水量随着腐殖酸添加比例的不同而有所变化（图 4.11）。随着腐殖酸添加量的增大，文冠果凋萎时的栽培基质含水量呈现不断升高的趋势，在种植植物和不种植植物的试验中，不添加腐殖酸处理的萎蔫点都非常接近，分别为 3.75% 和 4.83%，而当腐殖酸施用量为 80% 时，则其相应的萎蔫点分别升高 4.5 倍和 5.5 倍。可见，腐殖酸能够显著增加土壤的保水能力，同时也提高栽培基质的萎蔫点，同样说明在相同含水量的条件下，文冠果从腐殖酸中吸收水分的能力也比从土壤基质中吸收水分相对要困难一些，尤其是腐殖酸含量高时不种植植物的情况下更明显。所以，用腐殖酸作为栽培基质能够提高植物的抗旱能力。

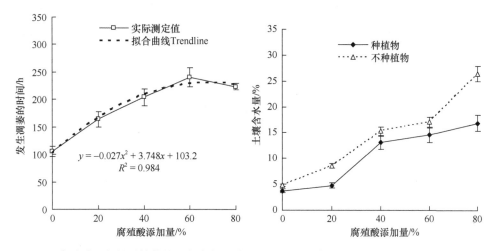

图 4.10　腐殖酸添加量对植物抗旱能力的影响
Fig. 4.10　Effect of humic acid to drought resistant Wilting ability of plant

图 4.11　腐殖酸添加量对萎蔫点的影响
Fig. 4.11　Effect of humic acid on point of *Xanthoceras sorbifolia* Bunge

3. 羊厩肥对植物凋萎时间的影响

复垦土壤基质中添加羊厩肥时植物抗旱能力的变化也比较大（图 4.12），与复垦土壤（不添加羊厩肥）相比，添加 15%～60%的羊厩肥可以使文冠果出现凋萎的时间由 104h 延长到 173～266h，说明添加羊厩肥可以延长植物的凋萎时间，而且添加量越大，凋萎的时间越长。当羊厩肥的添加比例为 45%～60%时，植物的抗旱性能最强，但是并不是羊厩肥的用量越多抗旱能力就越强。与不添加羊厩肥的对照处理相比，其余 4 个处理分别使植物发生凋萎的时间延长 4～7d。根据曲线拟合的结果，羊厩肥添加量与植物出现凋萎的时间之间符合抛物线方程 $y=-0.0679x^2+6.8273x+99.087$。由方程可以计算出，当羊厩肥的添加量为 50.3%时，其最大值为 270h，即当羊厩肥的添加比例最合适时，最多可以连续 11d 时间不浇水也能保证植物（文冠果）不会因干旱而死亡。因此用羊厩肥作为栽培基质也具有明显的抗旱效果。

进一步分析萎蔫点的变化，添加羊厩肥对萎蔫点的影响（图 4.13）与添加的相对量有关，随着羊厩肥添加量的增大，植物凋萎时的栽培基质含水量呈现不断升高的趋势，在种植植物和不种植植物的实验中，纯的复垦土壤的萎蔫点都非常接近，分别为 3.79% 和 4.98%，而当羊厩肥施用量最大时，则其相应的萎蔫点分别为 21.1% 和 33.0%，分别提高到 5.5 倍和 6.6 倍。可见，羊厩肥同样能够显著增加土壤的保水能力，提高土壤持水量，同时也能提高栽培基质的萎蔫点。因此，在相同含水量的条件下，植物从羊厩肥（栽培基质）中吸收水分的能力比从土壤基质中吸收水分相对要困难一些，所以，在矿区植被恢复中完全可以利用羊厩肥作为栽培基质来提高植物的抗旱能力，从而增加矿区复垦进度。

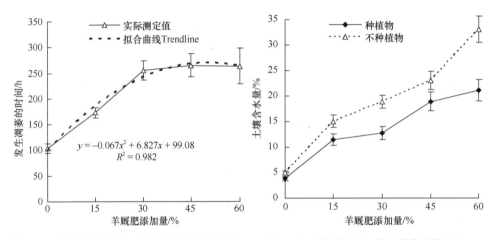

图 4.12　羊厩肥添加量对植物抗旱能力的影响
Fig. 4.12　Effect of sheep manure to drought
resistant ability of plant

图 4.13　羊厩肥添加量对萎蔫点的影响
Fig. 4.13　Effect of sheep manure on wilting
point of *Xanthoceras sorbifolia* Bunge

对比污泥、腐殖酸和羊厩肥对矿区复垦植物抗旱能力的影响（表 4.5），总体上，从平均凋萎时间可以看出，羊厩肥＞污泥＞腐殖酸，平均凋萎时间分别为 210h、192h 及 188h，但是，三者之间的差异均未达到显著水平。但是就某一种添加物质而言，均能提高植物的抗旱能力，并且能够提高栽培基质的萎蔫点，污泥、腐殖酸、羊厩肥的最适添加比例分别为 60.4%、68.6% 及 50.3%，说明当三者的添加比例合适时，最多可以维持 9～11d 不浇水而植物生长正常，这对于矿区复垦中，林木育苗及移植中提高苗木的成活率具有现实的意义。露天开采后的复垦工作最突出的特点就是土壤结构被打破，土层被破坏，土壤肥力下降，漏水漏肥，不利于植物生长，因此针对复垦区的土壤特性，选择合适的栽培基质进行添加，可以增强植物的抗旱性能，提高成活率，尤其是对于干旱半干旱矿区植被恢复作用更加明显，而且完全可以利用矿区自有的资源，使其变废为宝，促进矿区生态环境的改善。

表 4.5　不同类型肥料对文冠果抗旱能力的差异比较（*n*=5）

Tab. 4.5　Contrast of different material on drought resistant ability of *Xanthoceras sorbifolia* Bunge

类型	发生凋萎时间/h					
	0%	20（15）%	40（30）%	60（45）%	80（60）%	平均值
污泥	101	169	215	256	217	192a
腐殖酸	106	164	204	240	224	188a
羊厩肥	104	173	255	266	254	210a

注：表中"a"表示差异不显著

参 考 文 献

陈同斌, 高定, 李新波. 2002. 城市污泥堆肥对栽培基质保水能力和有效养分的影响. 生态学报, 22(6): 802-807

陈玉玲. 2000. 腐植酸对植物生理活动的影响. 植物学通报, 17(1): 64-72

莫测辉, 蔡全英, 王江海, 等. 2001. 城市污泥在矿山废弃地复垦的应用探讨. 生态学杂志, 20(2): 44-47

潘明辉, 兰湛, 周梅英. 2000. 腐殖酸及其系列产品在造林中的应用. 林业科技, 25(4): 1-3

孙永明, 郭衡焕, 孙辉明, 等. 2008. 城市污泥在矿区废弃地复垦中应用的可行性研究. 环境科学与技术, 31(6): 22-25

唐自力, 周朝彬, 李慧强. 2012. 准噶尔盆地沙漠梭梭造林中保水剂应用技术研究. 水土保持通报, 32(6): 107-109

薛澄泽, 马芸, 张增强, 等. 1997. 污泥制作堆肥及复合有机肥料的研究. 农业环境保护, 16(1): 11-15, 31

杨子江. 2004. 城市污泥的综合利用研究. 再生资源研究, 1: 32-36

张学才, 张德祥. 2000. 我国的腐植酸资源及其工农业应用. 中国煤炭, 26(12): 13-15

赵青华, 胡焕平. 2005. 保水剂对冬枣栽植成活率及生长的影响. 落叶果树, (6): 63

郑平. 1991. 煤炭腐殖酸的生产和应用. 北京: 化学工业出版社

Navas A, Bermudez F. 1998. Machin J. Influence of sewage sludge application on physical and chemical properties of Gyp sois. Geoderma, 87(1/2): 123-135

Pinamonti F. 1998. Compost mulch effects on soil fertility, nutritional status and performance of grapevine. Nutrient Cycling in Agroecosystems, 51(3): 239-248

Zhang T H. 1993. The feasibility of sewage sludge used for city garden. Journal of Environment (in Chinese), (1): 44-46

第五章　复垦区土壤环境与质量特征

煤矿矿区是以矿山生产作业区为核心的小区域，它不同于流域规划的范围及按地貌界、行政区界划定的区域规划范围。这个范围是根据征地范围、施工开挖、弃渣堆垫地貌部位、弃渣堆垫方式而确定的，可能是集中连片，也可能是零散分布（白中科等，2000）。煤矿区土壤是指以采矿业等产生的固体废弃岩土作为母质，经人工整理、改良，促使其风化、熟化而成的一类土壤。煤矿区土壤环境问题包括矿区生态破坏和矿区环境污染。矿区生态破坏主要是由于采矿等人为活动对矿区生态环境造成的影响和破坏。主要体现在农业用地的挖损、沉陷、压占、占用，主要表现形式为水土流失、风蚀沙化、盐碱化、渍涝潜育、干旱、障碍层次、瘠薄缺素等。煤矿区土壤污染主要是由于矿产资源开采、加工、利用过程中，输入矿区土壤环境污染物的速度和量超过了土壤环境对该物质的承载和容纳能力，使土壤原有的功能发生变化。煤矿区土壤污染是典型的土壤环境问题。经常由矿区生态破坏引发矿区土壤污染，因此，在煤矿区污染土壤修复对策中应注重绿色开采、排土工艺、水土流失控制等生态修复对策，将矿区土壤污染控制在最小范围和最低程度。

土壤质量特征包括土壤内在的属性、土壤结构的好坏、土壤肥力和生物学指标含量的高低及它们之间的关联程度和分异规律。土壤具有不同的功能，因而具有不同的土壤质量特征。Warkentin（1995）认为土壤功能是评价土壤质量的基础，并将土壤功能概括为 6 个方面。Doran 和 Parpin（1994）将土壤的主要功能概括为生产力、环境质量和动植物健康 3 个方面。土壤质量特征的诊断就是通过描述性"软"指标（不能量化且较模糊）和分析性"硬"指标（可量化）的内在属性和外在性质来体现的。定性指标包括颜色、紧实度、耕性、侵蚀状况等；定量指标主要包括土壤的物理、化学和生物学指标。影响土壤质量特征的因素主要有气候因素、土地利用与管理方式、植被及农用化学物质等。

煤矿区土壤受到破坏后，必须通过详细的调查测试，探讨土壤退化的原因、类型、过程、阶段和程度，尤其和原地貌土壤退化有什么不同。在矿区地形地貌、地层结构剧烈扰动、土壤质量极度退化的状态下，要重构一个高质量的土壤，就必须对复垦土壤的母质来源进行详细的诊断，特别是对环境和植物有影响的汞、铬、镉、铅、砷、铜等污染元素，氮、磷、钾、硼、铁、钼等营养元素进行分析；对某些污染严重的土壤要采取生物修复等措施。当复垦土壤来源背景值清楚后，要对废弃土地的资源再利用目标做出规划设计，结合复垦的目标（优质耕地、林地、牧地等），采取相应的技术经济措施，重新进行土壤剖面重构、人为加速风化熟化、土壤培肥等。

矿区土壤环境问题研究以采矿破坏的矿山土调查为主。土壤环境问题调查研究中，围绕矿区土壤质量的演变和土地复垦规划和修复对策的要求进行调查。为便于调查研究，根据采矿发展次序，分采矿前原土壤环境调查研究，采矿后土壤环境调查研究。

采矿前原土壤调查研究可以当地的地形图、土壤图、土地利用现状图等为基础，综合加以实地调查，汇总而成，以满足规划、设计的要求。一般矿区土壤的调查指标与农业用地指标相同。由于露天矿对土壤的扰动较大，开采前对土壤和上覆岩层的分析是许多国家土地复垦有关法规中明确要求的，其目的是在开采与复垦前进行复垦的可行性研究，以便制定合适的开采与复垦计划。

采矿后的土壤调查研究是对开采后的新造地或复垦土壤的调查研究，是为了确定植物生长的介质特性及土壤生产力，以便于制定有效的土壤改良和植被恢复技术方案。

第一节　复垦区土壤结构特征

土壤是由大小、形状不同的固体组分和孔隙以一定形式连结所形成的多孔介质，固体组分的大小、数量、形状及其结合方式决定着土壤的质地与结构，进而影响土壤的水分与理化性质（Tyler and Wheatcrafu，1989；杨培岭等，1993）。土壤粒径、颗粒体积、孔隙大小等土壤结构参量具有一定的相似特征（Tyler and Wheatcrafu，1992；Castrignano and Stelluti，1999），目前，利用分形理论定量描述土壤结构特征的研究多见于农业方面，但涉及采煤区土壤的研究较少。不同的采煤区复垦措施对土壤结构和土壤水文性质的改善功能存在明显差异。

一、土壤机械组成

土壤机械组成（土壤质地）是指土壤中矿物颗粒的大小及组成比例。它反映了土壤的砂黏程度，是土壤最基本的性质。它直接影响着土壤理化性质和生物学特性，与植物生长所需的环境条件及养分供给关系十分密切（魏义长等，2003）。由于颗粒组成在剖面中的垂直分异及其在土体中的含量不同，从一定意义上说，土壤的形成就是黏粒的形成和颗粒组成的变化。土壤机械组成直接关系到土壤保肥、供肥性能，并与土壤通气、持水、水分入渗、热量状况和土壤耕作性能等均有紧密的联系，同时，不同植物对土壤质地的适应性也不尽相同。

1. 机械组成的总体特征

　　粒径累积曲线可以直接反映各粒径颗粒的含量大小及其不同复垦类型土壤颗粒组成的差异。曲线的陡度或者斜率越大说明颗粒含量越多。图 5.1 表示的是复垦区土壤粒径分布累积曲线，可以看出，不论是对照的原状土壤还是复垦土壤，颗粒组成均表现为细砂粒（0.05～0.25mm）含量最多（40%左右），黏粒含量（<0.005mm）最少（5%左右），其中几乎不含细黏粒（<0.001mm）。当粒径大于 0.05mm 时，复垦土壤曲线的陡度小于原状土壤，说明了复垦土壤中砂粒含量小于原状土壤，黏粒含量则大于原状土壤，尤其是 20～40cm 层次，差异更明显，这一方面揭示出土壤颗粒组成的主要差异源自区域本身的差异，另一方面也说明了复垦土壤在复垦过程中的发育程度差异比较明显。整体上，复垦土壤的累积百分数明显高于原状土壤，揭示了复垦土壤 0～40cm 土壤质地相对原状土壤要细一些。

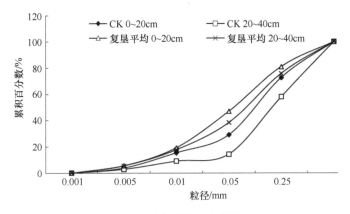

图 5.1　粒径分布累积曲线

Fig. 5.1　Cumulative curve of particle size distribution

　　从平均值与标准误上可以间接反映出土壤颗粒组成对人为因子与复垦管理的响应，从表 5.1 中各粒级的含量上可以看出，黏粒含量变异相对较小，而砂粒特别是粗砂粒变化最大，说明不同植被覆盖下的样点在颗粒组成上黏粒含量变化比较稳定，而砂粒含量变异较大。从剖面统计均值可以看出，研究区颗粒组成的总体特征为：原状土壤砂粒（78.31%）＞粉粒（18.38%）＞黏粒（3.31%）；复垦土壤同样是砂粒（57.34%）＞粉粒（37.16%）＞黏粒（5.51%）。不同粒级的含量排序显示出，复垦土壤和原状土壤均是砂粒含量最多，只是复垦土壤中黏粒含量高于原状土壤，体现出相对原状土壤质地较细，但差异不是很明显，还需要进一步复垦，也进一步说明了复垦工作的继续进行。

表 5.1 研究区土壤机械组成的变化（%）
Tab. 5.1 The changes of soil mechanical composition in study areas（%）

类型	深度/mm	黏粒 （<0.005mm）	细粉粒 （0.005~0.01mm）	粗粉粒 （0.01~0.05mm）
CK	0~20	3.81±1.23bcdefg	11.56±2.19abcde	13.67±1.91efghij
	20~40	2.82±0.99cdefg	6.19±2.02bcdef	5.33±2.33hij
油松	0~20	9.06±2.32a	19.51±2.10a	28.63±5.35cdefg
	20~40	6.34±1.82abcde	14.96±3.97abc	19.02±5.78defghij
油蒿	0~20	7.76±1.51abc	20.59±3.96a	33.59±6.16abcde
	20~40	7.45±1.41abcd	17.91±4.05a	30.52±9.00bcdef
苜蓿	0~20	5.93±2.38abcdef	12.95±4.14abcde	20.23±8.28defghij
	20~40	2.71±2.01defg	4.42±1.85def	4.35±1.98ij
杨树	0~20	6.06±1.78abcde	13.56±3.89abcd	25.50±10.24cdefghi
	20~40	7.51±1.37abcd	13.36±1.69abcd	16.58±3.17efghij
桧柏	0~20	7.11±0.83abcd	20.13±1.85a	53.88±4.32a
	20~40	8.67±1.85ab	21.80±4.10a	39.54±11.09abcd
侧柏	0~20	6.05±1.26abcde	16.24±3.26ab	51.73±12.58ab
	20~40	8.39±2.46ab	17.37±5.49a	44.15±13.85abc
草木樨 1	0~20	1.97±0.97efg	5.60±2.46cdef	7.71±3.36ghij
	20~40	1.75±1.07efg	4.66±3.26def	7.01±6.21ghij
草木樨 2	0~20	0.18±0.06g	0.82±0.63f	1.03±0.96j
	20~40	1.11±1.02fg	3.13±2.44ef	4.08±2.46ij
复垦平均	0~20	5.52±1.40abcdef	13.67±2.80abcd	27.79±6.41cdefgh
	20~40	5.49±1.63abcdef	12.20±3.36abcde	20.65±6.70defghij

类型	深度/mm	细砂粒 0.05~0.25mm	粗砂粒 0.25~1mm	质地粗化度
CK	0~20	43.62±7.34bc	27.34±4.78abcd	5.51±1.35d
	20~40	43.69±3.61bc	41.96±4.53ab	10.08±4.57cd
油松	0~20	21.85±5.46cde	20.94±3.09abcd	2.50±0.44d
	20~40	32.84±8.89bcd	26.83±8.07abcd	3.69±2.02d
油蒿	0~20	22.43±6.87cde	15.63±5.02bcd	2.52±0.94d
	20~40	29.11±10.65bcde	15.01±4.98bcd	2.94±1.21d
苜蓿	0~20	35.22±11.31bcd	25.65±5.76abcd	4.29±1.46d
	20~40	45.03±7.96bc	43.49±7.63a	13.04±6.28c
杨树	0~20	25.81±8.91cde	29.06±10.98abcd	4.09±1.07d
	20~40	43.25±4.74bc	19.29±6.61abcd	3.79±0.73d
桧柏	0~20	13.00±5.13de	5.87±2.55d	2.67±0.34d
	20~40	8.09±3.05e	21.89±10.80abcd	2.28±1.58d
侧柏	0~20	8.99±2.01e	16.99±10.43abcd	3.49±1.59d
	20~40	14.05±5.52de	16.04±10.27abcd	2.88±1.94d
草木樨 1	0~20	71.40±8.33a	13.32±2.87cd	12.21±3.42cd
	20~40	51.79±8.87b	34.78±8.13abc	14.59±2.44c
草木樨 2	0~20	73.21±5.40a	24.75±5.70abcd	98.50±6.91a
	20~40	75.63±5.71a	16.05±7.77abcd	22.58±4.58b
复垦平均	0~20	33.99±6.68bcd	19.03±6.92abcd	4.21±0.72d
	20~40	37.47±7.17bc	24.18±8.53abcd	4.65±0.67d

注：CK 指原状土壤，各种植被均为复垦区植被；不同小写字母表示 $P<0.05$

2. 机械组成的剖面特性

表 5.1 的多重比较结果显示，复垦土壤和原状土壤在各自 0～40cm 剖面中各粒级颗粒含量的差异均未达到显著水平，即颗粒组成在剖面内的变异性不明显。从不同复垦植被比较可以看出，对于黏粒含量，以油松林下土壤显著高于其他植被，而以分层回填区的土壤黏粒含量显著小于其他植被；对于细粉粒，油松、油蒿、桧柏和侧柏林下含量明显高，同样是分层回填区最低；粗粉粒则主要体现出了桧柏和侧柏的优势；对于砂粒则正好相反，主要体现出了分层回填区明显高于混合回填区，这主要是由于分层回填区表层覆砂所致。

黏粒是土壤的活力中心，因为细小颗粒表面较强的电荷吸附作用有助于形成土壤团粒结构并保持其稳定性，从而形成良好的土体构造，提高生物活性，促进养分转换和水分吸持。表 5.1 显示，在 0～40cm 剖面中各对应层次中黏粒含量均表现为复垦土壤大于原状土壤，而且表层大于下层，说明复垦土壤质地好于原状土壤，但是和普通的农田土壤相比，复垦土壤中黏粒含量依然很少，充分说明了复垦的任务还很艰巨。

土壤质地的变化可以说明土壤受开采扰动影响的程度和土壤的改善程度。可以用物理性砂粒（＞0.01mm）含量与物理性黏粒（＜0.01mm）含量的比值来说明土壤质地的变化，将该比值命名为土壤质地粗化度，这个比值越大，说明颗粒组成中粗颗粒含量越多，细颗粒含量越少，即表现为土壤受扰动的影响越大，土壤质地粗化。表 5.1 中明显显示，分层回填区质地粗化度明显高于对照土壤及所有复垦土壤的平均值，另外，和对照相比，复垦土壤整体上粗化度降低了，体现出了复垦的成效，也说明了合理的复垦管理可以改善土壤质地状况，只是改善的幅度较小，二者间差异未达显著水平。

二、土壤微团聚体

土壤微团聚体是指土壤中粒径小于 0.25mm 的微结构体。它是形成土壤团粒结构和土壤肥力的物质基础（赵传燕和李林，2003）。土壤肥力水平的高低，在很大程度上取决于土壤对水、肥的保蓄与释供能力及与此有关的自动调节性能（陈恩风和周礼恺，1985），不同粒级的微团聚体是产生上述功能的物质基础，小粒级（＜0.01mm）与大粒级微团聚体（＞0.01mm）在水分和养分的保持与释供及生物化学转化强度等方面都有不同的作用和明显的差异（陈利军等，1999）。小粒级微团聚体主要是保持土壤肥力，而大粒级微团聚体主要是调节养分的供应（陈恩风等，2001）。土壤微团聚体能抵抗机械扰动，具有较好的稳定性（史奕等，2002），土壤肥力水平的高低，除取决于大、小粒级微团聚体自身的作用外，它们的组成比例也是一个重要因素，只有当大、小微团聚体的比例适当时，土壤水分与养分的吸储与供应才能得到很好的协调。微团聚体的组成和比例能比较综合地反映土壤水、肥的保供性能，可作为评价土壤肥力水平的重要指标。因此，在团粒结构水稳性较差的复垦区，测定土壤微团聚体有助于了解复垦土壤的肥力变化状况。

1. 微团聚体的组成特征

从表 5.2 中可以明显地看出，无论是对照的原状土壤还是复垦区土壤，微团聚体组成均表现为以 0.01～0.05mm 和 0.05～0.25mm 较大粒级含量为主，二者之和占到各粒级微团聚体含量的 60%～90%及以上，而<0.005mm 和 0.005～0.01mm 的小粒级微团聚体的含量随着粒级的增大而小幅度增加，二者之和仅仅占到 10%～30%，可见，在矿区复垦地，大粒级微团聚体含量高而小粒级微团聚体含量低，因为小粒级微团聚体含量的多少对形成大团聚体起着决定性的作用，说明原状土壤和矿区复垦地土壤均缺乏适合植物生长的团粒结构。

表 5.2 研究区土壤微团聚体组成（%）
Tab. 5.2 Composition of microaggregate in study areas（%）

类型	深度/cm	<0.005mm	0.005～0.01mm	0.01～0.05mm	0.05～0.25mm
CK	0～20	5.45±1.99abcd	16.29±3.66bcde	19.02±3.03cde	59.23±8.57bcdef
	20～40	4.57±1.37bcd	10.10±3.17cdef	8.64±3.12de	76.68±7.38abcde
油松	0～20	11.38±2.88a	24.50±1.76ab	35.51±5.19abc	28.61±7.38fgh
	20～40	8.59±2.33ab	20.18±4.68abc	24.61±5.88bcd	46.61±12.20efgh
油蒿	0～20	8.91±1.33ab	23.71±3.61ab	38.61±5.40abc	28.77±10.12fgh
	20～40	8.53±1.25ab	20.49±4.05abc	34.32±9.31bc	36.66±14.54fgh
苜蓿	0～20	7.69±2.95abc	16.79±4.93bcde	25.50±9.68bcd	50.02±16.40defg
	20～40	4.26±2.74bcd	8.02±3.34def	8.35±4.34de	79.37±9.63abcd
杨树	0～20	7.53±2.06abc	17.55±2.64bcd	30.93±9.19bc	43.98±12.14fgh
	20～40	9.27±1.63ab	16.55±1.53bcde	20.11±2.70cde	54.08±5.18cdefg
桧柏	0～20	7.51±0.72abc	21.36±1.72abc	57.07±3.69a	14.07±5.56h
	20～40	11.09±0.90a	28.39±1.48a	45.57±7.74ab	14.95±6.53h
侧柏	0～20	8.19±1.55abc	20.83±2.67abc	56.11±9.21a	14.86±5.72h
	20～40	9.75±2.72ab	19.15±6.43abc	46.34±13.55ab	24.75±17.69gh
草木樨1	0～20	2.34±1.14cd	6.67±2.89def	9.08±3.93de	81.91±7.88abcd
	20～40	2.24±1.30cd	5.96±4.00ef	8.71±7.58de	83.09±12.76abc
草木樨2	0～20	0.22±0.19d	1.01±0.89f	1.27±1.17e	97.51±2.26a
	20～40	1.12±1.03d	3.19±2.48f	4.17±2.50de	91.51±5.68ab

注：CK 指原状土壤，各种植被均为复垦区植被；不同小写字母表示 $P<0.05$

从复垦区不同植被下土壤微团聚体组成的对比中可以看出，不同植被下土壤的表层与下层土壤微团聚体含量均表现为差异不显著，整体上，以油松、油蒿及桧柏和侧柏林下小粒级微团聚体含量较高，而以分层回填区土壤的大粒级微团聚体含量较高，这主要是因为分层回填区表层覆砂所致。方差分析结果表明，只有桧柏林下土壤小粒级含量显著高于对照，而大粒级含量则显著小于对照，分层回填区土壤则正好相反，说明桧柏地比较具备形成团聚体的条件，改善了 0～40cm 土壤微团聚体的粒级分布；而分层回填土壤则暂时还不具备形成团聚体的条件，一方面分层回填区复垦时间较短，另一方面分层回填的表层覆盖土来源变异较大。

图 5.2 表示的是对照的原状土壤与复垦区平均的土壤微团聚体分布特征，可以看出，复垦区＜0.01mm 的小粒级微团聚体含量比对照高出 3.98%，说明复垦土壤在形成较大团聚体的能力优于原状土壤，体现出了复垦的成效。整体上，复垦土壤与原状土壤随着土壤粒级的增大均表现为相应粒级含量升高的趋势，尤以＞0.05mm的粒级含量最大。可见，复垦虽然已经显现成效，但是离复垦的最终目标——农田土壤还有很大差距，仍需继续采取相应措施进行复垦。

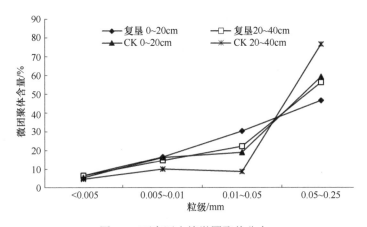

图 5.2　研究区土壤微团聚体分布

Fig. 5.2　Distributions on soil microaggregate in study areas

2. 微团聚体的分布及其稳定性

土壤肥力水平的高低，一定程度上取决于大、小粒级微团聚体的比例，比例适当时，土壤水分与养分的吸储与供应就能得到很好的协调，对土壤肥力实质的系统研究表明，不同粒级的微团聚体在营养元素的保持、供应及转化能力等方面发挥着不同的作用。土壤微团聚体及其适宜的组合是土壤肥力的物质基础，在对大小粒级土壤微团聚体的组成比例与土壤肥力的关系进行研究时发现，"特征微团聚体"（＜0.01mm 和＞0.01mm 的微团聚体）的组成比例能比较综合地反映土壤对于水、肥的保供性能，可作为评断土壤肥力水平的有用指标。所以可以通过对比特征微团聚体比例来衡量土壤肥力水平的高低，特征微团聚体比例是指＞0.01mm微团聚体含量与＜0.01mm微团聚体含量的比值，它能较好地体现微团聚体组成特点及其剖面分布规律。

从表5.3中可以看出，在0～40cm剖面内，对照土壤表现为下层特征微团聚体比例大于表层，说明下层大粒级微团聚体含量较高，但差异不显著。复垦区整体上也表现为下层大于表层，同样差异不显著，但是不同植被下变化较大，油松、油蒿、侧柏及草木樨2均表现为下层大于表层，而其他植被则表现为表层大于下层，说明苜蓿、杨树、桧柏及草木樨1土壤沿剖面向下，较大粒级微团聚体含量减少而较小粒级微团聚体含量增加，也揭示出合理的复垦措施有助于形成较大粒级的微团聚体，从而进一步形成团粒结构，增加土壤的通透性，改善了土壤表层的生境结构，有利于植物生长。方差分析结果表明，桧柏林土壤表层特征微团聚体比例显著低于草木樨土壤及苜蓿土壤，其他土壤对应层次间差异不显著。整个复垦平均表层与下层特征微团聚体比例分别比对照低1.11和4.53，但是差异不显著，体现出了复垦的成效。

表5.3　特征微团聚体比例的分布
Tab. 5.3　**Distributions on characteristic microaggregate ratio**

深度/cm	CK	油松	油蒿	苜蓿	杨树
0～20	4.50±0.90de	1.91±0.30e	2.39±0.57e	14.44±1.31abcd	3.57±0.93de
20～40	8.36±2.26bcde	3.65±1.34de	3.02±0.80e	11.84±4.05abcde	3.06±0.42e
平均	6.43±1.58	2.78±0.82	2.71±0.68	13.14±2.68	3.32±0.67
深度/cm	桧柏	侧柏	草木樨1	草木樨2	复垦平均
0～20	2.56±0.29e	2.84±0.71e	15.53±5.68abc	17.69±0.88ab	3.39±0.26e
20～40	1.57±0.15e	6.38±3.85cde	7.18±1.25bcde	20.03±4.59a	3.83±0.40de
平均	2.06±0.22	4.61±2.28	11.36±3.46	18.86±2.73	3.61±0.33

注：CK指原状土壤，各种植被均为复垦区植被；不同小写字母表示 $P < 0.05$

第二节　复垦区土壤养分特征

采煤区复垦土壤植被恢复的基础，起着支持和固定植物生长的作用，一切植被生长发育所需的水、肥、气、热等生态要素，都是通过土壤提供的。而土壤中养分含量的多少，制约着植被的生长量和采煤区的土壤生产力水平。在土体剖面上的物质交换导致了从表层到母岩层各土层间土壤理化及生物学性质的显著差异。土壤层次间物质交换的研究是土壤发生学和分类学的基础，研究土壤养分元素在剖面上的垂直分布，可为了解土壤形成过程中的成土因素，如地形，气候，植被类型，营养元素的输入、输出和循环过程，以及土地利用变化等提供基础资料。地形影响土壤理化性质，不同的坡位和坡度，由于接收太阳热量的情况不同，形成了阳性土和阴性土。地形的影响可以通过绝对海拔的变化表现出来，由于海拔的不同，气候特征、林分类型、土壤类型随之改变，导致土壤理化性质产生差异。采煤区土壤也会受到海拔的影响，但最主要的是采煤区土壤由于受到煤矿开采的影响，土壤肥力低下，结构受到破坏，打破了原有的水肥气热系统，在后续的复垦过程中，通过采取不同的复垦措施来改变土壤肥力性状。

土壤化学性质包括有机质、氮、磷、钾等土壤肥力因子，阳离子交换量、pH、盐分含量（电导率）等是影响土壤肥力的重要因素，综合起来可以反映土壤化学质量的高低。各种土壤养分在土壤中的存在形式及其含量直接影响地上作物的生长及动物和人类的健康。土壤氮不仅是植物的养分源，同时还会造成水体和大气的污染，进而影响土壤肥力和土壤环境质量，阳离子交换量是限制土壤化学物质存在状态的阈值，pH是限制土壤生物和化学活性的阈值，电导率是限制植物和微生物活性的阈值（许明祥，2003）。在露天开采的过程中，不论是混合回填还是分层回填都会引起土壤肥力因素及其影响因素的变化，在复垦过程中，回填土壤的肥力因素由于受到地上植被及环境的改变而不断地发生变化，这些变化在很大程度上能够指示土壤质量的变化。

一、土壤水分

土壤水分含量既影响植物根系的生长，同时也影响土壤养分向根部的迁移，决定根系的发展方向和纵向范围，从而影响土壤养分的有效性。土壤水分状况和动态受气候、植被、土壤性状及人为活动的影响。研究区测定水分是在 5 月，采样时均未降雨，研究区比较干旱，林木耗水相对较少，土壤本身的现实含水率是土壤持水性能的综合反映，因此，测定土壤现实含水率在一定程度上可反映水分现状。

从表 5.4 的数据可以看出，在采样深度范围内，原状土壤和复垦土壤含水量的变化趋势相同，均表现为表层含水量低于下层，表层与大气环境接触，水分受温度、地表风速等影响而交换活跃，蒸散较快，而且从表层 0～20cm 到下层 20～40cm 含水量增加的幅度较大，说明了表层是植物耗水最活跃的层次，故含水量在表层最低，而且不同植被下的复垦土壤及原状土壤表层与下层含水量差异均达到了 $P<0.05$ 级的显著水平。从变异系数可以看出，整个研究区土壤含水量的变幅较大，在 3.09%～18.64%，不同植被间表现不一，其中，以分层回填区的草木樨地含水量较高，显著高于对照和侧柏、杨树、苜蓿地的含水量。复垦地不同植被的平均含水量表层与下层分别为 1.51% 和 2.89%，分别比对照高出 0.37% 和 0.30%，差异显

著。说明了在矿区复垦地，合理的分布植被可以提高土壤的含水量，这对于改善复垦区土壤质量有一定意义。

表 5.4 研究区土壤含水量分布

Tab. 5.4 The distribution on soil water content in study areas

类型	深度/cm	均值/%	最小值/%	最大值/%	CV/%
CK	0～20	1.14±0.21 l	0.89	1.46	18.64
	20～40	2.59±0.33f	2.21	2.97	12.60
油松	0～20	1.07±0.15 l	0.89	1.28	13.78
	20～40	2.71±0.19ef	2.45	2.91	7.16
油蒿	0～20	1.56±0.19hij	1.31	1.82	12.31
	20～40	3.03±0.10bc	2.89	3.15	3.23
苜蓿	0～20	1.76±0.15h	1.56	1.90	8.38
	20～40	2.77±0.17def	2.54	2.98	6.13
杨树	0～20	1.57±0.25hij	1.21	1.81	15.75
	20～40	2.37±0.17g	2.13	2.56	7.03
桧柏	0～20	1.75±0.16h	1.59	1.98	9.55
	20～40	2.94±0.12bcd	2.79	3.12	4.15
侧柏	0～20	1.72±0.13hi	1.54	1.87	7.48
	20～40	2.89±0.20cde	2.58	3.12	6.94
草木樨 1	0～20	1.37±0.19jk	1.08	1.54	13.98
	20～40	3.15±0.12ab	3.01	3.28	3.09
草木樨 2	0～20	1.27±0.17kl	1.02	1.48	13.05
	20～40	3.25±0.25a	2.97	3.56	7.56
复垦平均	0～20	1.51±0.14ij	1.32	1.69	9.18
	20～40	2.89±0.06cde	2.82	2.98	2.07

注：CK 指原状土壤，各种植被均为复垦区植被；不同小写字母表示 $P < 0.05$；CV 即变异系数

二、土壤容重

容重是土壤重要物理性质，其大小是衡量土壤紧实度和土壤肥力高低的重要指标之一。容重小，土壤疏松多孔，结构性良好；反之，则表明土壤紧实板结而缺少团粒结构。适宜的土壤紧实度有利于植物根系的生长，土壤过松过紧都不利于土壤水分、养分的运移。土壤容重的大小与土壤质地、结构、有机质含量和灌溉耕作措施等有关，露天矿区开采后破坏了土壤原有的结构，土壤容重也会发生改变，因此会影响植物的生长。

表 5.5 显示，0～40cm 剖面内，不论是复垦土壤还是原状土壤容重均表现为表层小于下层，0～20cm 表层容重小，说明了植被的恢复有利于改善土壤结构，从

而降低土壤容重，增加了孔性，这种表层容重小、下层容重大的结构有利于植物的生长，表层容重小有利于通气透水，下层容重大有利于保水和扎稳根系，尤其是在干旱区保水的作用更加明显。从变异系数可以看出，整个研究区土壤容重的变异幅度较大，变异范围在 2.33%～9.86%，以混合回填区变异大于分层回填区，体现出了分层回填的优越性。对照土壤表层与下层间容重的差异不显著，复垦区不同植被下容重变化不一，总体上以油松林下土壤容重最大，而且显著高于对照和其他植被的土壤容重，并且下层显著大于表层，说明油松林下土壤紧实度较大，易板结，不利于植物生长。油蒿、苜蓿、杨树及草木樨地容重均小于对照，说明合适的复垦植被的选取能够降低土壤的容重，利于植物生长，尤以草木樨地容重最小，体现出了分层回填表层覆土的作用。再者，侧柏、桧柏及草木樨 2 的剖面间容重变化也达到了 $P<0.05$ 级的显著水平。整个复垦地的平均值表明，下层比表层的容重高 0.12g/cm³，差异显著。和对照相比，表层低 0.03g/cm³，下层却高出 0.01g/cm³，但是差异不显著。

表 5.5　研究区土壤容重的描述性统计
Tab. 5.5　The descriptive statistics on bulk density in study areas

类型	深度/cm	均值/（g/cm³）	最小值/（g/cm³）	最大值/（g/cm³）	CV/%
CK	0～20	1.61±0.14fghi	1.45	1.82	8.97
	20～40	1.69±0.16def	1.49	1.91	9.46
油松	0～20	1.77±0.16bc	1.60	2.00	8.78
	20～40	1.85±0.18a	1.64	2.10	9.86
油蒿	0～20	1.57±0.14ghij	1.42	1.78	8.99
	20～40	1.65±0.16efg	1.46	1.87	9.58
苜蓿	0～20	1.55±0.14ij	1.40	1.76	9.07
	20～40	1.63±0.15efghi	1.44	1.84	9.64
杨树	0～20	1.56±0.14ghij	1.41	1.77	9.17
	20～40	1.64±0.16efgh	1.45	1.86	9.48
桧柏	0～20	1.55±0.14ij	1.40	1.75	8.87
	20～40	1.84±0.17ab	1.62	2.08	9.56
侧柏	0～20	1.57±0.14ghij	1.42	1.78	9.12
	20～40	1.74±0.16cd	1.53	1.97	9.62
草木樨 1	0～20	1.56±0.04hij	1.50	1.60	2.33
	20～40	1.63±0.04efghi	1.57	1.68	2.70
草木樨 2	0～20	1.51±0.04j	1.45	1.57	2.92
	20～40	1.62±0.04efghi	1.59	1.68	2.29
复垦平均	0～20	1.58±0.12ghij	1.45	1.75	7.37
	20～40	1.70±0.12cde	1.55	1.87	7.20

注：CK 指原状土壤，各种植被均为复垦区植被；不同小写字母表示 $P<0.05$；CV 即变异系数

三、土壤有机质及 C/N

土壤有机质被多数人认为是土壤质量衡量指标中最重要的指标。它能够促进土壤团粒结构的形成，改善土壤结构，是各种营养元素特别是氮、磷的主要来源，是酸、碱和有毒物质的良好缓冲剂（徐明岗等，2000），是土壤的重要组成部分，其在土壤中的积累与转化受有机肥投入量、土壤水分、土壤热特性、耕作栽培措施等多方面因素的制约。据研究，有机质对土壤渗透性、可蚀性、持水性和养分循环等影响显著（Wandde and Yang，2000），有机质的合理管理是持续农业的核心。

1. 土壤有机质的特征

复垦区土壤有机质的变异系数在 9.57%～21.87%（表 5.6），表明土壤有机质对复垦管理与规划及一些人为因子和回填过程等环境因子具有一定程度的敏感性，同时也说明了复垦区有机质分布的不均衡性。分层回填区因为表层覆盖了一层地表剥离土，所以有机质的变异幅度不是很大，但是，混合回填区则总体上变异较大。而且，复垦区土壤，均是表层（0～20cm）有机质含量最高，且除了侧柏林和杨树林土壤外，表层有机质均显著高于下层，分层回填区却表现为下层显著高于上层。这是因为混合回填区地上植物的枯枝落叶或残茬的分解作用在表层表现最为明显，而分层回填由于复垦时间较短，地表覆盖物相对较少而出现相反现象。总体上下层剖面，有机质含量均有下降，一方面植物生长需要有机质的矿质化过程供应养分，另一方面是随着土层的加深，土壤含水量增加，通透性变差等，这些都影响微生物的分解活动而不利于有机质的形成。对比原状土壤和复垦土壤可以看出，二者剖面中 0～20cm 层次中有机质的平均含量分别为 2.76g/kg、1.26g/kg，20～40cm 层次的分别为 4.49g/kg、3.31g/kg，复垦以后，有机质含量平均增加了 1.89g/kg，差异显著。而且，尤以混合回填区差异更加明显，最明显的是苜蓿林和桧柏林，这可能与混合回填区复垦时间比较长一些有关，充分说明了植被恢复良好反过来改善了土壤的质量，二者共同向好的方向发展。分层回填区和原状土壤相比虽然不存在显著差异，但是已经体现出了分层剥离、分层回填的优越性，在很短的时间内，草木樨生长健壮，肥田的作用在下层（20～40cm）已有体现。

土壤表层最能反映有机质的现实供应状况。根据土壤养分含量分级与丰缺指标（表 5.7）可知，复垦区土壤和原状土壤有机质含量均属 6 级，处于"极缺"水平，复垦区个别植被下土壤有机质含量处于"缺"水平，可见，整个研究区，有机质含量极缺，急需通过各种方式加强补给。

表 5.6 研究区土壤有机质及 C/N 的分布

Tab. 5.6 Distribution on soil organic matter and C/N in study area

类型		深度/cm	有机质/（g/kg）			C/N		
			均值差	标准	CV/%	均值差	标准	CV/%
原状土壤	CK	0～20	2.76g	0.32	11.50	23.80b	6.30	26.45
		20～40	1.26h	0.14	11.06	16.05c	2.81	17.49
复垦土壤	混合回填 油松	0～20	3.33f	0.42	12.52	20.99b	4.93	23.50
		20～40	2.53g	0.51	20.21	16.25c	6.13	37.70
	油蒿	0～20	4.19d	0.62	14.70	22.83b	6.01	26.34
		20～40	2.90f	0.61	21.04	15.42c	5.87	38.03
	苜蓿	0～20	9.90a	1.01	10.17	36.19a	8.26	22.82
		20～40	3.99e	0.46	11.50	15.33c	3.21	20.94
	杨树	0～20	2.59g	0.57	21.87	17.01b	5.83	34.26
		20～40	2.61g	0.42	16.04	16.16c	4.29	26.55
	桧柏	0～20	8.03b	1.51	18.79	35.02a	9.62	27.47
		20～40	5.29c	0.68	12.90	24.26b	5.14	21.20
	侧柏	0～20	2.58g	0.51	19.86	15.62c	4.47	28.62
		20～40	2.60g	0.41	16.00	15.60c	3.58	22.94
	分层回填 草木樨1	0～20	2.54g	0.24	9.57	15.31c	3.55	23.16
		20～40	3.24f	0.37	11.53	20.83b	9.79	46.99
	草木樨2	0～20	2.77g	0.32	11.47	20.40b	6.72	32.92
		20～40	3.32f	0.50	14.95	22.04b	9.52	43.22
	平均	0～20	4.49d	0.63	13.92	22.92b	4.42	19.28
		20～40	3.31f	0.48	14.61	18.24b	2.73	14.99

注：CK 指原状土壤，各种植被均为复垦区植被；不同小写字母表示 $P < 0.05$；CV 即变异系数

表 5.7 土壤养分含量分级与丰缺度

Tab. 5.7 Grade of soil nutrient content and their degree of rich and lack

级别	丰缺度	有机质/（g/kg）	全氮/（g/kg）	碱解氮/（mg/kg）	全磷/（g/kg）	速效磷/（mg/kg）	全钾/（g/kg）	速效钾/（mg/kg）
1 级	丰	>40	>2.0	>150	>1.0	>40	>25.0	>200
2 级	稍丰	30～40	1.5～2.0	120～150	0.81～1.0	20～40	20.1～25.0	150～200
3 级	中等	20～30	1.0～1.5	90～120	0.61～0.80	10～20	15.1～20.0	100～150
4 级	稍缺	10～20	0.75～1.0	60～90	0.41～0.60	5～10	10.1～15.0	50～100
5 级	缺	6～10	0.5～0.75	30～60	0.20～0.40	3～5	5.1～10.0	30～60
6 级	极缺	<6	<0.5	<30	<0.20	<3	<5.0	<30

资料来源：1996 年《第二次全国土壤普查技术规程》

2. 土壤 C/N 特征

C/N 是指有机物中碳素总量和氮素总量之比。通常被认为是土壤氮素矿化能力的标志，碳和氮以一定比例配合共同组成微生物的体细胞，而且碳是微生物活动的能源，C/N 对土壤有机质的分解与周转影响很大，C/N 越小，有机质在矿化过程中释放的有效氮量越多。C/N 越大，表明土壤中氮的含量不能满足细菌的需要，非但不会有氮的积累，还会加速土壤有机质的分解（马建军，2007）。一般认为，C/N 小于 25 时，氮素除满足微生物自身需求外，还会释放多余的氮补给植物。我国耕地土壤 C/N 一般在 7～13。

复垦土壤剖面层次 C/N 与对照土壤对应层次间部分存在显著差异，仍以苜蓿、桧柏植被下差异最显著。分层回填区剖面层次间差异不显著，但是表层 C/N 相对原状土壤比较小，说明该区内氮素还能释放有效氮供植物生长，体现出了表层覆土的优越性。总体上，复垦后，C/N 表层下降了 0.88，下层却增加了 2.19，差异不显著。除了苜蓿和桧柏林下表层 C/N 大于 25 外，其他均小于 25，说明整体上，复垦以后，C/N 变小了，有利于有效氮素的积累，也有利于土壤的不断熟化，使得土壤质量不断改观，但是同比农田土壤还是比较高，说明复垦区土壤虽然比原状土壤优越很多，但是要想恢复到农田土壤还需要进一步的复垦。

四、土壤氮素

土壤氮素是影响植物生长和产量的首要元素，是植物需要最多的必需营养元素之一，土壤中的氮分为无机态氮和有机态氮两大类。其中，有机态氮可占全氮含量的 95%以上。土壤中的氮，除来自化学和有机氮肥外，还有 3 个来源，即生物固氮作用、降水带入的氮和灌溉水带入的氮。土壤氮含量主要受植被、气候、土壤质地、地形及地势等因素的影响。一般地，在相似的气候条件下，草本植被所积累的土壤腐殖质和氮含量较木本植物多。在年平均气温大体相同的情况下，湿度越大，土壤中氮也越易积累；而在年平均湿度大体一致时，较高的温度有利于有机质分解，氮难于累积；黏土含氮量较壤土高，壤土又较砂土高；地形、地势是通过对湿度和温度及对土壤侵蚀的影响来影响土壤含氮量的。所以土壤氮素是评价土壤质量和土地生产力的重要指标。

1. 土壤氮素形态特征

土壤全氮包括可供植物直接吸收利用的矿质氮、易矿化的有机氮及黏土矿物固定的铵，是植物从土壤中获得氮的源泉，其丰富程度，会影响植物的生长发育和产量。碱解氮，包括无机矿物态氮（速效氮）和部分有机质中易分解的、比较简单的有机态氮，土壤中的碱解氮是铵态氮、硝态氮、氨基酸、酰胺和易水解的蛋白氮的总和，可反映土壤近期内氮供应状况。研究区土壤全氮的变异系数在11.53%～33.27%（表5.8），而碱解氮的变异系数在10.88%～47.68%，表明了各氮素对露天开采回填过程、复垦时人为因子及环境因素的敏感程度不同，特别是碱解氮，受人为影响最大，同时也体现出了复垦区土壤氮素的不均衡性，这主要是由于露天开采剥离过程中，扰动了土壤原有的构造结构，将不同土层重新混合起来，所以很大程度上受母质影响较大，本研究取土层次较浅，故这种特别明显的变化还不能完全显现出来。

表5.8　研究区土壤全氮和碱解氮的分布

Tab. 5.8　Distribution on soil total N and available N in study area

类型		深度/cm	全氮/（g/kg）			碱解氮/（mg/kg）		
			均值	标准差	CV/%	均值	标准差	CV/%
原状土壤	CK	0～20	0.070ef	0.012	17.23	8.85d	1.55	17.55
		20～40	0.046f	0.005	11.53	3.75i	0.52	13.98
复垦土壤	混合回填 油松	0～20	0.095cde	0.016	16.73	7.62e	2.37	31.08
		20～40	0.095cde	0.022	22.75	6.14f	2.33	37.94
	油蒿	0～20	0.109bcd	0.016	14.73	12.27c	1.73	14.06
		20～40	0.111bcd	0.030	27.20	7.26e	2.16	29.68
	苜蓿	0～20	0.151a	0.041	27.42	24.23a	3.93	16.24
		20～40	0.140ab	0.044	31.45	10.52c	1.73	16.41
	杨树	0～20	0.093cde	0.021	22.44	7.44e	2.46	33.02
		20～40	0.095cde	0.017	17.47	8.37e	1.18	14.10
	桧柏	0～20	0.140ab	0.033	23.77	18.47b	2.54	13.74
		20～40	0.123abc	0.026	21.03	12.49c	2.91	23.29
	侧柏	0～20	0.101cde	0.025	24.88	6.09g	2.32	38.12
		20～40	0.094cde	0.024	25.42	6.64e	1.81	27.26
	分层回填 草木樨1	0～20	0.102cde	0.023	22.42	5.18h	0.56	10.88
		20～40	0.106cd	0.034	32.40	6.93e	2.77	39.97
	草木樨2	0～20	0.088de	0.025	28.22	6.84e	0.82	12.01
		20～40	0.103cd	0.034	33.27	7.73e	3.69	47.68
	平均	0～20	0.110bcd	0.015	13.65	11.02c	1.78	16.18
		20～40	0.108bcd	0.015	13.45	8.26e	1.91	23.07

注：CK指原状土壤，各种植被均为复垦区植被；不同小写字母表示$P<0.05$；CV即变异系数

依据土壤养分含量分级与丰缺度标准可知（表 5.7），不论是复垦土壤还是原状土壤，全氮含量和碱解氮含量均属 6 级，处于"极缺"水平，可以说明该区母质矿物中全氮含量都较低，而且植物可直接利用的氮素也特别缺乏，因此，在后续的复垦中，必须采取相应的技术措施补充氮素，以利于植物正常生长，进而加快复垦进程。

全氮含量的高低与碱解氮的高低并不一致，也即全氮含量不缺乏并不意味着碱解氮供应充足，这主要是因为酸碱度在很大程度上控制着土壤氮素肥力，而土壤氮素主要来源于有机质，复垦区土壤偏碱性，所以容易产生氨的挥发损失，导致全氮含量充足但有效的氮素可能缺乏的情况。复垦区土壤表层碱解氮含量占全氮含量的平均百分比为 10.02%，而原状土壤则占到 12.64%，说明复垦土壤中仍有超过 90%的植物难以直接利用的有机态氮，还需要经过长期的矿化作用进行转化。

2. 土壤全氮与碱解氮的剖面分布

原状土壤及复垦土壤中全氮含量、碱解氮含量均表现为表层高于下层，全氮含量差异不明显，碱解氮含量差异显著。而且，复垦区不同植被覆盖下的土壤表现不一，对于碱解氮，苜蓿、桧柏、油蒿植被下表层与下层间的差异均十分显著，而且表层显著高于下层，这与表层植物枯枝落叶分解提高有机质有关，因为有机质是氮素的主要来源；对于全氮则或高或低表现不一致，分层回填区的草木樨土壤均表现为下层高于表层，这可能与豆科植物能够固定氮素有关，而其他作物则是根系需要消耗大量氮素供植物生长之用，但是苜蓿土壤却相反。所以，从剖面氮素分布来看，全氮作为氮素的基础肥力，复垦土壤显著高于对照的原状土壤，但是复垦土壤上下层之间差异不显著；碱解氮同样是复垦后显著高于原状土壤，表层和下层平均分别高出 2.17mg/kg、4.51mg/kg，整体上说明复垦土壤氮素供应的潜力比较好，但是全氮和碱解氮的总体含量还比较低，未达到农田土壤水平，还需进一步开展复垦。

3. 土壤全氮与碱解氮的相关性

在土壤氮素供应中，土壤有机质是土壤有机氮的源泉，因为土壤氮素主要以有机氮的形式存在于土壤有机质中，土壤有机碳与全氮之间的关系比较稳定。土壤的 C/N 主要与土壤有机质的腐殖化程度有关，新鲜有机物质往往 C/N 较高，随着腐殖化程度的提高，C/N 呈降低的趋势。C/N 通常被认为是土壤氮素矿化能力的标志，C/N 低有利于微生物的分解，氮的矿化速率就高（Springob and Buik，2003）。所以通过提高土壤 C/N 的方式来增强有机碳的积累是比较可行的办法，尤其是在煤矿开采区大面积的复垦地，采取增加氮肥提高固定碳素的方法受到了质疑（Schlesinger，2000）。

　　图 5.3 和图 5.4 表示的是土壤有机质与全氮的相关关系，不论是复垦土壤还是原状土壤，有机质、全氮之间均存在显著的线性正相关关系，相关系数分别为0.5990、0.9427。显然复垦土壤的相关系数较小，原因可能是原状土壤地势比较平坦，理论上土壤均质性较高（取样样点选取的少也是考虑到这一点）。但是，复垦区则不同，由于回填过程中扰动了土壤原有的土体构造，致使土壤均质性较差，所以土壤有机质、全氮之间的关系较差，在接近的土壤全氮含量下土壤有机质变异很大。

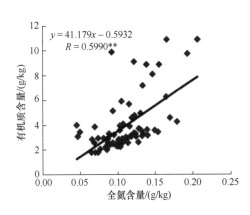

图 5.3　复垦土壤有机质与全氮相关关系
Fig. 5.3　Correlations between OM and TN in the reclamation soil

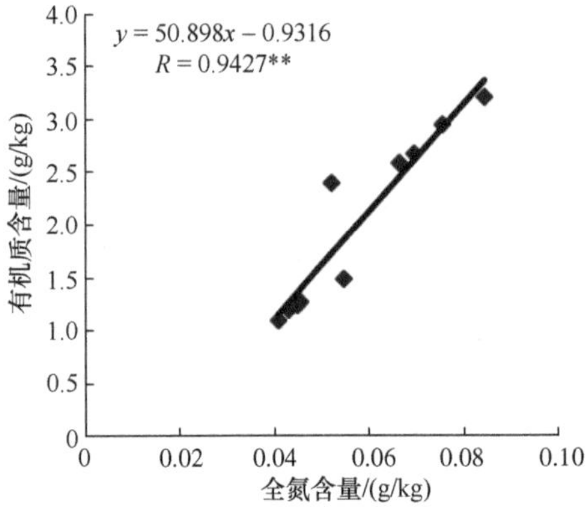

图 5.4　原状土壤有机质与全氮相关关系
Fig. 5.4　Correlations between OM and TN in the no mining soil

　　对于土壤有机质和碱解氮之间的相关关系，原状土壤中，二者之间同样存在极显著的正相关关系（图 5.5，图 5.6），复垦土壤中有机质与碱解氮之间存在显著的正相关关系，但是相关系数较小，说明虽然土壤有机质是土壤有机氮的源泉，但是对于碱解氮，它只包括部分有机质中易分解的、比较简单的有机态氮，而大部分是属于无机矿物态氮（速效氮），碱解氮可反映土壤近期内氮供应状况，原状土壤是长期发育形成的比较完整的土壤，碱解氮和有机质含量比较稳定，而复垦土壤则由于回填中的人为影响不一，碱解氮和有机质还是一个不很稳定的因素，还要受到植被、环境等的影响，但是随着复垦时间的不断延伸，回填区的土壤也在逐步向好的方向发展。

　　土壤全氮和碱解氮间同样是原状土壤呈显著的正相关（图 5.7），复垦土壤二者间的相关关系显著（图 5.8），但相关系数比较小，进一步说明全氮含量不缺乏并不意味着碱解氮素供应充足，这主要是因为复垦区土壤偏碱性，所以容易产生氨的挥发损失，导致全氮含量充足但有效的氮素可能缺乏的情况。

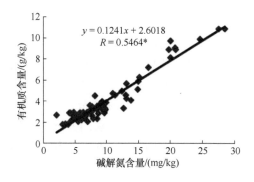

图 5.5　复垦土壤有机质与碱解氮相关关系
Fig. 5.5　Correlations between OM and AN in the reclamation soil

图 5.6　原状土壤有机质与碱解氮相关关系
Fig. 5.6　Correlations between OM and AN in the no mining soil

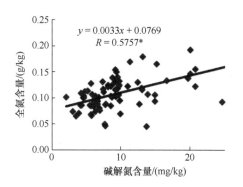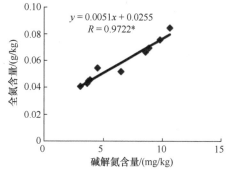

图 5.7　复垦土壤全氮与碱解氮相关关系
Fig. 5.7　Correlations between TN and AN in the reclamation soil

图 5.8　原状土壤全氮与碱解氮相关关系
Fig. 5.8　Correlations between TN and AN in the no mining soil

五、土壤磷素

　　磷是一种沉积性矿物，在植物需要的各种营养元素中，磷在分化壳中的迁移是最小的。磷的风化、淋溶、富集迁移是成土过程中各种因素共同作用的结果，其中，在成土过程中，生物的富集迁移是磷累积的主导性因素。土壤全磷含量主要受母质中矿物成分、土壤质地、剖面层次及生态修复措施等因素影响。土壤速效磷含量一直是判断土壤磷素丰缺和施肥的主要依据。磷在土壤–植物生态系统中，循环转化都比氮素简单，它几乎全部由土壤供给，因此，测定土壤中磷的变化，能比较确切地综合评价土壤肥力水平。

1. 土壤磷素形态特征

土壤全磷包括无机磷化合物和有机磷化合物，有机磷化合物不易直接被植物吸收利用，而无机磷化合物是植物从土壤中获得磷的源泉，其丰富程度，会影响植物的生长发育和产量。速效磷指能为当季作物吸收的磷量，影响磷有效性的最重要因子是土壤的酸碱度，此外，土壤矿质胶体的性质、有机质含量、氧化还原条件及干湿交替等均对土壤磷有效性产生影响。研究区土壤全磷的变异系数在 10.17%~22.25%，而速效磷的变异系数在 9.79%~21.85%（表 5.9），表明了全磷和速效磷对露天开采、回填及复垦响应的敏感程度不同，同时也体现出了复垦区土壤磷素的不均衡性，依据土壤养分含量分级与丰缺度标准可知，整个研究区土壤全磷含量属于 5 级，处于"缺"水平，而速效磷则处于"极缺"水平，而且含量非常低，说明研究区严重缺乏植物可直接利用的磷素，后期的复垦及林木平衡施肥中一定要考虑这方面的因素。

表 5.9　　研究区土壤全磷和速效磷的分布

Tab. 5.9　　Distribution on soil total P and available P in study area

类型		深度/cm	全磷/（g/kg）			速效磷/（mg/kg）		
			均值	标准差	CV/%	均值	标准差	CV/%
原状土壤	CK	0~20	0.301def	0.052	17.23	0.0551	0.006	11.50
		20~40	0.277fgh	0.031	11.06	0.275e	0.031	11.21
复垦土壤	油松	0~20	0.358c	0.058	16.28	0.801a	0.103	12.81
		20~40	0.298def	0.065	21.70	0.062kl	0.013	20.23
	油蒿	0~20	0.279fgh	0.041	14.70	0.145hij	0.022	14.89
		20~40	0.320d	0.067	21.04	0.062kl	0.013	21.04
	苜蓿	0~20	0.282efg	0.029	10.17	0.713b	0.072	10.12
		20~40	0.267ghi	0.045	16.66	0.228f	0.025	11.18
	杨树	0~20	0.254ghi	0.056	21.87	0.181gh	0.040	21.85
		20~40	0.250hi	0.040	16.04	0.142hij	0.022	15.80
	桧柏	0~20	0.419b	0.090	21.51	0.190fg	0.036	18.88
		20~40	0.398b	0.061	15.30	0.156ghi	0.021	13.38
	侧柏	0~20	0.201j	0.045	22.25	0.516c	0.103	20.02
		20~40	0.180j	0.029	16.00	0.103jk	0.017	16.49
分层回填	草木樨1	0~20	0.245i	0.027	10.88	0.295e	0.029	9.79
		20~40	0.310de	0.036	11.53	0.0531	0.006	11.51
	草木樨2	0~20	0.492a	0.058	11.72	0.102jk	0.012	11.49
		20~40	0.243i	0.036	14.95	0.141hij	0.022	15.34
平均		0~20	0.316d	0.048	15.31	0.370d	0.045	13.48
		20~40	0.283efg	0.044	15.46	0.120ij	0.018	13.40

注：CK 指原状土壤，各种植被均为复垦区植被；不同小写字母表示 $P<0.05$；CV 即变异系数

全磷含量的高低与速效磷的高低几乎一致，也即全磷含量不缺乏意味着速效磷含量也相对较高，这可能是因为土壤酸碱度在某种程度上减少了磷的固定而使有效磷含量不至于减少，但是总体上，复垦区土壤速效磷含量太低以至于不能完全满足植物生长之用。复垦区土壤表层及下层速效磷含量占全磷含量的平均百分比分别为 0.12%、0.04%，而原状土壤则占到 0.02%、0.10%，说明复垦土壤和原状土壤中缺乏的都是速效态的磷素，所以在复垦的过程中，应该考虑一些促进速效磷形成的有效方法及措施，这样可以减少一些人为投入的化肥或有机肥。

2. 土壤全磷与速效磷的剖面分布

原状土壤中全磷含量表层高于下层，而速效磷含量则是下层显著高于表层；复垦土壤中全磷和速效磷含量平均，均表现为表层显著高于下层，而且，复垦区不同植被覆盖下的土壤表现不一，对于全磷，除了油松、油蒿和草木樨植被下表层与下层间的差异显著外，其他植被下差异均不明显；对于速效磷，混合回填区除了杨树和桧柏林上下层之间差异不显著外，其余的差异均显著，同样分层回填区复垦晚的草木樨土壤中上下层间差异显著，但复垦早的却不明显，这可能与复垦时间长豆科植物生长比较健壮而需要更多的磷素来维持生长有关，而且磷素的移动性又较小，所以根系附近的速效磷含量较低。所以，从剖面磷素分布来看，全磷表现为复垦土壤表层和下层间差异显著，但是和原状土壤相比差异不显著；速效磷则是复垦后上下层与原状土壤的上下层之间差异均显著，整体上说明复垦土壤磷素供应的潜力比较好，但是速效磷的总体含量比较低，还不足以满足植物的正常生长之用，所以，从剖面速效磷均值来看，复垦区急需补给磷素。

六、土壤钾素

钾是植物三大必要营养元素之一，土壤中的钾多来自成土母质中的含钾矿物，依据钾的活动性，通常把土壤钾分为四个组分：矿物钾、非交换性钾、交换性钾和溶液钾。当然，水溶态和交换态及交换态和非交换态之间，并无固定的数量界限，难以明确区分，但是它们的有效性不同，可以用不同的化学提取剂人为加以区分。土壤中的钾大部分（90%～98%）是矿物态钾。其中，原生矿物绝大部分存在与细砂和粉砂部分，次生矿物则存在于黏粒部分。含钾丰富的土壤，其黏粒部分含钾可超过 4%，非交换性钾是层状硅酸盐次生矿物晶层之间的钾，处于这一位置的钾不易被其他阳离子交换出来，所以也称固定态钾或层间钾。以水云母类为主要黏土矿物的土壤，往往富含非交换性钾。非交换性钾一般占土壤全钾量的 5%～10%。土壤黏粒的负电荷和有机胶体吸附的钾，容易被其他阳离子如 NH_4^+ 置换下来，称为土壤交换性钾。交换性钾占土壤全钾 5% 以下。除了上述 3 个组分外，还有小部分钾离子存在于土壤溶液中，虽然溶液钾仅占土壤全钾极小的比例，但是它是植物吸收钾的直接来源。4 种不同形态的钾之间可以相互转化，处于动态平衡之中。土壤胶体使钾的吸附与解吸过程不但控制着土壤溶液钾的浓度，而且决定了钾在土壤中的移动性，因此，了解土壤中钾离子吸附过程是评价钾化学有效性的关键之一。土壤阳离子交换量越高，吸附的钾也越多，而存在于溶液中的钾的比例相应减少。土壤中全钾含量主要受母质、风化及成土条件、土壤质地、耕作及施肥情况等的影响。植物所需钾的主要自然补给源来自土壤中不同形态的钾，它们之间相互转化，在共同维持动态平衡的基础上对植物的有效性发挥着不同的作用（张会民等，2007）。

1. 土壤全钾含量的变化

整个研究区土壤全钾含量的变异系数在 10.44%～24.01%（表 5.10），变异幅度比较大，表明了全钾受露天开采、回填及复垦的影响较大，主要是因为回填过程中土体的大幅度扰动所致，因为土壤中的钾多来自成土母质中的含钾矿物，依据土壤养分含量分级与丰缺度标准可知（表 5.7），复垦区土壤中全钾含量处于"中等"水平。

表 5.10　研究区土壤全钾和速效钾的分布

Tab. 5.10　Distribution on soil total K and readily available K in study area

类型		深度/cm	全钾/（g/kg）			速效钾/（mg/kg）		
			均值	标准差	CV/%	均值	标准差	CV/%
原状土壤	CK	0～20	14.94ij	2.58	17.30	13.76ef	1.66	12.06
		20～40	16.90efg	2.77	16.40	12.68fg	1.54	12.15
复垦土壤	混合回填 油松	0～20	15.30hij	2.63	17.18	16.13ab	2.19	13.55
		20～40	17.30efg	4.05	23.40	13.81ef	2.81	20.38
	油蒿	0～20	20.74a	3.01	14.53	14.35de	2.16	15.06
		20～40	18.31cde	4.40	24.01	15.64abc	3.33	21.29
	苜蓿	0～20	18.40cde	1.92	10.44	16.16ab	1.68	10.39
		20～40	19.36abc	3.68	19.01	14.30de	1.67	11.69
	杨树	0～20	16.15fghi	3.71	22.97	11.12hi	2.55	22.95
		20～40	16.85efgh	2.85	16.92	12.02gh	2.00	16.62
	桧柏	0～20	16.00ghij	3.46	21.65	16.79a	3.30	19.67
		20～40	20.31ab	3.05	15.04	16.35ab	2.30	14.07
	侧柏	0～20	15.91ghij	3.71	23.34	13.62ef	2.85	20.95
		20～40	14.52j	2.45	16.90	13.60ef	2.37	17.45
	分层回填 草木樨1	0～20	16.71fgh	1.85	11.06	13.67ef	1.27	9.31
		20～40	14.94ij	1.85	12.37	11.60gh	1.33	11.44
	草木樨2	0～20	18.97bcd	2.32	12.23	15.35bcd	1.83	11.95
		20～40	19.92ab	3.18	15.98	10.27i	1.67	16.31
	平均	0～20	17.05efg	2.68	15.74	14.65cde	2.08	14.32
		20～40	17.60def	3.03	17.22	13.45ef	2.04	15.27

注：CK 指原状土壤，各种植被均为复垦区植被；不同小写字母表示 $P<0.05$；CV 即变异系数

原状土壤中全钾含量下层比表层平均高 1.96g/kg，差异达到 $P < 0.05$ 级显著水平，复垦区内土壤上下层的平均全钾含量分别为 17.05g/kg、17.60g/kg，表层比下层低 0.55g/kg，但是差异不明显，复垦土壤中油蒿和复垦晚的草木樨林下土壤表现为表层全钾含量显著高于下层，而油松和桧柏林则是下层显著高于表层，其他林木下土壤的全钾含量差异不明显。混合回填与分层回填的全钾变异幅度不一，以分层回填变异较小，因为，分层回填中，地表覆盖了一层地表剥离土，基本上没有改变原有土壤的成分，而混合回填则是将所有煤层以上剥离物不分先后顺序混合以后重新回填的，所以可能会对土壤中的大部分养分造成影响，主要影响到了土壤中的含钾矿物，正是考虑到这一点，所以后期的开采大部分均是采用分层回填的方式，虽然提高了开采的成本，但是却降低了后续的复垦成本，从长远考虑，是比较可行的。

2. 土壤速效钾含量的变化

土壤速效钾包括水溶性钾和交换性钾，是一种生物有效性很高的钾素形态，其含量高低直接影响着植物的钾素营养。原状土壤中速效钾含量表层高于下层，但是差异不显著，复垦土壤中只有杨树、桧柏和侧柏林下土壤速效钾含量表层与下层间差异不明显，其余植被下均达到了 $P < 0.05$ 级显著水平，而且分层回填区不管复垦早晚，剖面层次间速效钾差异均显著，都表现为表层显著高于下层，这主要是因为分层回填的表层土壤 pH 高于下层，碱性环境有利于速效钾的释放。另外，从变异系数可以看出，混合回填区比分层回填区变异幅度大，整体上复垦土壤比原状土壤变异系数平均高出 2.69%，可见回填过程的影响还是比较大的。从剖面的平均含量来看（图 5.9），不同植被覆盖下的复垦土壤速效钾含量的变化顺序是，最大的是桧柏林，其次是苜蓿、油蒿、油松、侧柏及复垦较早和较晚的草木樨，最小的是杨树林，而且草木樨和杨树林的含量均低于对照的原状土壤，可见单从钾素角度来讲杨树作为矿区的复垦植被是比较差的选择，草木樨林下含量低主要与复垦时间有直接的关系，因为分层回填区比混合回填区至少要晚 3 年，通过植被来恢复土壤，时间也是一个关键因素。就整体而言，复垦以后土壤中速效钾的含量明显高于原状土壤。但是，根据土壤养分含量分级与丰缺度标准，可知复垦区土壤速效钾含量属于 6 级，处于"极缺"水平。

统观全钾和速效钾含量可以看出，全钾含量的高低与速效钾的高低不相一致，也即全钾含量不缺乏并不意味着速效钾素含量也供应充足，这可能主要是受土壤酸碱度的影响，因为碱性环境有利于速效钾的释放。另外，复垦区土壤表层及下层速效钾含量占全钾含量的平均百分比分别为 0.086%、0.076%，而原状土壤则占到 0.092%、0.075%，说明复垦土壤和原状土壤中缺乏的都是速效态的钾素，所以，复垦土壤钾素营养是否充足应该主要从速效钾的含量上分析，因为速效钾高低直接影响着植物的钾素营养，因此，合适的复垦管理措施应该考虑改善土壤的速效钾含量，以利于植物健壮生长，反过来促进土壤恢复，提高土壤质量。

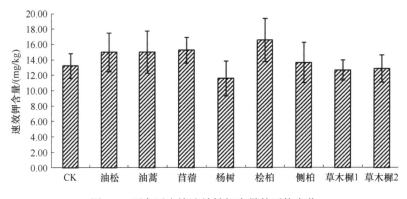

图 5.9　研究区土壤速效性钾含量的平均变化

Fig. 5.9　Change of soil readily available potassium in study area

七、土壤阳离子交换量（CEC）

阳离子交换量（CEC）是指土壤吸附和交换阳离子的容量，表示为每千克土壤所含全部交换性阳离子的量（cmol/kg），它反映土壤吸附阳离子的能力和黏粒的活性大小，与土壤胶体的表面积和表面电荷有关。阳离子交换量起着储存和释放速效养分两方面的作用而与土壤溶液保持着动态平衡，是土壤保肥、供肥能力和酸碱缓冲能力的重要标志，交换量大的土壤保肥性能好，施肥淋失量小，表现良好的稳肥性，主要受有机质、黏粒、黏粒矿物类型及 pH 等因素的影响。土壤阳离子交换量影响土壤缓冲能力高低，也是评价土壤保肥能力、改良土壤和指导合理施肥的重要依据。

CEC 的变异系数表明，研究区土壤阳离子交换量的变异幅度比较大（表 5.11），变异系数为 7.27%～46.69%，可见复垦对土壤 CEC 的影响比较大，特别是混合回填区的 CEC 变异系数明显较大，说明混合回填区在开采、回填及复垦过程中的作用极不均衡；各种植被覆盖下土壤的 CEC 均表现为表层含量最高。

原状土壤表层 CEC 含量显著高于下层，平均高出 1.56cmol/kg，复垦土壤中不同植被覆盖下均表现为表层 CEC 含量高于下层，但是，仅有桧柏和侧柏林下土壤 CEC 差异显著，其他均未达显著水平，整个复垦土壤表层与下层的平均 CEC 分别为 3.52cmol/kg、2.60cmol/kg，表层显著高于下层。和对照的原状土壤相比，复垦以后剖面上下层的 CEC 均有所下降，而且差异非常明显。整个剖面的平均值表明

（图 5.10），复垦土壤中只有油松林中的 CEC 含量高于对照，其他的均低于对照，以分层回填区土壤的 CEC 最低。阳离子交换量大，土壤的保肥、供肥能力相对就大，同时阳离子交换量大说明阳离子代换的潜在供应能力较好，就会有较多的交换性离子被代换中和，因而土壤的缓冲性能也就相应增大，而且，阳离子交换量同时也受土壤 pH 和土壤颗粒的影响，土壤颗粒越小，交换量越大，pH 大，交换量要高一些。可见分层回填区由于表层覆土的作用，颗粒要小于混合回填区的，而且 pH 也较大，理论上应该交换量大，可是实际中却比较小，这其中的主要原因应该是分层回填的复垦时间还比较短，也即 CEC 的改变需要一个时间过程。剖面中都表现为表层含量高于下层，可能的一个原因是表层土壤中有机质含量比较高，因为有机质中的腐殖质带有较多负电荷，吸附阳离子的作用相对要强，阳离子交换量就高，供应营养元素的缓冲能力也随之增强。

表 5.11 研究区土壤 CEC 的分布
Tab. 5.11 Distribution on soil CEC in study area

类型		深度/cm	均值/（cmol/kg）	标准差	最小值	最大值	CV/%
原状土壤	CK	0~20	6.20a	1.03	5.11	7.84	16.57
		20~40	4.64bc	1.62	3.07	7.32	34.95
复垦土壤	油松	0~20	6.10a	0.53	5.51	6.65	8.64
		20~40	5.55ab	2.59	3.17	9.82	46.69
	油蒿	0~20	5.56ab	1.92	3.43	8.40	34.56
		20~40	4.76bc	0.54	3.88	5.22	11.43
	苜蓿	0~20	1.39ef	0.18	1.12	1.59	13.16
		20~40	1.34ef	0.37	1.02	1.93	27.65
	杨树	0~20	2.70d	0.23	2.36	2.89	8.43
		20~40	1.76de	0.24	1.36	1.94	13.53
	桧柏	0~20	4.31c	0.58	3.41	4.89	13.48
		20~40	2.57d	0.34	2.05	2.90	13.14
	侧柏	0~20	3.75c	0.78	2.68	4.65	20.83
		20~40	1.96de	0.59	0.95	2.37	30.03
	草木樨1	0~20	1.26ef	0.17	1.01	1.42	13.42
		20~40	0.42f	0.03	0.39	0.47	7.47
	草木樨2	0~20	0.44f	0.03	0.41	0.49	7.27
		20~40	0.41f	0.07	0.31	0.52	18.32
	平均	0~20	3.52	0.55	0.41	8.40	15.50
		20~40	2.60	0.65	0.31	9.82	24.83

注：CK 指原状土壤，各种植被均为复垦区植被；不同小写字母表示 $P<0.05$；CV 即变异系数

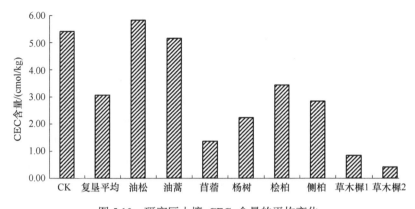

图 5.10　研究区土壤 CEC 含量的平均变化

Fig. 5.10　Change of soil CEC in study area

八、土壤 pH

土壤 pH 是衡量土壤酸碱性强度的主要指标，它代表与土壤固相处于平衡时的土壤溶液中 H^+ 浓度的负对数。土壤 pH 的变化直接影响土壤微生物区系的分布和活动，土壤离子的交换、运动、迁移和转化，进而改变土壤可溶性养分的含量及其有效性。因此对土壤养分的转化、土壤的物理特性都有深刻的影响。

pH 的变异系数表明，研究区土壤 pH 的变异幅度不是很大，为 0.30%~2.25%（表 5.12），可见复垦对土壤 pH 的影响不太大，不同植被覆盖下土壤的 pH 变化不一，其中分层回填区和混合回填区的油松、杨树、侧柏林下土壤 pH 均表现为表层高于下层，其他植被下则正好相反。按照我国土壤酸碱度分级指标，研究区大部分都处于 8.5~9.5 的强碱性范围。

原状土壤表层 pH 低于下层，平均低了0.06，但是差异不明显，复垦土壤中混合回填区除了油松、杨树、侧柏外也都表现为表层低于下层，这可能与长期降水淋溶致使 Ca^{2+}、Mg^{2+} 略有下移导致表层 pH 偏低有关，但是，由于回填过程的混杂性，有些植被下仍有表层 pH 高于下层的，尤其是分层回填区更明显，这可能与分层回填区有机质含量比较低有关，因为土壤有机质是 H^+ 的主要来源之一，pH 与有机质含量之间表现为有机质含量越高，pH 越低。剖面层次间 pH 只有油松、苜蓿、杨树、桧柏及复垦晚的草木樨1土壤上差异显著，其余差异不明显，整个复垦土壤表层与下层的平均 pH 分别为8.66、8.60，差异不明显。和对照的原状土壤相比，复垦以后剖面上下层的 pH 均有所升高，而且表层差异显著。整个剖面的平均值表明，复垦土壤中只有油松、油蒿和侧柏的 pH 低于对照，其他的均高于对照，以分层回填区土壤的 pH 最高，因为分层回填区复垦时间比较短，降水淋溶较少，整体 pH 都较高，主要是由于矿区地处半干旱气候，土壤积盐过程大于淋溶过程所致。

表 5.12 研究区土壤 pH 的分布
Tab. 5.12 Distribution on soil pH in study area

类型		深度/cm	均值	标准差	最小值	最大值	CV/%
原状土壤	CK	0～20	8.48fg	0.05	8.43	8.52	0.56
		20～40	8.54ef	0.06	8.49	8.60	0.67
复垦土壤	混合回填 油松	0～20	8.58ef	0.19	8.44	8.80	2.25
		20～40	8.34h	0.05	8.30	8.40	0.63
	油蒿	0～20	8.42gh	0.03	8.39	8.45	0.31
		20～40	8.50efg	0.03	8.47	8.52	0.30
	苜蓿	0～20	8.58ef	0.06	8.52	8.63	0.66
		20～40	8.72c	0.06	8.68	8.79	0.67
	杨树	0～20	8.80c	0.07	8.73	8.86	0.74
		20～40	8.51efg	0.06	8.45	8.57	0.71
	桧柏	0～20	8.60de	0.04	8.57	8.64	0.41
		20～40	8.79c	0.05	8.74	8.84	0.57
	侧柏	0～20	8.51efg	0.05	8.47	8.57	0.60
		20～40	8.40gh	0.09	8.32	8.49	1.01
	分层回填 草木樨 1	0～20	9.19a	0.17	9.01	9.30	1.80
		20～40	8.94b	0.06	8.90	9.01	0.62
	草木樨 2	0～20	8.80c	0.05	8.75	8.84	0.51
		20～40	8.70cd	0.06	8.64	8.75	0.63

注：CK 指原状土壤，各种植被均为复垦区植被；不同小写字母表示 $P<0.05$；CV 即变异系数

九、土壤电导率

土壤电导率是测定土壤水溶性盐的指标，而水溶性盐是判定土壤中盐类离子是否限制作物生长的一个障碍性因素，在一定浓度范围内，水溶性含盐量与电导率成正相关，因此，可以直接用电导率数值表示土壤全盐量而不必换算。水溶性盐分会增加土壤碱化度，恶化土壤物理性质，增加土壤溶液的渗透压而引起作物生理干旱，导致减产。另外，土壤含盐量影响着其他养分在土壤中的转化、存在状态和有效性。

从矿区土壤电导率的变异系数可以看出，研究区土壤电导率的变异幅度比较大，为 7.0%～24.3%（表 5.13），可见开采、回填及复垦对土壤电导率的影响比较大，也体现出了研究区电导率的不均衡性。

表 5.13　　研究区土壤电导率的变化

Tab. 5.13　Distribution on soil electric conductivity in study area

类型		深度/cm	均值/（μs/cm）	标准差	最小值	最大值	CV/%
原状土壤	CK	0～20	49.5def	4.4	44.8	54.4	8.9
		20～40	49.7def	6.2	40.9	57.4	12.5
复垦土壤	混合回填 油松	0～20	59.2cd	4.5	53.5	65.0	7.5
		20～40	59.7cd	13.9	48.1	81.4	23.4
	油蒿	0～20	66.7bc	16.2	51.5	91.9	24.3
		20～40	53.7def	4.9	48.5	58.9	9.1
	苜蓿	0～20	52.4def	9.9	42.9	67.2	18.8
		20～40	52.6def	6.4	47.6	61.3	12.2
	杨树	0～20	51.9def	7.4	43.4	61.0	14.3
		20～40	53.8def	8.9	45.3	66.8	16.5
	桧柏	0～20	54.1def	7.2	47.9	64.1	13.3
		20～40	77.9a	11.2	61.3	87.7	14.4
	侧柏	0～20	55.2def	6.0	49.0	62.1	10.8
		20～40	72.1ab	11.3	57.4	86.1	15.7
	分层回填 草木樨1	0～20	57.5cde	8.6	45.5	66.1	14.9
		20～40	49.5def	7.8	41.9	60.9	15.8
	草木樨2	0～20	45.6f	5.0	39.5	50.1	10.8
		20～40	46.8ef	3.3	42.3	51.4	7.0

注：CK 指原状土壤，各种植被均为复垦区植被；不同小写字母表示 $P < 0.05$；CV 即变异系数

原状土壤表层电导率小于下层的，平均低 0.2μs/cm，但差异不显著，这与长期淋溶使上层盐分离子下移有关。复垦土壤中混合回填区除了油蒿外也都表现为表层低于下层，但是分层回填区复垦晚的草木樨地却表现出了表层水溶性盐分含量高的表聚现象，由于水溶性盐分含量较高，所以植物长势不太好，而且研究区地处半干旱地带，强烈的蒸发也会带动盐分上移。剖面层间只有油蒿、桧柏、侧柏地的电导率差异显著，其余差异不明显，整个复垦土壤表层与下层的平均电导率分别为 54.7μs/cm、57.3μs/cm，差异不明显。和对照的原状土壤相比，复垦以后剖面上下层的电导率均有所升高，而且差异均达到了 $P < 0.05$ 级的显著水平。整个剖面的平均值表明，复垦土壤中只有复垦晚的草木樨地的水溶性盐分含量低于对照，其他的均高于对照，以桧柏和侧柏地盐分含量最高，盐分含量高会影响其他养分在土壤中的转化和有效性，导致生理干旱，但是总体上研究区的盐分含量还不足以限制植物的生长。

第三节　复垦区土壤生物学质量特征

　　土壤中各种物质的生物化学反应由土壤生物生命活动和土壤酶促作用所驱动，土壤生物生命活动由土壤环境条件制约常处于受抑制状态，而土壤酶促作用因得到土壤胶体的保护具有相当的稳定性，故当土壤环境条件不利于土壤微生物活动时，土壤代谢仍能在土壤酶的作用下继续进行。土壤生物学性质能较好地反映土壤质量的改善效果，特别对土壤质量的动态变化敏感。土壤酶是具有催化活性的蛋白质，土壤酶是生态系统的物质循环和能量流动等生态过程中最活跃的生物活性物质，在一定程度上反映了土壤养分转化动态（Badiane et al., 2001）。在土壤质量演变过程中，土壤微生物具有相对较高的转化能力，因而土壤微生物可以作为灵敏的指示指标，能较早地预测土壤有机物的变化过程，更重要的是微生物数量及种群结构能反映土壤的生物学环境，同时也间接反映土壤理化性质的优劣。近年来的研究表明：土壤微生物能够帮助植物适应养分胁迫环境，改善土壤养分的吸收利用。土壤酶活性反映土壤微生物的活性及其生长发育。土壤中许多酶与微生物呼吸、微生物数量及微生物量、有机碳含量之间存在着显著的相关性。土壤生物学质量的研究有助于人们对土地生产力的退化预报采取较早的恢复措施，也有助于人们改善土壤肥力，进一步提高产量。

　　露天采煤区复垦土壤，土体被扰动，土壤结构发生了改变，养分贫乏，再加上经常受干旱胁迫，而且，恢复的植被对土壤深层养分有一定的利用，土壤剖面的酶活性、微生物数量、微生物量等也会因养分的变化而发生变化。反之，土壤生物学性质对养分循环及植物对逆境的抵抗能力意义重大。另外，仅仅依靠土壤理化性质评价土壤肥力高低及其未来发展方向显然不能全面反映土壤系统的复杂关系。因此，研究土壤生物学性质很有必要。

一、土壤酶活性

　　土壤酶活性作为农业土壤质量和生态系统功能的生物活性指标已被系统地研究。近年来，土壤学家和生态学家发现用一些土壤酶的综合活性作为预测土壤肥力的方法比用单一酶活性的评价方法，能更好地反映土壤有机高分子化合物分解过程中养分的释放，以及无机养分的相对有效性。土壤酶活性反映了土壤中进行的各种生物化学过程的动向和强度，它数量虽少，但作用颇大。它们参与各种元素的生物循环、有机质的转化、腐殖质和有机无机胶体的形成等。由此可见，土壤酶是土壤生物学中的一项重要内容，对土壤肥力起着重要的作用。而且随着近代生物化学研究的进展，土壤酶学方法的研究已经成为评价土壤肥力、鉴别土壤类型和土壤熟化程度，以及评价各种农业措施效果的一种手段（曹慧等，2003；吕春花，2006）。尤其是近年来在研究土壤生物学特性及肥力演变过程中，国内外学者已开始重视把土壤酶活性作为土壤肥力高低的表征之一。因此，研究土壤酶活性，对改善土壤生态环境、提高土壤质量具有重要意义。

土壤酶活性是土壤生物学活性的总的体现，它和土壤微生物一起共同参与和推动土壤中各种有机质的转化及物质循环过程，使土壤表现不停顿的正常代谢机能，并在营养物质转化中起着重要作用。

1. 过氧化氢酶活性分布特征

过氧化氢酶主要来源于细菌、真菌及植物根系的分泌物，广泛存在于土壤中和生物体内，是在生物呼吸过程中和由于有机物各种生物化学氧化反应的结果而形成的，这些过氧化氢的积累会对生物和土壤产生毒害作用，而在生物体和土壤中存在着过氧化氢酶，它能酶促过氧化氢分解为水和氧的反应，而减轻或解除过氧化氢的毒害作用，增强土壤代谢能力，促进有机物的分解。测定过氧化氢酶不仅能间接了解有机质含量水平，还可以判断有机质转化状况。

采煤复垦区各类型土壤剖面内表层过氧化氢酶活性最高（表5.14），这是因为表层土壤是植物残体分布量较多的土层，也是微生物的密集层，同时，由于表层酶作用的底物较多，所以酶活性最强，而20～40cm土层，由于土壤较板结，有机肥料、植物残体等有机质含量较少，微生物数量不如上层多，酶活性较低。但是只有杨树林土壤剖面差异显著，其余差异均不显著，整体表现为混合回填区＞原状土壤＞分层回填区。复垦土壤表层与下层过氧化氢酶的平均活性分别为2.42ml/g、1.99ml/g，分别比对照的原状土壤增加了0.46ml/g、0.24ml/g，可见，复垦土壤的表层过氧化氢酶活性显著高于下层和对照土壤，说明复垦过程对过氧化氢酶的活性有所提高，不同植被下土壤的过氧化氢酶活性大小为油松、油蒿最大，侧柏、桧柏、苜蓿、杨树次之，草木樨和对照最小，其中以回填较早的草木樨最小，这可能是因为过氧化氢酶活性与有机质和微生物数量有关，分层回填区由于复垦时间比较短，土壤腐熟得比较慢，微生物数量、有机质含量都比较低。

从研究区土壤过氧化氢酶活性的动态变化中可以看出（图5.11），5～10月，整体上在整个时期内过氧化氢酶呈现先增加，中间略有下降，到最后又增加的趋势，总体上以夏季（7～8月）活性最高。复垦区0～20cm表层与20～40cm下层土壤过氧化氢酶活性差异非常明显，而且也显著高于对照土壤的20～40cm土层的酶活性，但是与对照表层土壤相比只有8月以后差异才显著，说明了在夏季高温多雨季节，微生物数量增加，促进了有机质的分解，过氧化氢酶活性也随之增强，所以过氧化氢酶活性的变化和大小可以体现有机质含量的变化和转化方向，也能体现基础氮素的变化方向，因此，过氧化氢酶活性可以体现土壤肥力状况。

表 5.14　研究区剖面土壤酶活性
Tab. 5.14　Enzyme activities of soil profiles in study area

类型		深度/cm	过氧化氢酶/ （mg KMnO₄/g）	脲酶/ （mgNH₃-N/100g）	碱性磷酸酶/ （mg 酚/g）	蔗糖酶/ （mg 葡萄糖/g）
原状土壤	CK	0～20	1.96±0.22cde	0.92±0.13cde	0.16±0.024i	1.20±0.14e
		20～40	1.75±0.09de	0.80±0.19cde	0.12±0.011j	0.52±0.07e
复垦土壤	油松	0～20	2.78±0.09ab	1.02±0.19cde	0.25±0.016f	3.17±1.58bc
		20～40	2.47±0.14abc	0.86±0.18cde	0.20±0.017ghi	2.22±0.55cde
	油蒿	0～20	2.84±0.16a	1.05±0.30cde	0.38±0.031c	4.54±0.89b
		20～40	2.32±0.12abcd	1.05±0.16cde	0.29±0.018e	1.79±0.28cde
	苜蓿	0～20	2.47±0.17abc	0.65±0.31de	0.59±0.039a	6.13±1.11a
		20～40	1.97±0.05cde	0.95±0.32cde	0.32±0.044d	1.59±0.30cde
	杨树	0～20	2.33±0.27abcd	2.68±0.31a	0.19±0.063hi	4.32±1.14b
		20～40	1.63±0.17e	0.91±0.34cde	0.19±0.069hi	1.29±0.17e
	桧柏	0～20	2.68±0.29ab	1.26±0.42cde	0.45±0.029b	3.21±0.10bc
		20～40	2.24±0.12abcde	0.84±0.24cde	0.39±0.026c	1.33±0.23de
	侧柏	0～20	2.80±0.22ab	2.29±0.23ab	0.24±0.024fg	4.48±0.63b
		20～40	2.14±0.36bcde	1.51±0.25bcd	0.21±0.037gh	3.00±0.52bcd
分层回填	草木樨 1	0～20	1.99±0.24cde	1.58±0.20bc	0.22±0.021fgh	1.86±0.17cde
		20～40	1.75±0.18de	0.53±0.18e	0.20±0.014hi	1.34±0.39de
	草木樨 2	0～20	1.95±0.29cde	1.12±0.42cde	0.22±0.022fgh	1.47±0.54de
		20～40	1.62±0.30e	0.86±0.46cde	0.20±0.016hi	1.07±0.31e

注：CK 指原状土壤，各种植被均为复垦区植被；不同小写字母表示 $P<0.05$

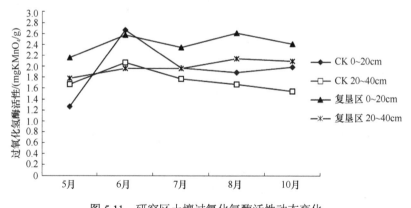

图 5.11　研究区土壤过氧化氢酶活性动态变化
Fig. 5.11　Dynamic change of Catalase

2. 脲酶活性分布特征

脲酶是土壤中唯一对尿素水解起重要作用的关键性酶类，其活性与土壤营养物质的转化能力、肥力水平、污染状况密切相关。脲酶是一种广泛存在于土壤中并对土壤有机氮分解转化起重要作用的专性酶。土壤脲酶直接参与土壤中含氮有机化合物的转化，其活性强度常用来表征土壤氮素供应强度，研究脲酶活性能够了解氮素转化能力和氮素有效化强度。土壤脲酶活性及其动态变化能够反映土壤健康状况和营养水平，脲酶活性越高，土壤健康状况越好，可作为评价健康土壤的生物学指标之一（李东坡等，2003）。脲酶主要分解有机氮转化过程中形成的尿素氮肥，使之转化成矿物态的 NH_3 供植物吸收利用，因此研究脲酶对提高尿素氮肥利用率意义重大，脲酶也与有机质和微生物数量有关。

表 5.14 中的脲酶信息表明，采煤复垦区除了苜蓿地土壤表层脲酶活性低于下层外，其他均表现为表层高于下层，但是只有杨树林地和草木樨 1 之间有显著差异，其他差异均不显著，同样可能是由于土壤表层微生物数量较多，有机质含量较丰富所致，而且酶促底物多也是原因之一。整体表现为复垦土壤＞原状土壤，复垦土壤表层与下层脲酶的平均活性分别为 1.46mgNH$_3$-N/g 土、0.94mgNH$_3$-N/g 土，分别比对照的原状土壤增加了 0.54mgNH$_3$-N/g 土、0.14mgNH$_3$-N/g 土。可见，复垦土壤的表层脲酶活性显著高于下层和对照土壤，一方面说明复垦过程对脲酶的活性有所提高，另一方面说明各种植被下土壤有机氮的差异较大。不同植被下土壤的脲酶活性大小为侧柏＞杨树＞油蒿＞桧柏＞草木樨 1＞草木樨 2＞油松＞对照＞苜蓿，这里苜蓿土壤脲酶活性最低，说明苜蓿地脲酶转化为有效氮素的能力最差，但是苜蓿地的有机质和有效氮含量并不是最低，这可能还与复垦时间不够长有关。不同植被间的对比体现出了复垦对土壤脲酶活性的作用，而且，复垦时间越长，效果越好。

从采煤复垦区土壤脲酶活性的动态变化（图 5.12）可以看出，5～10 月，整体上在整个测定时期内脲酶呈现 5～6 月变化不明显，7 月下降，8 月开始增加，到了 10 月又下降的趋势，总体上仍以夏季（8 月）活性最高，原状土壤却有所不同，5 月比较高，6 月、7 月活性最低。而且复垦区 0～20cm 表层与 20～40cm 下层土壤脲酶活性差异非常明显，尤其是 7 月之前，到了后期差异有所降低，也显著高于对照土壤土层的酶活性。同样说明了在高温多雨的夏季，微生物数量增加，促进了有机质的分解，土壤中有机氮的转化能力也最强，总体上有机质和全氮含量的增加，脲酶活性也增强，所以脲酶活性也可以体现土壤肥力状况。

3. 磷酸酶活性分布特征

磷酸酶主要参与将土壤中有机磷转化成无机磷的过程，磷酸酶活性与土壤中有机磷的含量呈显著正相关，其含量越高土壤中有机磷的矿化速度越大。整个矿区土壤 pH 在 8.3～9.0，磷酸酶在碱性条件下分解底物的能力显著大于中性和酸性条件，所以在研究区测定碱性磷酸酶更具有代表性。磷酸酶是诱导酶，微生物和根对磷酸酶的分泌与正磷酸盐的缺乏强度呈正相关，缺磷时植物根际磷酸酶的活性会成倍增长。磷酸酶是土壤中最活跃的酶类之一，是表征土壤生物活性的重要酶，在土壤磷循环中起重要作用，可以表征土壤磷素有效化强度。

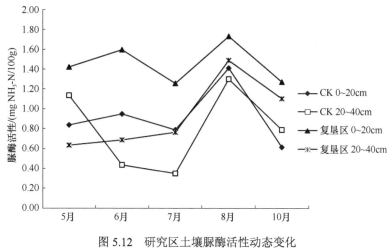

图 5.12 研究区土壤脲酶活性动态变化

Fig. 5.12 Dynamic change of Ureas

采煤复垦区不同植被覆盖下土壤剖面均表现为表层高于下层，原状土壤、油松、油蒿、苜蓿、桧柏上下层之间差异显著，其他差异均不显著，同样可能是由于土壤表层微生物数量较多，地表覆盖物、残体较多，有机质含量较丰富所致，而且酶促底物也比较多，四种酶中磷酸酶的表层与下层之间差异最显著。整体仍然表现为，复垦土壤＞原状土壤，复垦土壤表层与下层碱性磷酸酶的平均活性分别为 0.30mg 酚/g 土、0.23mg 酚/g 土，分别比对照的原状土壤增加了 0.14mg 酚/g 土、0.11mg 酚/g 土，可见，复垦土壤的表层磷酸酶活性显著高于下层和对照土壤，同样说明复垦过程对磷酸酶的活性有所提高，同时表明各种植被下土壤有机磷的矿化速度差异较大。不同植被下土壤的磷酸酶活性大小依次为苜蓿、桧柏、油蒿最高，油松、侧柏、草木樨次之，杨树、对照最小，显示出了苜蓿、桧柏、油蒿植被的优势。

测定初期，复垦土壤和对照土壤磷酸酶活性均以较快的速度增加（图 5.13），其中复垦的表层和下层，以及对照土壤的表层酶活性均在 7 月达到了最大，分别为 0.33mg 酚/g 土、0.27mg 酚/g 土、0.18mg 酚/g 土，之后开始下降，到 10 月降到最低；而对照的下层土则在 6 月达到最大，7 月又有所下降，到后期开始上升。总体上，复垦土壤的磷酸酶活性显著高于对照的原状土壤，而且整体上均在夏季（7月）酶活性达到最大，0～20cm 表层土壤酶活性明显大于下层 20～40cm 土层，这可能与下层土壤微生物数量减少有关，说明了复垦土壤经过了长时间的复垦，土壤磷酸酶活性也相应地经过了一个较长的稳定期，已经超过了当地未开采原状土壤的水平，但是整体酶活性和农田土壤相比还有一定差距，所以复垦工作还需继续开展。

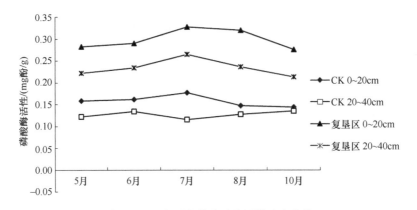

图 5.13　研究区土壤磷酸酶活性动态变化
Fig. 5.13　Dynamic change of Alkaline phosphatase

4. 蔗糖酶活性分布特征

　　蔗糖酶又叫转化酶或 β-呋喃果糖苷酶，是一种参与碳循环的重要酶，对增加土壤中易溶性营养物质起着重要作用，能酶促土壤蔗糖大分子水解成可被植物和土壤微生物吸收利用的葡萄糖和果糖补充碳源和能源。被广泛用来表征土壤中生化过程的动向和强度，也可以作为评价土壤熟化程度和土壤肥力水平的一个指标。蔗糖酶与有机质、氮、磷含量，微生物数量及土壤呼吸强度有关，是评价土壤中物质转化强度的酶类。

　　采煤复垦区各类型土壤剖面内均是表层蔗糖酶活性最高，同样可能是因为表层土壤植物残体分布量较多，微生物密集，酶作用的底物较多，所以酶活性最强，而 20～40cm 土层，由于土壤较板结，微生物数量不如上层多，酶活性较低。各类型中油蒿、苜蓿、杨树和桧柏林土壤剖面差异显著，其余差异均不显著，整体表现为：混合回填区＞分层回填区＞原状土壤。复垦土壤表层与下层蔗糖酶的平均活性分别为 3.65mg/g、1.71mg/g，表层是下层的 2.1 倍，复垦土壤表层与下层蔗糖酶平均活性分别是原状土壤的 3.0 倍和 3.3 倍，可见，复垦土壤的表层蔗糖酶活性显著高于下层和对照土壤，说明复垦过程对蔗糖酶的活性有所提高，即表层土壤提供微生物碳源和能源的能力明显增强，也说明复垦生境能使蔗糖酶发挥比较好的碳循环功能；不同植被下土壤的蔗糖酶活性大小为苜蓿＞侧柏＞油蒿＞杨树＞

油松＞桧柏＞草木樨＞原状土壤，这可能与土壤蔗糖酶主要来自植物根系，少部分来自土壤微生物和动物有关，草本植物根系较木本植物浅，所以在测定区域（0～40cm土层）内苜蓿和油蒿土壤中蔗糖酶活性较高，但是，同样是草本植物的草木樨土壤中蔗糖酶活性并不高，而侧柏林土壤酶活性却高。一方面是由于分层回填区复垦时间比较短，土壤腐熟得比较慢，植物根系欠发达所致；另一方面是木本植物土壤表层植物荫蔽较少，土壤直接受气象因素如水、热、风等影响，土壤中的物质和能量转化较地表覆盖度大的土壤稳定，能量输出较少，土壤生物进行转化的能力加强，这必然导致土壤原有的有机质分解矿化作用增强，最终使得土壤中蔗糖酶的活性增加（吕家珑等，2001），深层次的原因还有待于进一步研究。

采煤复垦区土壤蔗糖酶活性的变化表明（图5.14），测定前期，复垦土壤表层蔗糖酶活性以较快的速度增加，一直到8月达到最高每克土壤4.60mg葡萄糖；复垦土壤下层及对照的原状土壤在前期也呈现增加的趋势，只是增加的幅度较小，8月达到最大，其中复垦的下层在7月出现了低谷，之后研究区土壤蔗糖酶活性均开始下降，到10月降到最低。总体上，复垦土壤的蔗糖酶活性显著高于对照的原状土壤，而且整体上均在8月酶活性达到最大，0～20cm表层土壤酶活性明显大于下层20～40cm土层，这进一步说明了表层土壤提供微生物碳源和能源的能力比较明显。

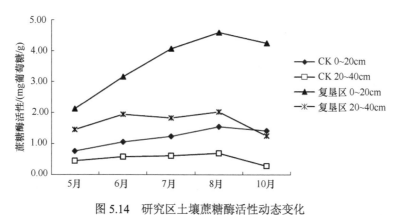

图5.14 研究区土壤蔗糖酶活性动态变化

Fig. 5.14 Dynamic change of Invertase

综上分析表明，4种酶活性均为表层高于下层，其中过氧化氢酶活性和脲酶活性降低的幅度较小。复垦使得矿区土壤酶活性明显增强，相应的土壤肥力也提高了；对于地处干旱地区的矿区复垦地，根系对土壤深层养分有一定利用，随土层加深，土壤熟化程度、肥力水平及营养元素状况等均不利于微生物的活动，导致酶活性降低，这一点可从混合回填区与分层回填区的对比中明显看出，分层回填区因为在剥离的过程中尽量保留地表土层,在回填时表层尽可能覆盖原有的表土层,所以表层与下层土壤酶活性差异不明显。不同植被覆盖下土壤酶活性的差异没有一致的规律,可能与回填的土壤类型、养分差异及其生境条件有关。

二、土壤微生物

土壤所含微生物不仅数量巨大,而且种类繁多,主要包括细菌、真菌、放线菌三大类,它们是土壤中最活跃的成分,土壤微生物几乎参与土壤动植物残体和有机物质的分解、养分转化和循环,与植物共生及对生物多样性和生态系统功能影响等全部土壤生物和生化反应,特别是植物营养元素转化和循环的动力,维持着生态系统的正常运转(Liao and Li, 2003)。微生物可将有机物和无机物互转,更重要的是,它是土壤酶活性的最基本来源。微生物在土壤中的分布与活动,反映了微生物对植物生长发育、土壤肥力和物质循环与能量转化的影响与作用,揭示土壤的现状和趋向,能直接影响到土壤的物理、化学和生物学性质。是反映土壤质量变化重要的敏感性生物学指标。因此,近年来,许多学者已日益关注用微生物参数来估计土壤的健康性和质量,所以定量研究土壤的微生物数量及分布,有助于揭示研究区土壤微生物的潜在活性强度、作用方向及土壤养分转化和释放机制。

从整体来看,露天采煤区复垦地土壤微生物在种类和数量上存在差异(表5.15)。其中细菌数量占优势,数量远远大于放线菌和真菌,其次是固氮菌和放线菌,真菌含量最少。研究区的微碱性环境利于细菌、固氮菌和放线菌生存,所以细菌、固氮菌和放线菌数量明显较真菌多。细菌数量占绝对优势说明在一定土壤生境下细菌是土壤生物活性中对物质分解起着决定性作用的微生物。不同植被下土壤微生物的变异系数整体比较大,说明土壤微生物对土壤肥力、植物根系、土壤水分和温度、土壤酸碱度等因素的敏感性非常大,可见,土壤微生物能够反映土壤质量的变化。

研究区人工复垦地土壤微生物总量依次顺序为苜蓿＞油蒿＞草木樨＞侧柏＞桧柏＞杨树＞油松＞原状土壤。在不同植被下土壤微生物数量的差异,既表明了植被对土壤微生物数量的巨大影响,也进一步肯定了土壤微生物在监测土壤质量恢复上的作用。复垦区植被不同,微生物数量也明显不同,微生物总数总体上是草地植被大于乔木林地。由于豆科植物改善了复垦地的持水特性、通气状况和温热状况,为植物生长创造了有利条件,也促进了各类微生物的发育,且豆科植物具有较强的固氮作用,使植物生长旺盛,根系发达,分泌物及凋落物较多,可以积累较多的有机物质,为微生物的发育提供了丰富的基质。草地微生物大量集中在浅表层根系区域,物质和养分能够得到及时补充,并且草地的土壤温度及含水

表 5.15　研究区土壤微生物数量分布特征

Tab. 5.15　Distributive feature of soil microorganism quantity in study area

类型	深度/cm	细菌	固氮菌	放线菌	真菌	合计
CK	0～20	17.35±5.09	13.82±1.84	1.60±0.75	5.85±4.70	32.95
	20～40	16.40±5.25	12.16±4.08	0.87±0.16	4.80±3.95	29.97
	均值	16.88±2.91c	12.99±1.96b	1.23±0.43c	5.33±4.32c	31.46c
油松	0～20	20.56±5.08	18.24±5.36	2.88±1.04	20.35±9.20	43.72
	20～40	14.40±4.22	13.99±6.07	1.34±0.15	8.36±4.69	30.56
	均值	17.48±3.58c	16.11±5.01b	2.11±0.58abc	14.36±4.44ab	37.14c
油蒿	0～20	55.33±14.85	33.27±2.16	3.93±0.56	21.32±4.39	93.90
	20～40	33.94±10.19	14.49±3.98	2.31±0.41	11.55±3.29	51.17
	均值	44.63±11.17ab	23.88±2.52ab	3.12±0.23ab	16.44±2.42a	72.54ab
苜蓿	0～20	56.97±13.92	39.80±8.78	4.15±1.09	21.98±3.62	101.52
	20～40	39.13±11.58	18.50±5.60	2.51±0.65	13.75±2.73	60.45
	均值	48.05±8.96a	29.15±3.74a	3.33±0.53a	17.87±2.86a	80.99a
杨树	0～20	28.12±4.51	16.76±2.58	2.90±1.05	7.10±3.25	48.49
	20～40	15.36±6.75	15.31±3.34	1.23±0.44	6.55±1.84	32.56
	均值	21.74±3.46bc	16.03±2.49b	2.07±0.72abc	6.83±2.42bc	40.52c
桧柏	0～20	33.46±19.41	31.31±11.27	2.76±1.44	8.75±3.79	68.27
	20～40	10.15±3.61	16.23±3.62	1.82±0.48	6.10±3.02	28.81
	均值	21.81±11.26abc	23.77±7.15ab	2.29±0.71abc	7.43±3.31bc	48.54bc
侧柏	0～20	30.40±10.94	19.76±8.48	2.10±0.40	9.75±2.97	53.24
	20～40	28.89±9.38	18.08±3.52	1.08±0.37	5.70±1.38	48.61
	均值	29.65±6.98abc	18.92±4.27ab	1.59±0.36bc	7.73±1.88bc	50.93abc
草木樨 1	0～20	32.59±11.86	18.44±7.78	1.45±0.54	12.15±5.17	53.69
	20～40	30.80±10.82	17.24±5.09	1.68±0.61	9.85±4.29	50.71
	均值	31.70±8.67abc	17.84±6.02b	1.56±0.41bc	11.00±3.61abc	52.20abc
草木樨 2	0～20	38.03±15.18	20.76±2.82	2.02±0.78	12.70±6.66	62.08
	20～40	36.54±11.63	17.16±4.01	2.08±0.50	2.90±1.46	56.07
	均值	37.29±12.07abc	18.96±2.86ab	2.05±0.60abc	7.80±4.05abc	59.08abc
复垦平均	0～20	34.76±5.66	23.57±3.63	2.64±0.32	13.33±1.80	61.98
	20～40	26.19±3.45	15.91±2.03	1.66±0.07	7.73±2.46	44.34
	均值	30.47±4.46abc	19.74±2.66ab	2.15±0.17abc	10.53±2.10abc	53.16abc

注：细菌、固氮菌、放线菌的单位为×10^5 个/g 土，真菌单位为×10^2 个/g 土；CK 指原状土壤，各种植被均为复垦区植被；不同小写字母表示 $P < 0.05$。

量较高, 有利的微环境也是土壤微生物数量高的一个原因。而对于复垦地恢复初期, 林地土壤养分向地上部的不断输出在某种程度上限制了土壤质量的迅速发展。所以, 在露天矿区复垦地中, 应该充分发挥生态系统中草本植物的恢复功能, 主要是草地的有机物积累功能, 适当地辅助乔木和灌木配置, 而不宜盲目地种植单一的乔木或灌木, 在乔灌木林地的重建中也应注意选择适宜的树种, 从培肥土壤肥力的角度出发选择适生树种进行植被恢复。采煤区未开采的原状土壤微生物数量最少, 可能是由于矿区环境质量影响所致, 再者, 原状土壤长期无人管护, 恶劣的环境导致其植被稀疏, 物种单一, 地表凋落物少且不易分解, 造成土壤微生物生长缓慢。

土壤微生物数量在不同植被下具有明显的表聚作用, 不同植被下土壤剖面微生物数量均呈现明显的层次性, 而且即使同一样地不同土层也存在差异。可见, 随着土壤深度的增加, 微生物数量逐渐减少, 不同土壤微生物数量和微生物总量在土壤剖面上的垂直分布表现为表层 (0~20cm) 大于下层 (20~40cm) 的一般分布规律, 即总体而言, 研究区复垦地土壤的细菌、放线菌、固氮菌、真菌数量及微生物总数均表现为表层大于下层。这可能与表层不仅受植物根系的影响, 还受枯枝落叶及小气候环境影响较大有关。土壤微生物数量表现为表层大于下层, 反映了植被对土壤微生物的表聚效应。

1. 细菌分布特征

土壤微生物数量直接影响土壤的生物化学活性及土壤养分的组成与转化, 是土壤肥力的重要指标之一, 而细菌是土壤微生物的主要组成部分, 其数量主要影响着土壤微生物的总体数量, 而且能分解各种有机物。复垦区不同植被下细菌数量平均值的差异不是特别大 (表5.15), 总体上, 土壤细菌数量由大到小依次为苜蓿＞油蒿＞草木樨＞侧柏＞桧柏＞杨树＞油松＞原状土壤。细菌数量分别是原状土壤的 2.85 倍、2.64 倍、2.21 倍、1.76 倍、1.29 倍、1.29 倍、1.04 倍。进一步对细菌数量进行显著性测验 (Duncan 检验, $P<0.05$), 结果表明, 苜蓿和油蒿土壤细菌数量显著高于其他植被下土壤及原状土壤, 而其他土壤间差异不显著, 可见特别地突出了草本植物对细菌数量的影响作用之大。

研究区属于半干旱大陆性季风气候, 冬季严寒而漫长, 夏季温热而短暂。寒暑变化剧烈, 昼夜温差较大。年均降水量为 368.2mm, 降水多集中在 7~9 月, 占全年降水量的 60%~70%。复垦区不同的植被下土壤微生物类群数量也不同, 不同季节土壤微生物类群数量的动态分布也不同。细菌大部分是在中性、弱酸性和弱碱性的环境中发育最好。土壤有机物质的组成对细菌在土壤中的分布、数量及细菌群的组成也有重要影响。根据细菌在培养基上形成的菌落估算土壤中细菌的数量, 可以看出细菌是该研究区土壤中最主要的微生物类型, 在研究区复垦地中各种植被下细菌数量的季节动态分布（图 5.15）为：夏季＞秋季＞春季，而且季节变幅较大，春季与夏季的细菌数量，以及春季与秋季的细菌数量均达到极显著水平（表 5.16），夏季与秋季细菌数量差异显著。说明这个变异系统内的土壤细菌数量的季节变化十分明显。

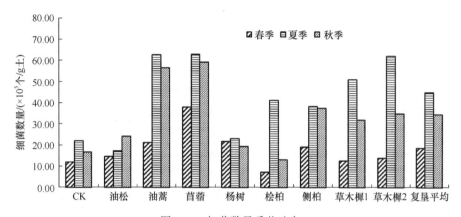

图 5.15　细菌数量季节动态

Fig. 5.15　The seasonaldistribution of bacteria number

表 5.16　研究区土壤微生物数量季节动态方差分析结果（P 值）

Tab. 5.16　Statistic analysis of Overall ANOVA on microorganism quantity among the different seasons in study area

种类	春季—夏季	夏季—秋季	春季—秋季
细菌	0.0028**	0.0448*	0.0049**
固氮菌	0.0026**	0.0008**	0.5773
放线菌	0.0042**	0.0014**	0.2179
真菌	0.0000**	0.0008**	0.9669

注：每行"**"表示差异极显著（$P<0.01$）；"*"表示差异显著（$P<0.05$）。

2. 固氮菌分布特征

自生固氮菌具有固定大气中氮气、丰富土壤氮的能力，其数量的多少也可作为土壤质量的一个指标。氮作为蛋白质的主要构成元素，是限制微生物生长的重要化学元素，在低氮环境中，大多数微生物的生长繁殖受阻，但固氮菌由于能转化分子态氮和无机态氮为有机态氮，具有较强的竞争力，能有效地利用营养条件生长繁殖。另外，固氮菌固氮作用的发挥受到营养条件的限制，当营养条件不能满足其需求时生长将受抑制。多数情况下植物残渣产生的土壤有机质上升时，固氮菌的数量和种类才随之上升。

复垦区不同植被下固氮菌数量平均值的差异不是特别大（表 5.15），总体上，土壤固氮菌数量由大到小依次为苜蓿＞油蒿＞桧柏＞草木樨2＞侧柏＞草木樨1＞油松＞杨树＞原状土壤。复垦区不同植被下土壤固氮菌数量每克土分别比原状土壤增加了 16.16×10^5 个、10.89×10^5 个、10.78×10^5 个、5.97×10^5 个、5.93×10^5 个、4.85×10^5 个、3.12×10^5 个、3.04×10^5 个。进一步对固氮菌数量进行显著性检验（Duncan 检验，$P<0.05$），结果表明，苜蓿土壤固氮菌数量显著高于油松、杨树、原状土壤及复垦较晚的草木樨土壤，而其他土壤间差异不显著，可见特别地突出了豆科植物对固氮菌数量的影响作用之大。

土壤微生物数量的分布具有一定的季节性变化，这与土壤的水热状况密切相关，在研究区复垦地中各种植被下固氮菌数量的季节动态分布（图 5.16）总体表现为夏季最高，秋季最低，春季居中，而且夏季明显数量增多，因为 7 月、8 月水分和温度都达到最大值，在适宜的水分和温度下固氮菌能进行正常的生长活动。但是，侧柏和油蒿林下土壤中的固氮菌却表现为夏季＞秋季＞春季，体现出了微环境的不同导致的差异。经 Duncan 检验春季与夏季的固氮菌数量，以及夏季与秋季的固氮菌数量均达到极显著水平（表 5.16），而春季与秋季之间固氮菌数量差异不显著。说明这个变异系统内的土壤固氮菌数量的季节变化比较明显，而且可以明显地看出复垦地的固氮菌平均数量显著高于对照地，尤其是在夏季，差异更明显。

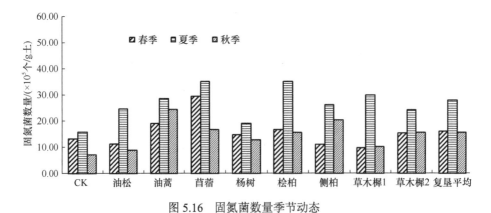

图 5.16　固氮菌数量季节动态

Fig. 5.16　The seasonal distribution of azotobacteria number

3. 放线菌分布特征

一般而言，放线菌的发育比真菌和细菌要缓慢得多，它的作用主要是分解植物的某些难分解的组分，形成腐殖质，把植物残体和枯落物转化为土壤有机组分。放线菌介于细菌和真菌之间，主要特征是单细胞的菌丝体，其菌丝相当长，但很细，数量次于细菌，在土壤中的生物量与细菌相当。放线菌多发育于耕作层土壤，一般在酸性土壤中较少，在碱性、较干旱和有机质丰富的土壤中特别多。

采煤复垦区不同植被下放线菌数量平均值的差异不是特别大（表 5.15），总体上，土壤放线菌数量仍然是苜蓿最高，其后依次为：油蒿＞桧柏＞油松＞杨树＞草木樨 2＞侧柏＞草木樨 1＞原状土壤。放线菌数量分别是原状土壤的 2.71 倍、2.54 倍、1.86 倍、1.72 倍、1.68 倍、1.67 倍、1.29 倍、1.27 倍，整个复垦地的平均放线菌数量为 2.15×10^5 个/g 土，是原状土壤的 1.75 倍。进一步对放线菌数量进行显著性检验（Duncan 检验，$P < 0.05$），结果表明，苜蓿显著高于侧柏和复垦时间短的草木樨 1 及原状土壤，油蒿显著高于对照，而其他土壤间差异不显著，可见同样是突出了草本植物苜蓿和油蒿对放线菌数量的影响作用。

放线菌在土壤中主要以分生孢子的形式存在，不常以菌丝形态存在，是异养微生物，好气喜温，对干旱和营养物质的缺乏都具有较强的耐性，是干燥土壤中常见的种类，比较耐碱性，对酸性敏感（胥秀英等，2000），是参与土壤中有机质分解过程的主要微生物之一，能分解多数真菌和细菌不能分解的化合物，还参与难分解的有机质的分解过程。放线菌的季节变化特征总体表现为（图 5.17）：秋季最多，夏季最少，春季居中，放线菌的高峰值多出现在秋季，这可能与它参与难分解物质的分解过程有关，但是油蒿、桧柏和草木樨 2 却有所不同，油蒿表现为秋季＞夏季＞春季，桧柏和草木樨 2 表现为春季最多，夏季和秋季数量变化很小，同样说明了矿区微环境对放线菌数量的影响。春季与夏季和夏季与秋季间放线菌数量差异极显著（表 5.16），春季与秋季间差异不明显，可见研究区放线菌的数量差异集中体现在春夏与夏秋之间。

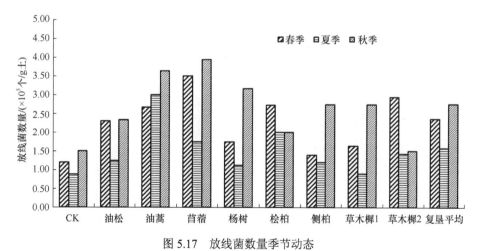

图 5.17　放线菌数量季节动态

Fig. 5.17　The seasonal distribution of actinomyces number

4. 真菌分布特征

真菌积极参与有机质的分解，使枯落物中的蛋白质形成植被可直接吸收的氮素氨基酸和铵盐等，同时它对无机营养的吸收也有显著影响，能分解纤维素、半纤维素及其他类似化合物，同时也能分解含氮的蛋白质类化合物而释放出氨。由于真菌具有复杂的酶系统，分解一些植物保存性物质（如木质素）的能力也特别强。

采煤复垦区不同植被覆盖下土壤真菌的数量是四种菌类中最少的一种，而且变化同样不是特别显著（表5.15），总体表现为苜蓿、油蒿最多，每克土壤分别达到1787个和1644个，然后依次为油松、草木樨1、草木樨2、侧柏、桧柏、杨树、原状土壤。其中苜蓿、油蒿显著高于草木樨2、侧柏、桧柏、杨树和原状土壤，油松显著高于对照，但是苜蓿和油蒿间差异不显著。这一结果表明草本林土壤真菌数量要大于纯林地土壤真菌数量，可能是由于草本植物增加了土壤有机质的含量，改善了真菌的生长环境。

真菌在土壤中多以菌丝状态存在，广泛分布于耕作层中，它的个体虽然比细菌、放线菌小，而其生物总量却远大于细菌和放线菌。真菌一般耐酸性，在pH 5.0左右的土壤中，细菌和放线菌发育受到限制，真菌仍能较好地发育生长，是通气良好的酸性土壤中有机质转化的主要菌种。真菌数量在夏、秋季相对增加，显示地表有机残体较为丰富。对研究区真菌的季节变化（图5.18）表明，真菌的季节变化总体表现为夏季＞春季＞秋季，其中，夏季特别突出，而春季和秋季数量变化不大（表5.16），但是油松林下真菌却是秋季高于夏季，杨树和苜蓿林下土壤中真菌表现为夏季＞秋季＞春季，其中的原因还需进一步研究，总体上仍以夏季真菌出现最高值，这可能与夏季多雨、高温有关。

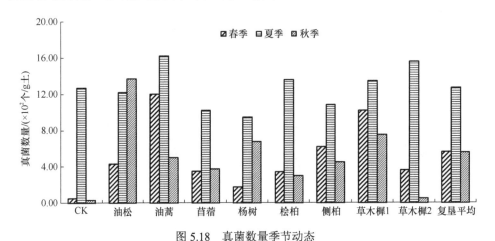

图 5.18　真菌数量季节动态

Fig. 5.18　The seasonal distribution of fungi number

综上分析，土壤细菌、固氮菌、放线菌和真菌是对土壤生境非常敏感的生物学指标，数量大小是细菌最多，固氮菌、放线菌次之，真菌最少，微生物数量均是表层最高，土壤生境不同，这里主要是土壤养分、酸碱性、水分、温度及植被覆盖的不同，导致四种菌种的分布差异，总体上均是草本地微生物数量大于纯林地，草本中又以苜蓿地微生物最多，对比原状土壤整个复垦地微生物数量均有增加，说明四个菌种所参与的有机质分解、养分转化和循环等土壤生化反应都是复垦地比原状土壤强烈，但是差异不显著。

三、土壤微生物量

土壤不仅是陆地植物的基础营养库，也是生态系统"能流"、"物流"转换的场所，土壤微生物量作为土壤有机质的降解者和植物营养的活性库，虽然只占土壤有机物质的 3%左右，但是在土壤营养中发挥着重要作用。首先，它是土壤中动植物残体和有机质转化的驱动力，对土壤有机质和养分的循环起着主要作用，它参与有机质的分解、腐殖质的形成、土壤养分转化等各个过程；其次，作为土壤养分的储备库，含有可测量的氮、磷和硫，是植物生长过程中可利用养分的一个重要来源。由于其周转较快，可以在土壤有机质变化被测定之前反映土壤的变化，而且又能灵敏反映环境因子的变化。因此，土壤微生物量可以作为评价土壤质量的重要指标之一，成为近年来土壤学界研究的热点。土壤微生物量被认为是土壤活性养分的储存库，特别是在养分贫瘠系统中源和库的作用更为明显，其主要功能是以生物学的形式累积和保持养分。因此，微生物量大小的变化影响碳、氮、磷的循环和植物对它们的吸收能力，微生物量被认为是一种有效和灵敏的土壤有机质动量变化的指标（张浩等，2004），是评价土壤的生物学性状重要指标。国内外研究表明，微生物量受土地利用方式、土壤流失、耕作与施肥、土壤 pH 及重金属污染等影响。由于露天开采扰动了土壤结构，改变了土壤的理化性质和生物学性质，必然影响到微生物量的变化。

1. 微生物量碳的分布特征

尽管微生物量碳通常仅占土壤有机碳的 1%～4%，但微生物是土壤有机质转化和分解的直接作用者，并且在土壤主要养分（如氮、磷、硫）的转化过程中起主导作用。微生物量碳可反映土壤养分有效性和生物活性，能在很大程度上反映土壤微生物数量，对土壤扰动非常敏感，常作为土壤对环境响应的指示指标（宋秋华等，2003）。

研究区土壤微生物量碳的分布特征为整个研究区的微生物量碳均表现为表层大于下层（表 5.17），而且，原状土壤、苜蓿地、桧柏地表层与下层差异达到 $P<$

0.05 级的显著水平，其余植被下差异不明显。从变异系数可以看出，原状土壤表层与下层之间变异幅度几乎接近，说明了未开采没有造成对土体的扰动，整个土壤比较稳定。但是，复垦区则不同，不同植被下不同层次间变异系数为 8.35%～43.25%，变异幅度比较大，说明了不同的复垦措施对微生物量碳养分的供应潜力不同，而且差异较大。复垦区不同植被及对照之间，微生物量碳的大小顺序为苜蓿＞桧柏＞油松＞油蒿＞侧柏＞草木樨 1＞原状土壤＞杨树＞草木樨 2，可见，杨树和复垦时间长的草木樨对微生物量碳养分的供应潜力很低，而其他植被均大于对照，体现出了复垦的作用。整个复垦区的平均值表明，复垦以后土壤表层与下层的微生物量碳分别为 13.56mg/kg、9.05mg/kg，表层比下层平均多 4.51mg/kg，差异显著，而且，上下层分别比对照高出 3.53mg/kg、3.11mg/kg，下层间差异显著，表层不显著。

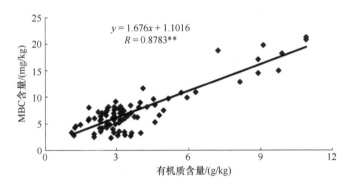

图 5.19　土壤微生物量碳（MBC）与有机质（OM）含量的相关关系

Fig. 5.19　Correlations between soil MBC and OM content

土壤微生物量碳与土壤有机质含量呈极显著线性关系且有相同的变化趋势（图 5.19），另外，当土地利用方式及管理等措施发生变化时，土壤微生物量碳比土壤有机质能更快地反映这种变化。因此，土壤微生物熵（MBC/TC，指土壤微生物量碳与土壤有机总碳的比值）可以监测土壤质量变化，MBC/TC 变化反映了土壤中输入的有机质向微生物量碳的转化效率、土壤中碳损失和土壤矿物对有机质的固定（王秀丽等，2003）。当可利用碳源被加入土壤则比例上升，当残留有机质变得更加稳定时则比例下降。虽然复垦土壤微生物量碳含量明显高于原状土壤（表 5.17），但土壤微生物熵却明显低于原状土壤，这是因为复垦土壤植被覆盖度高，有机残落物多，微生物碳源充足，有机质向微生物量碳的转化量较大，但其转化效率却比较低。整个研究区 MBC/TC 平均为 0.42%～0.81%，尽管比例很小，但 MBC 是土壤有机碳最活跃的部分，直接调控土壤有机质的转化过程。

表 5.17 研究区土壤微生物量碳分布特征

Tab. 5.17 Distributive feature of soil microbial biomass carbon（MBC）in study area

类型	深度/cm	MBC		MBC/TC	
		均值/（mg/kg）	CV/%	均值/%	CV/%
CK	0~20	10.03±0.95defgh	21.10	0.63±0.06abcd	21.51
	20~40	5.94±0.57i	21.57	0.81±0.06a	15.37
油松	0~20	12.32±0.46cde	8.35	0.65±0.05abc	16.81
	20~40	10.63±0.97cdefg	20.35	0.75±0.11ab	33.86
油蒿	0~20	12.03±2.00cdef	37.11	0.49±0.08cdef	36.26
	20~40	8.53±1.35efghi	35.46	0.50±0.06cdef	27.02
苜蓿	0~20	27.55±1.85a	15.04	0.48±0.01cdef	6.97
	20~40	9.73±0.69efghi	15.92	0.42±0.04def	18.48
杨树	0~20	8.59±0.38efghi	9.80	0.60±0.07bcde	27.88
	20~40	7.12±0.85ghi	26.55	0.50±0.09cdef	41.31
桧柏	0~20	22.85±2.77b	27.07	0.49±0.05cdef	24.27
	20~40	14.30±1.18c	18.43	0.47±0.03cdef	15.29
侧柏	0~20	9.71±1.08efghi	24.95	0.66±0.06abc	20.46
	20~40	8.12±1.32fghi	36.28	0.53±0.06cdef	27.29
草木樨 1	0~20	9.24±0.88efghi	21.28	0.63±0.05abcd	16.33
	20~40	7.93±0.86ghi	24.23	0.43±0.05def	25.46
草木樨 2	0~20	6.15±1.19hi	43.25	0.39±0.09ef	51.29
	20~40	6.01±1.02i	38.05	0.33±0.07f	50.27
复垦平均	0~20	13.56±0.49cd	8.14	0.52±0.02cdef	6.41
	20~40	9.05±0.22efghi	5.44	0.48±0.03cdef	12.40

注：CK 指原状土壤，各种植被均为复垦区植被；不同小写字母表示 $P<0.05$；CV 表示变异系数

　　微生物量碳的动态结果表明（图 5.20），复垦区微生物量碳的含量高于对照的原状土壤，整体的变化趋势基本一致，均表现为 5 月到 6 月略有下降，之后一直到 7 月又开始增加并达到最大值，7 月之后开始下降，直到 10 月，但是复垦区表层及对照的下层 10 月又有所增加，这可能与土壤微生物量碳受温度的影响及植物对养分的需求大小不同有关，研究区 5~6 月温度略有回升，植被生长开始需求大量养分，所以体现为微生物量碳略有下降，而且下层受温度影响更大，所以下降幅度较大。到了后期，随着植物生长进入旺盛期，对养分的需求量也不断增大，与此同时微生物量碳的矿化作用非常强烈，导致土壤中微生物量碳库下降较快。

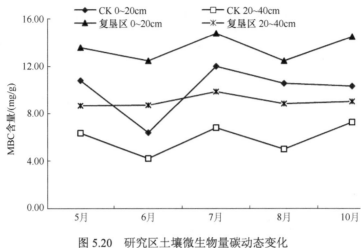

图 5.20　研究区土壤微生物量碳动态变化
Fig. 5.20　Dynamic change of MBC

　　对比后面的微生物量氮和磷，可以看出，微生物量碳、氮、磷中以微生物量碳含量在三者中最大，这是因为进入土壤中的动植物残体及外界施入的有机碳等，首先经过土壤微生物的矿化作用，转化为微生物量碳、腐殖质或腐殖化有机碳等。所以，土壤微生物量碳不仅是土壤微生物群体大小的指标，还是土壤碳素循环中的重要环节和驱动力。

2. 微生物量氮的分布特征

　　土壤微生物量氮（MBN）是重要的土壤活性氮"库"和"源"，直接调节氮素供给，是土壤氮素的一个重要储备库，在土壤氮素循环与转化过程中起着重要的调节作用。虽然土壤微生物量氮在数量上低于或接近于植物的吸氮量，但由于微生物量氮的周转率比土壤有机氮快 5 倍之多，因此大部分的矿化氮来自于土壤微生物生物量氮。

　　整个研究区的微生物量氮均表现为表层大于下层（表 5.18），但是只有苜蓿地、桧柏地表层与下层差异达到 $P<0.05$ 级的显著水平，其余植被下差异不明显。从变异系数可以看出，原状土壤表层与下层之间变异幅度几乎接近，说明了未开采地土壤微生物量氮基本保持稳定。但是，复垦区则不同，不同植被下不同层次间变异系数为 11.94%～90.29%，变异幅度特别大，说明了露天开采的回填过程及不同的复垦措施对微生物量氮的影响比较大。复垦区不同植被及对照之间，微生物量氮的大小顺序为桧柏＞苜蓿＞油松＞侧柏＞草木樨 2＞杨树＞油蒿＞草木樨 1＞原状土壤，可见，所有的复垦植被均大于对照，体现出了复垦的作用。整个复垦区的平均值表明，复垦以后土壤表层与下层的微生物量氮分别为 8.51mg/kg、

5.34mg/kg，差异不显著，而且，上下层分别比对照高出 3.99mg/kg、1.93mg/kg，表层间差异显著，下层不明显。

表 5.18 研究区土壤微生物量氮分布特征

Tab. 5.18 Distributive feature of soil microbial biomass nitrogen（MBN）in study area

类型	土层深度/cm	MBN		MBC/MBN		MBN/TN	
		均值/（mg/kg）	CV/%	均值	CV/%	均值/%	CV/%
CK	0～20	4.52±1.07de	52.74	2.53±0.43ab	37.91	6.61±1.52ab	51.34
	20～40	3.41±0.82e	53.93	2.06±0.40ab	43.73	7.53±1.87ab	55.50
油松	0～20	7.32±0.89bcd	27.27	1.81±0.26ab	31.58	7.84±1.01ab	28.74
	20～40	4.92±0.98cde	44.56	2.76±0.89ab	72.06	5.38±1.31b	54.36
油蒿	0～20	6.66±1.71bcde	57.50	3.34±1.97a	92.03	6.13±1.56b	56.98
	20～40	3.85±0.98de	56.65	2.83±0.93ab	73.81	3.55±0.78b	48.97
苜蓿	0～20	15.37±1.76a	25.63	1.92±0.29ab	34.30	11.24±2.58a	51.41
	20～40	5.59±1.22cde	48.90	2.20±0.60ab	61.45	3.89±0.53b	30.27
杨树	0～20	5.64±1.98cde	78.42	2.17±0.48ab	49.96	6.27±2.05b	73.04
	20～40	5.05±1.54cde	68.25	1.91±0.46ab	54.05	5.38±1.52b	62.95
桧柏	0～20	15.12±0.81a	11.94	1.56±0.25ab	36.10	11.33±1.48a	29.23
	20～40	9.35±1.28b	30.66	1.72±0.36ab	47.17	7.65±1.05ab	30.70
侧柏	0～20	6.84±1.41bcde	45.97	1.57±0.26ab	37.28	7.28±1.89ab	57.99
	20～40	5.30±1.55cde	65.61	2.64±1.21ab	82.48	5.91±1.91b	72.28
草木樨 1	0～20	4.53±1.83de	90.29	2.90±0.63ab	48.23	5.53±3.09ab	95.06
	20～40	4.58±1.44de	70.30	2.35±0.50ab	47.99	5.67±2.67b	85.29
草木樨 2	0～20	6.61±1.72bcde	58.19	1.09±0.22b	44.39	8.18±2.13ab	58.08
	20～40	4.09±1.12de	61.35	1.82±0.40ab	48.69	3.98±0.83b	46.87
复垦平均	0～20	8.51±0.74bc	19.55	1.63±0.13ab	17.24	7.87±0.85ab	24.04
	20～40	5.34±0.78cde	32.79	1.80±0.18ab	22.75	4.97±0.69b	31.01

注：CK 指原状土壤，各种植被均为复垦区植被；不同小写字母表示 $P < 0.05$；CV 表示变异系数

MBN/TN 平均为 3.55～11.33，尽管比例较小，但通过土壤微生物量氮的周转，基本上能够满足植物生长对氮素的需要，而且，复垦后表层 MBN/TN 较对照增加了 1.26%，下层却下降了 2.56%，但是差异不明显。相关分析表明，土壤微生物量氮与土壤有机质含量呈极显著线性关系（图 5.21），这说明复垦以后能增加 MBN 含量，特别是在研究区较低的有机质含量和相对较高的全氮含量使土壤 C/N 较低，复垦后，微生物同化固持有机质中氮的比例较大，可显著增加 MBN 含量。另外土壤微生物量碳氮比（MBC/MBN）也可以作为土壤氮素供应能力和有效性的评价指标，MBC/MBN 平均为 1.09～3.34，比率不太大，表明研究区不同植被下土壤氮素的微生物有效性变化不大，只有油蒿表层与草木樨下层土之间差异显著，其余差异均不显著。对照土壤 MBC/MBN 比复垦土壤大，说明了复垦以后土壤氮素的微生物有效性提高了。

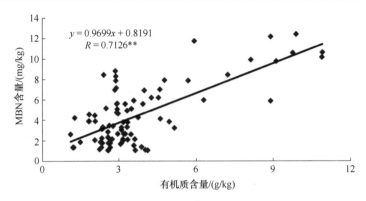

图 5.21　土壤微生物量氮（MBN）与有机质（OM）含量的相关关系

Fig. 5.21　Correlations between soil MBN and OM content

采煤区微生物量氮的动态变化（图 5.22），同样是复垦土壤微生物氮量大于原状土壤。在测定初期，对照与复垦土壤微生物量氮量均表现为上升的趋势，复垦土壤上升幅度较大，到 7 月达到最大，7 月之后土壤微生物量氮量逐渐下降。8～10 月下降幅度开始减慢。这主要是因为 7 月正处于植物生长的旺盛期，对氮素养分的需求量加大，导致土壤微生物氮库损失，从而土壤微生物量氮的量逐渐下降。

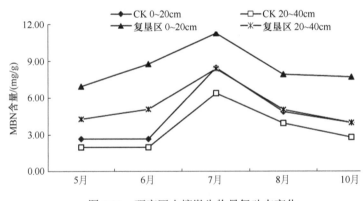

图 5.22　研究区土壤微生物量氮动态变化

Fig. 5.22　Dynamic change of MBN

3. 微生物量磷的分布特征

土壤微生物量磷（MBP）是土壤有机磷库中最为活跃的部分，它是土壤磷素转化和循环的原动力，是土壤磷素的储备库、供给源及磷素转化的中转站。土壤微生物量磷与土壤磷素的植物有效性具有显著的互补性，反映了土壤微生物量磷与土壤速效磷的密切关联性。

研究区土壤微生物量磷（MBP）的分布特征（表 5.19）为除了杨树林土壤微生物量磷表层低于下层外，研究区其他植被下均表现为表层大于下层，而且，只有侧柏林的表层与杨树林表层差异显著，其余之间差异均不明显。从变异系数可以看出，不同植被下不同层次间变异系数都比较大，但整体变异幅度相比 MBC 和MBN 要小，说明不同的复垦措施对微生物量磷养分的供应潜力影响不明显。复垦区不同植被及对照之间，微生物量磷的大小顺序为侧柏＞草木樨 1＞原状土壤＞油松＞草木樨 2＞桧柏＞苜蓿＞杨树＞油蒿，可见，只有侧柏和复垦时间短的草木樨 1 微生物量磷大于原状土壤，而其他植被均小于对照，体现出了复垦对微生物量磷的影响相比 MBC 和 MBN 要小。整个复垦区的平均值也体现出了复垦后微生物量磷低于对照，但差异不明显。土壤微生物量磷占土壤全磷的比例（MBP/TP）平均为 1.98～3.82，比例较小，但是土壤微生物量磷因其周转速率快，并且能释放活性态磷而被视为植物有效磷供应的主要来源。复垦区平均值表明，MBP/TP 原状土壤高于复垦土壤，说明原状土壤微生物量磷的生物有效性较复垦土壤好。

表 5.19 研究区土壤微生物量磷分布特征

Tab. 5.19 Distributive feature of soil microbial phosphorus（MBP）in study area

类型	深度/cm	MBP		MBP/TP	
		均值/（mg/kg）	CV/%	均值/%	CV/%
CK	0～20	11.13±1.77ab	35.66	3.82±0.59bc	35.03
	20～40	8.42±1.69ab	44.98	3.11±0.74bc	53.46
油松	0～20	10.94±2.21ab	45.24	3.05±0.66bc	48.23
	20～40	8.07±2.66ab	73.70	3.16±1.38bc	97.32
油蒿	0～20	7.95±2.51ab	70.57	3.10±1.13bc	81.75
	20～40	6.21±2.07ab	74.38	2.19±0.81c	83.14
苜蓿	0～20	8.67±2.29ab	59.03	3.17±0.90bc	63.84
	20～40	6.41±1.70ab	59.48	2.41±0.59c	54.53
杨树	0～20	5.71±1.68b	65.71	2.25±0.56c	55.43
	20～40	9.05±2.88ab	71.20	3.42±0.86bc	56.27
桧柏	0～20	9.34±3.30ab	78.97	2.47±0.93c	83.75
	20～40	7.70±2.37ab	68.72	1.98±0.71c	79.48
侧柏	0～20	15.06±5.18a	76.85	7.10±2.10a	66.11
	20～40	10.07±3.25ab	72.08	6.25±2.36ab	84.55
草木樨 1	0～20	12.86±3.65ab	63.44	5.23±1.38abc	58.99
	20～40	8.46±3.55ab	93.95	2.55±1.01c	88.45
草木樨 2	0～20	10.04±4.18ab	93.03	2.00±0.76c	84.98
	20～40	8.27±2.71ab	73.29	3.27±0.98bc	67.13
复垦平均	0～20	10.07±1.64ab	36.45	3.24±0.55bc	37.96
	20～40	8.03±0.76ab	21.30	2.88±0.35bc	26.79

注：CK 指原状土壤，各种植被均为复垦区植被；不同小写字母表示 $P<0.05$；CV 表示变异系数

　　微生物量磷的动态变化（图 5.23），可以明显看出复垦土壤微生物量磷小于原状土壤，但是差异不明显。在测定初期，对照与复垦土壤微生物量磷量均表现为上升的趋势，而且表层土壤上升幅度较大，到 7 月达到最大，7 月之后土壤微生物量磷量逐渐下降，下降幅度同样是表层较明显，8～10 月下降幅度开始减慢。其中原状土壤下层在 5～6 月出现下降的趋势，之后才逐渐升高。

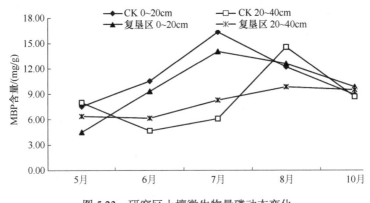

图 5.23　研究区土壤微生物量磷动态变化
Fig. 5.23　Dynamic change of MBP

　　综上所述，微生物量碳、微生物量氮、微生物量磷含量及其各自的有效性比例均为表层最高，这与表层有机质含量较高、微生物活动强烈和土壤疏松等一致；微生物量比例整体都比较小，但是，对于贫瘠土壤来说，它们的生物有效性和利用率却很明显；土壤微生物量受气候、土壤类型、植被等因素影响，对土壤质量变化敏感，但不能单独利用微生物量碳、微生物量氮、微生物量磷的变化反映土壤有机质含量的多寡，以及氮素和磷素的生物有效性。

第四节　复垦区土壤质量评价

　　土壤质量评价就是根据已知的土壤外部性质，对土壤的内在属性进行量化表达，评价的目的是正确认识土壤，从而有效管理土壤。土地利用方式和管理措施影响着土壤质量的演变方向，是人类利用土地的综合反映，二者可直接或间接地作用于土壤系统，既可以保持和改善土壤质量，也可以导致土壤质量退化，露天矿区在开采过程中对煤层以上土壤造成了大幅度扰动，改变了土壤结构，导致了土壤质量退化，复垦过程中采取不同的管理措施使得土壤质量得以恢复，对复垦土壤质量进行评价，一方面是对复垦工作进行总结，另一方面是对进一步的复垦工作提高理论依据。可见，要想全面了解土壤质量的现状及其发展趋势，就必须综合评价土壤质量，显然，单一因子的评价不足以反映土壤质量的总体变异，只有通过对可以直接测定的土壤性质的综合评价才能被间接了解。以采煤复垦区土壤和原状土壤所测指标为载体，运用科学的评价方法建立露天矿区土壤质量评价指标体系，获得研究区土壤质量综合评价结果，揭示土壤质量本底特征，为进一步加快复垦进程、提高土壤质量的培育途径提供理论依据。

一、土壤质量评价方法及其步骤

土壤质量定量化评价时经常使用的数学方法有评分法、分等定级法、指数法、模糊评判法、聚类分析法和地统计学法等。露天采煤区复垦地从实用角度出发，采用指数法（加权和法）对研究区土壤质量进行综合评价。评价步骤借鉴薛立等（2003）的研究，大体包括评价功能的确定、因子的筛选、权重的确定和综合指标的获得4个步骤，即第一，针对特定的问题、过程、管理措施，确定土壤质量中需要评价的关键功能，建立定量评价的指标体系；第二，利用经验模型（层次分析、多元回归分析、主成分分析、因子分析、逐步回归分析、灰色关联分析等）或根据专家意见确定各项评价指标；第三，确定土壤各项评价指标功能的权重，在各级指标体系中所有指标权重之和应为1；第四，将各指标的评分值与权重系数相乘运算，得到土壤质量评分的矩阵，进而求出土壤质量指数。

二、土壤质量评价指标隶属度的确定

对土壤质量的评价首先要对各评价指标的优劣状况进行评价，由于各评价指标的优劣具有模糊性和连续性，因此，本书利用模糊数学原理，建立土壤性质与土壤功能（主要是土壤生产力）间的具有连续性质的隶属函数（武伟等，2000），并从主成分因子负荷量值的正负性，确定隶属函数分布的升降性。隶属函数实际上是评价指标与作物生长效应曲线之间的数学关系表达式，由于各评价指标的实际测定值的量纲不同，取值范围各异，隶属函数可以将各评价指标标准化，转变为 0～1 的无量纲值（也即隶属度），即实现对各土壤性质的量纲归一化。土壤指标标准化一般采用三类标准评分方程：第一类是含量越多越好的，称为向上形的；第二类是含量有个最适范围，称为梯形的；第三类是含量越少越好的，称为向下形的。对于每个评价指标。需要选择合适的隶属函数，并确定隶属函数的上下限、基准值、最适值等参数，最后将各项土壤质量指标的测定数值带入隶属函数计算得到标准的得分值，也就是隶属度。本书根据前人研究经验，并结合研究区实际情况，选择以下隶属函数来计算隶属度。

1. S形隶属函数隶属度的确定

这类函数表达的是在一定范围内评价因素指标值与土壤功能之间呈正相关，低于或高于此范围评价指标值的变化对土壤功能的影响很小。属于这类函数的评价因素包括土壤化学性质的有机质、全氮、碱解氮、全磷、速效磷、全钾、速效钾、CEC；还有土壤生物学性质的过氧化氢酶、脲酶、碱性磷酸酶、蔗糖酶、细菌、固氮菌、真菌、放线菌、微生物量碳、微生物量氮及微生物量磷。在建立隶属函数时，常将S形曲线近似为升半梯形分布曲线，隶属函数表达式（式5.1）如下：

$$F(x)=\begin{cases} 1 & (x \geqslant b) \\ (x-a)/(b-a) & (a < x < b) \\ 0 & (x \leqslant a) \end{cases} \qquad (5.1)$$

式中，$F(x)$ 表示隶属函数，x 为评价指标的实际测定值，a、b 分别为指标阈值的下限和上限，本书将S形曲线近似为升半梯形分布曲线，也即设 $a=0$，确定隶属度时只需确定各个指标的上临界值。根据前人的研究结果（孙波和赵其国，1999；潘成忠等，2006；许明祥，2005），结合研究区实际的土壤性质情况，确定了上述指标的上临界值（表5.20）。

表 5.20 S形隶属函数中土壤评价因素的上临界值

Tab. 5.20 Upper critical value of soil evaluation factors in membership function of S model

指标	b	指标	b
有机质/（g/kg）	14.0	全钾/（g/kg）	25.0
碱解氮/（mg/kg）	70.0	速效钾/（mg/kg）	200.0
全氮/（g/kg）	0.8	CEC/（cmol/kg）	25.0
全磷/（g/kg）	0.8	过氧化氢酶/（ml/g）	4.0
速效磷/（mg/kg）	10.0	脲酶/（mg/g）	3.0
磷酸酶/（mg/g）	0.8	固氮菌/（×10^5 个/g）	50.0
蔗糖酶/（mg/g）	8.0	微生物量碳/（mg/kg）	300.0
细菌/（×10^5 个/g）	150.0	微生物量氮/（mg/kg）	100.0
真菌/（×10^5 个/g）	50.0	微生物量磷/（mg/kg）	145.0
放线菌/（×10^5 个/g）	4.5		

2. 抛物线形隶属函数隶属度的确定

这类函数表达的是此类评价因素指标值与土壤功能之间有一个最佳适宜范

围，超过此范围，随着偏离度的增加，对植物生长不利，甚至达到某一极限值时植物不能生长发育。属于这类函数的评价因素包括土壤 pH、容重、黏粒、细粉粒、质地粗化度、土壤水分及 C/N，建立隶属函数时可近似为梯形分布曲线，其函数表达式（式 5.2）为

$$F(x)=\begin{cases}1 & (b_1 \leqslant x \leqslant b_2) \\ (x-a_1)/(b_1-a_1) & (a_1 < x < b_1) \\ (a_2-x)/(a_2-b_2) & (b_2 < x < a_2) \\ 0 & (x \leqslant a_1 或 x \geqslant a_2)\end{cases} \tag{5.2}$$

式中，$F(x)$ 为隶属函数，x 为评价指标的实际测定值，a_1、a_2、b_1、b_2 分别为评价指标的临界值，根据前人的研究结果，结合研究区实际的土壤性质情况，确定了上述指标的临界值（表 5.21）。

表 5.21　抛物线形隶属函数中土壤评价因素的临界值

Tab. 5.21　Critical value of soil evaluation factors in membership function of parabola model

临界点	黏粒/%	细粉粒/%	质地粗化度	容重/（g/cm³）	含水量/%	pH	C/N
a_1	5.0	15.0	0.94	0.80	3.00	5.0	1
b_1	20.0	35.0	1.65	1.10	10.00	6.5	7
b_2	25.0	40.0	2.16	1.20	15.00	7.5	13
a_2	35.0	65.0	6.45	1.60	20.60	9.0	25

3. 反 S 形隶属函数隶属度的确定

这类函数表达的是在一定范围内评价因素指标值与土壤功能之间呈负相关，低于或高于此范围评价指标值的变化对土壤功能的影响很小。土壤含盐量（电导率）就属于这类函数。其函数表达式（式 5.3）为

$$F(x)=\begin{cases}1 & (x \leqslant a) \\ (b-x)/(b-a) & (a < x < b) \\ 0 & (x \geqslant b)\end{cases} \tag{5.3}$$

式中，$F(x)$ 为隶属函数，x 为评价指标的实际测定值，a、b 分别为评价指标的临界值，对于土壤电导率，阈值的下限和上限分别为 2mS/cm 和 14mS/cm。

根据上述所有指标的隶属函数及其临界值进行隶属度的计算，结果（简略列出）见表 5.22。

表 5.22　评价指标的隶属度

Tab. 5.22　Membership value of evaluation indicators

样本	黏粒	细粉粒	质地粗化度	容重	...	...	固氮菌	MBC	MBN	MBP
	$x1$	$x2$	$x3$	$x4$	...	...	$x24$	$x25$	$x26$	$x27$
1	0.000	0.000	0.000	0.075	...	...	0.416	0.024	0.018	0.035
2	0.000	0.000	0.000	0.000	...	...	0.216	0.014	0.013	0.037
3	0.037	0.132	0.731	0.000	...	...	0.381	0.024	0.027	0.017
	...	...	...	...			...	...	...	...
⋮	...	...	...	...			...	...	...	...
	...	...	...	...			...	...	...	...
88	0.057	0.099	0.716	0.000	...	...	0.340	0.011	0.011	0.084
89	0.000	0.000	0.000	0.375	...	...	0.405	0.014	0.033	0.035
90	0.000	0.000	0.000	0.000	...	...	0.420	0.011	0.011	0.078

三、土壤质量评价指标体系的建立

土壤质量是土壤多种功能的综合体现，对土壤质量的评价必须建立在对土壤实现其功能的能力评价基础上，并根据土壤的物理、化学和生物学指标进行测定和评价。因而，选择合适的土壤质量指标是评价土壤质量的基础和关键。土壤质量评价指标及对应于这些指标的权重共同构成土壤质量评价指标体系。评价指标体系的选择和建立是土壤质量评价的重要内容。

1. 土壤质量评价指标的筛选

土壤质量评价首先是评价指标的筛选，土壤质量指标就是从土壤生产力和环境管理角度监测和评价土壤一般性健康状况的那些性状、功能或条件。评价体系应该包括土壤物理、化学和生物学特性三大方面。为此，本书为了全面反映研究区（复垦区土壤和原状土壤）的土壤质量现状，在综合前人研究结果的基础上，选取了 27 项土壤指标作为综合评价因子。其中，物理指标 5 项，即黏粒、细粉粒、质地粗化度、容重和含水量；化学指标 11 项，即有机质、C/N、碱解氮、全氮、全磷、速效磷、全钾、速效钾、CEC、pH 和电导率；生物学指标 11 项，即过氧化氢酶、脲酶、磷酸酶、蔗糖酶、细菌、真菌、放线菌、固氮菌、微生物量碳、微生物量氮和微生物量磷。借助 SAS9.0 统计分析软件，运用因子分析，结合相关分析和逐步回归分析，进行评价指标的筛选，从而建立研究区土壤质量评价简化了的指标。选用因子分析法是为了在保持数据信息损失最小的情况下对高维变量进行最佳综合与简化降维。因子分析是基于主成分分析为初始因子，通过对载荷阵作方差最大旋转实现的，旋转的目的是使因子荷载相对集中，便于对因子做出合理的解释，是主成分分析的发展和延伸，是用少数公因子的线性函数来表示原来的每个变量，从而能够合理解释变量之间的相关性及达到压缩变量维数的目的。因子分析可以客观地确定各指标的权重，避免主观随意性，最终达到对土壤质量众多的物理、化学和生物学指标的综合。

土壤属性之间较好的相关性是运用因子分析法筛选土壤质量主要评价指标的基础，本书中 27 个指标的 351 对相关关系中有 187 对达到显著或极显著相关（表5.23），占到了 52.2%，可见，土壤因子可以基于相关性提取主成分。

表 5.23　土壤质量指标间的相关矩阵（r）

Tab. 5.23　Correlation matrix（r values）of soil quality indicators

相关值	黏粒	细粉粒	质地粗化度	容重	含水量	有机质	C/N	碱解氮	全氮	全磷	速效磷	全钾	速效钾
细粉粒	0.90**												
质地粗化度	−0.28**	−0.30**											
容重	0.28**	0.22*	−0.07										
含水量	−0.03	−0.09	0.18	0.21*									
有机质	0.13	0.17	−0.02	−0.21*	−0.10								
C/N	0.21*	0.26*	−0.10	−0.10	−0.33**	0.86**							
碱解氮	0.34**	0.37**	−0.25*	−0.01	−0.21*	0.48**	0.36**						
全氮	−0.04	−0.02	0.13	−0.29**	0.24*	0.69**	0.26*	0.46**					
全磷	−0.11	−0.05	0.01	−0.19	−0.17	0.36**	0.26*	0.18	0.35**				
速效磷	0.14	0.12	−0.07	−0.08	−0.42**	0.39**	0.39**	0.43**	0.16	0.01			
全钾	−0.14	−0.12	0.24*	−0.38**	0.18	0.31**	0.02	0.36**	0.60**	0.52**	0.04		
速效钾	0.12	0.15	−0.10	−0.27*	−0.16	0.54**	0.35**	0.61**	0.58**	0.71**	0.33**	0.65**	
CEC	0.32**	0.42**	−0.25*	0.16	−0.28*	−0.09	0.16	0.42**	−0.34**	0.07	0.11	−0.09	0.23*
pH	−0.26*	−0.31**	0.19	−0.22*	−0.08	0.03	−0.15	−0.39**	0.28**	0.22*	0.02	0.16	0.03
电导率	0.34**	0.39**	−0.14	0.24*	0.12	0.11	0.03	0.33**	0.18	0.03	0.02	0.18	0.29**
H₂O₂酶	0.28**	0.41**	−0.28**	0.03	−0.29**	0.23*	0.27**	0.52**	0.09	0.02	0.32**	−0.04	0.25**
脲酶	0.11	0.17	−0.22*	−0.23*	−0.23*	−0.21*	−0.22*	0.01	−0.14	−0.28**	0.04	−0.21*	−0.19
磷酸酶	0.22*	0.26*	−0.13	−0.04	−0.10	0.87**	0.78**	0.52**	0.58**	0.21*	0.36**	0.21*	0.42**
蔗糖酶	0.22*	0.30**	−0.17	0.06	−0.37**	0.39**	0.43**	0.43**	0.10	−0.21*	0.42**	−0.17	0.01
细菌	−0.01	0.02	0.04	−0.30**	−0.10	0.30**	0.22*	0.21*	0.33**	0.07	0.14	0.28**	0.21*
真菌	0.01	0.10	−0.13	−0.02	−0.27*	0.25*	0.23*	0.31**	0.16	0.12	0.33**	0.07	0.22*
放线菌	0.07	0.21*	−0.05	0.02	−0.25*	0.30**	0.32**	0.25*	0.15	0.01	0.23*	0.02	0.03
固氮菌	−0.07	0.02	0.01	−0.13	−0.18	0.46**	0.42**	0.27**	0.27*	0.11	0.22*	0.12	0.23*
MBC	0.17	0.21*	−0.18	−0.12	−0.22*	0.88**	0.84**	0.53**	0.48**	0.24*	0.45**	0.13	0.49**
MBN	0.22*	0.24*	−0.15	−0.01	−0.22*	0.71**	0.68**	0.37**	0.38**	0.26*	0.36**	0.04	0.35**
MBP	0.01	0.07	0.09	−0.07	−0.17	−0.06	−0.02	−0.05	−0.05	−0.04	0.16	−0.06	0.02

相关值	CEC	pH	电导率	H₂O₂酶	脲酶	磷酸酶	蔗糖酶	细菌	真菌	放线菌	固氮菌	MBC	MBN
pH	-0.57^{**}												
电导率	0.21^{*}	-0.18											
H₂O₂酶	0.37^{**}	-0.26^{*}	0.18										
脲酶	-0.02	0.01	-0.04	0.36^{**}									
磷酸酶	-0.03	-0.07	0.22^{*}	0.30^{**}	-0.13								
蔗糖酶	0.07	-0.21^{*}	0.15	0.50^{**}	0.28^{**}	0.50^{**}							
细菌	-0.09	0.00	0.04	0.13	-0.02	0.28^{**}	0.23^{*}						
真菌	0.17	-0.09	0.08	0.27^{**}	-0.13	0.35^{**}	0.37^{**}	0.36^{**}					
放线菌	0.06	0.00	-0.01	0.33^{**}	0.04	0.38^{**}	0.42^{**}	0.18	0.35^{**}				
固氮菌	0.05	-0.16	0.11	0.27^{**}	-0.14	0.46^{**}	0.38^{**}	0.57^{**}	0.50^{**}	0.22^{*}			
MBC	0.11	-0.07	0.18	0.38^{**}	-0.09	0.79^{**}	0.45^{**}	0.21^{*}	0.24^{*}	0.22^{*}	0.41^{**}		
MBN	0.05	-0.08	0.13	0.27^{**}	0.04	0.72^{**}	0.41^{**}	0.21^{*}	0.21^{*}	0.32^{**}	0.37^{**}	0.67^{**}	
MBP	0.04	-0.04	0.00	0.04	0.08	-0.03	0.05	0.23^{*}	0.22^{*}	0.01	0.22^{*}	-0.05	0.10

对 27 项土壤质量指标进行因子分析，因为特征值大于 1 的主成分能够解释较多的变异性，所以只有特征值大于 1 的主成分才被保留下来。特征值大于 1 并且能解释 75.67%的总变异性的主成分被保留了 8 个（表 5.24）。从各土壤因子的公因子方差（共同度）可以看出，8 个主成分可以解释大于 90%的有机质、C/N 和速效钾的变异性；可以解释大于 80%的黏粒、细粉粒、含水量、碱解氮、全氮、全钾、CEC、pH、脲酶、磷酸酶和微生物量碳（MBC）的变异性；可以解释大于 70%的容重、全磷、蔗糖酶、固氮菌和微生物量氮（MBN）的变异性；可以解释大于 60%的过氧化氢酶（H₂O₂酶）、细菌、真菌和微生物量磷（MBP）的变异性，8 个主成分仅仅对质地粗化度、速效磷、电导率和放线菌的解释程度不足 60%，可见，8 个主成分可以解释大部分土壤因子的变异性。

因子分析不仅要找出主因子，更要清楚地知道每个主因子的意义，而初始的因子载荷矩阵（表 5.24）并不能满足最佳综合与简化降维的准则，而且，各因子的代表意义含糊不清，不利于对因子进行解释。因此，本书采用方差极大旋转（varimax rotation）对因子载荷矩阵进行迭代旋转，使得因子载荷矩阵简化而且相对比较集中，便于对因子进行合理的解释（表 5.25）。主成分以方差贡献大小排序，第一主成分与有机质、C/N、磷酸酶、微生物量碳和微生物量氮的因子正荷载较大，均大于 0.8。有机质、C/N 反映的是土壤碳、氮养分的变化，微生物量碳和微生物量氮可以指示土壤整体碳和氮的转化与存储能力，据研究，磷酸酶活性又与有机质含量之间呈极显著正相关，而且这几个指标间呈极显著相关关系（表 5.23），故将第一主成分命名为 CN 因子。

表 5.24 主成分的载荷矩阵、各因子公因子方差（共同度）及权重

Tab. 5.24 Capacity matrix of principal component，communality and weight of each
indicator

土壤因子	主 成 分								共同度	权重
	Factor1	Factor2	Factor3	Factor4	Factor5	Factor6	Factor7	Factor8		
黏粒	0.309	−0.588	0.414	−0.152	−0.019	0.222	0.383	0.078	0.838	0.041
细粉粒	0.388	−0.621	0.371	−0.041	−0.001	0.231	0.347	0.062	0.853	0.042
质地粗化度	−0.207	0.441	−0.097	−0.071	0.255	−0.011	0.113	0.091	0.338	0.017
容重	−0.137	−0.450	0.241	−0.398	0.303	−0.245	−0.022	0.406	0.756	0.037
含水量	−0.324	0.239	0.448	−0.392	0.423	0.259	−0.143	−0.150	0.804	0.039
有机质	0.865	0.316	−0.013	−0.323	−0.064	−0.033	0.033	−0.109	0.971	0.048
C/N	0.792	0.010	−0.132	−0.324	−0.135	−0.319	0.102	−0.178	0.913	0.045
碱解氮	0.730	−0.170	0.310	0.237	0.009	0.089	−0.297	0.006	0.811	0.040
全氮	0.557	0.603	0.195	−0.109	0.068	0.383	−0.076	0.053	0.884	0.043
全磷	0.337	0.494	0.327	0.278	−0.276	−0.317	0.138	0.144	0.758	0.037
速效磷	0.543	−0.097	−0.264	0.130	−0.176	−0.054	0.066	0.231	0.482	0.024
全钾	0.284	0.638	0.408	0.345	0.057	0.191	−0.116	0.052	0.829	0.041
速效钾	0.642	0.347	0.446	0.372	−0.187	−0.066	0.056	0.043	0.914	0.045
CEC	0.219	−0.560	0.318	0.405	−0.019	−0.422	−0.083	−0.124	0.827	0.040
pH	−0.162	0.553	−0.221	−0.086	−0.336	0.235	0.257	0.465	0.840	0.041
电导率	0.282	−0.199	0.510	0.010	0.281	0.245	0.071	0.149	0.546	0.027
H_2O_2 酶	0.527	−0.441	−0.048	0.256	−0.115	0.209	−0.246	0.025	0.658	0.032
脲酶	−0.057	−0.369	−0.294	0.192	−0.399	0.612	−0.036	−0.185	0.832	0.041
磷酸酶	0.857	0.108	−0.039	−0.352	0.061	0.022	−0.019	−0.018	0.877	0.043
蔗糖酶	0.582	−0.389	−0.404	−0.099	0.069	0.208	−0.196	0.078	0.756	0.037
细菌	0.397	0.227	−0.265	0.294	0.451	0.237	0.129	−0.184	0.676	0.033
真菌	0.473	−0.055	−0.270	0.323	0.387	−0.153	−0.083	0.326	0.689	0.034
放线菌	0.427	−0.131	−0.314	−0.045	0.067	0.054	−0.214	0.474	0.578	0.028
固氮菌	0.568	0.108	−0.325	0.150	0.493	−0.091	0.010	−0.182	0.747	0.037
MBC	0.847	0.077	−0.029	−0.262	−0.158	−0.108	−0.024	−0.173	0.860	0.042
MBN	0.738	0.003	−0.107	−0.294	−0.126	−0.054	0.186	−0.082	0.702	0.034
MBP	0.065	−0.065	−0.283	0.343	0.277	0.013	0.636	−0.062	0.692	0.034
特征值	7.195	3.706	2.374	1.866	1.600	1.492	1.134	1.064		
百分率/%	26.65	13.73	8.79	6.91	5.93	5.53	4.20	3.94		
累积/%	26.65	40.37	49.17	56.08	62.00	67.53	71.73	75.67		

表 5.25　主成分因子旋转矩阵及方差贡献率

Tab. 5.25　Rotated principal component matrix and contribution of variance

土壤因子	主　成　分							
	Factor1	Factor2	Factor3	Factor4	Factor5	Factor6	Factor7	Factor8
黏粒	0.164	−0.083	0.880	−0.018	−0.139	−0.049	−0.055	0.073
细粉粒	0.167	−0.042	0.865	0.058	−0.216	0.022	−0.090	0.131
质地粗化度	−0.107	0.047	−0.229	−0.087	0.357	0.201	0.162	−0.265
容重	−0.109	−0.386	0.401	0.216	−0.105	−0.278	0.121	−0.533
含水量	−0.142	−0.004	0.087	−0.290	0.116	−0.074	0.792	−0.215
有机质	0.918	0.304	0.024	0.131	0.074	0.092	0.067	−0.025
C/N	0.911	0.026	0.025	0.082	−0.147	0.049	−0.205	−0.095
碱解氮	0.344	0.467	0.277	0.394	−0.455	0.002	0.085	0.167
全氮	0.455	0.602	0.022	0.140	0.333	0.121	0.403	0.084
全磷	0.196	0.733	−0.072	−0.104	0.050	−0.062	−0.315	−0.246
速效磷	0.348	0.113	0.076	0.413	0.009	0.094	−0.389	0.109
全钾	0.017	0.855	−0.075	0.008	0.106	0.127	0.252	−0.011
速效钾	0.322	0.862	0.151	0.033	−0.132	0.056	−0.151	−0.021
CEC	−0.063	0.100	0.260	0.050	−0.794	−0.039	−0.322	−0.090
pH	−0.068	0.200	−0.151	0.031	0.848	−0.116	−0.195	0.033
电导率	0.011	0.238	0.601	0.132	−0.134	0.060	0.284	−0.088
过氧化氢酶	0.187	0.095	0.247	0.470	−0.380	0.012	−0.106	0.420
脲酶	−0.133	−0.198	0.119	0.058	0.035	−0.023	−0.111	0.862
磷酸酶	0.849	0.155	0.146	0.290	0.009	0.101	0.124	−0.031
蔗糖酶	0.425	−0.245	0.134	0.603	−0.139	0.136	−0.011	0.309
细菌	0.173	0.185	−0.066	0.177	0.018	0.734	0.146	0.130
真菌	0.097	0.129	−0.020	0.638	−0.151	0.415	−0.150	−0.195
放线菌	0.218	−0.042	0.039	0.716	0.091	−0.005	−0.085	−0.005
固氮菌	0.401	0.057	−0.143	0.295	−0.195	0.652	0.071	−0.084
微生物量碳	0.881	0.194	0.057	0.142	−0.129	0.013	−0.051	0.059
微生物量氮	0.791	0.051	0.177	0.114	0.022	0.090	−0.139	0.036
微生物量磷	−0.084	−0.088	0.184	−0.090	0.104	0.708	−0.350	−0.019
方差贡献	4.98	3.20	2.52	2.29	2.22	1.88	1.69	1.64
累积贡献/%	18.44	30.30	39.64	48.14	56.37	63.32	69.60	75.67

　　第二主成分与全氮、全磷、全钾、速效钾有较大的正荷载，这四个指标均代表土壤养分水平，而且互相之间呈极显著相关，所以可将第二主成分命名为养分因子。

第三主成分与黏粒、细粉粒和电导率之间有较大的正荷载,分别为 0.880、0.865 和 0.601,三者之间均呈极显著相关,黏粒与细粉粒均是衡量土壤质地的指标,含盐量对植物的生长作用巨大,含盐量过高,可导致植物生理胁迫而死亡,因此可将第三主成分命名为质地盐分因子。

第四主成分与放线菌、真菌、蔗糖酶之间有较大的正荷载,相互之间均呈极显著正相关。土壤酶和土壤微生物一起共同推动土壤的代谢过程,酶活性是土壤质量和土壤自净能力评价的主要测度,酶活性可鉴别土壤熟化程度,因此可将第四主成分命名为酶活性因子。

第五主成分与 pH 有较高的正荷载(0.848),与 CEC 有较高的负荷载(−0.794),二者之间呈极显著负相关,因此可将第五主成分命名为酸碱因子。

第六主成分与细菌、固氮菌和微生物量磷有较高的荷载,三者之间显著相关,细菌数量明显多于其他微生物,是微生物量磷等活性养分的驱动力,因此可以将第六主成分命名为细菌因子。

第七主成分与含水量有较大的正荷载(0.792),显然,土壤含水量对植物生长作用特别明显,含水量过高,土壤通透性降低,影响植物生长;含水量过低,植物凋零,难以维持生命。因此,将第七主成分命名为水分因子。

第八主成分与脲酶有较高的正荷载(0.862),可将其命名为脲酶因子。

可见,因子分析结果把 27 项有一定相关性的指标转化为 8 项综合指标,这 8 项综合指标包括了与土壤质量评价关系较为密切的 22 项指标,分别为有机质、C/N、磷酸酶、微生物量碳、微生物量氮、全氮、全磷、全钾、速效钾、黏粒、细粉粒、电导率、蔗糖酶、真菌、放线菌、CEC、pH、细菌、固氮菌、微生物量磷、含水量及脲酶。

土壤质量评价是众多指标的综合体现,虽然通过因子分析筛选出了 22 项评价指标,但是在进行土壤质量实际评价时,指标仍然过多,其中测定这些指标就比较费时费力,为此,需要采用一种有效方法从众多的评价指标中再进一步挑选出对土壤质量评价贡献较大的指标,逐步回归分析法正是遵循有进有出和逐步剔除不显著因子的条件下从包含全部指标的回归方程中挑选最优评价指标的一种有效方法。

根据主成分得分系数(表 5.26)和原始变量的隶属度(表 5.22)可以计算出方差极大旋转后样本因子得分。分别以上述因子分析当中 8 个主成分样本因子得分为因变量,以影响每个主成分的指标原始变量隶属度为自变量进行逐步回归分析。方程见表 5.27。结果表明,在有机质、C/N、磷酸酶、MBC、MBN 5 个 CN 因子的主要指标中,有机质和 C/N 的贡献较大;在全氮、全磷、全钾和速效钾 4 个养分因子的主要指标中,4 个指标的贡献均较大;在黏粒、细粉粒和电导率 3 个质地盐分因子的主要指标中,黏粒和细粉粒的贡献较大,电导率由于都处于隶属函数的下限值之下，所以隶属度均为 1，也即研究区盐分含量不是土壤质量的限制因子；在蔗糖酶、真菌、放线菌 3 个酶活性因子的主要指标中，三者的贡献均较大；在 CEC 和 pH 2 个酸碱因子的主要指标中，pH 的贡献较大；在细菌、固氮菌、MBP 3 个细菌因子的主要指标中，三者的贡献均较大。综合以上分析，筛选出适宜评价研究区复垦土壤质量的 17 项评价指标，分别为：有机质、C/N、全氮、全磷、全钾、速效钾、黏粒、细粉粒、蔗糖酶、真菌、放线菌、pH、细菌、固氮菌、MBP、含水量和脲酶。

表 5.26　　主成分因子得分系数矩阵

Tab. 5.26　　**Principal component score coefficient matrix**

土壤因子	Factor1 CN 因子	Factor2 养分因子	Factor3 质地盐分因子	Factor4 酶活性因子	Factor5 酸碱因子	Factor6 细菌因子	Factor7 水分因子	Factor8 脲酶因子
黏粒	0.016	−0.029	0.417	−0.109	0.118	0.036	−0.055	0.003
细粉粒	−0.005	−0.011	0.393	−0.082	0.079	0.064	−0.060	0.033
质地粗化度	−0.021	−0.008	−0.008	0.016	0.142	0.128	0.046	−0.147
容重	−0.040	−0.122	0.176	0.233	0.056	−0.147	0.044	−0.389
含水量	0.023	−0.027	0.059	−0.081	−0.019	0.019	0.456	−0.045
有机质	0.230	−0.009	−0.025	−0.081	0.042	−0.020	0.048	−0.011
C/N	0.273	−0.102	−0.062	−0.152	−0.061	−0.023	−0.105	−0.083
碱解氮	−0.037	0.164	−0.002	0.151	−0.194	−0.084	0.119	0.089
全氮	0.040	0.151	0.046	0.063	0.160	0.000	0.229	0.092
全磷	−0.012	0.258	0.003	−0.062	0.024	−0.079	−0.260	−0.154
速效磷	0.001	0.026	0.024	0.169	0.100	−0.026	−0.217	−0.005
全钾	−0.106	0.307	−0.005	0.046	0.005	0.024	0.124	0.042
速效钾	−0.028	0.297	0.057	−0.047	−0.045	−0.024	−0.119	−0.009
CEC	−0.058	0.080	−0.022	−0.051	−0.380	−0.015	−0.150	−0.090
pH	−0.052	0.083	0.119	0.142	0.496	−0.101	−0.212	0.000
电导率	−0.088	0.091	0.278	0.073	0.037	0.051	0.159	−0.065
过氧化氢酶	−0.056	0.057	−0.003	0.191	−0.123	−0.067	0.029	0.219
脲酶	−0.033	−0.023	0.035	−0.032	0.056	−0.005	0.007	0.539
磷酸酶	0.190	−0.051	0.017	0.027	0.045	−0.018	0.100	−0.036
蔗糖酶	0.040	−0.121	−0.025	0.253	0.006	−0.009	0.087	0.132
细菌	−0.028	0.009	−0.005	−0.021	−0.009	0.411	0.120	0.084
真菌	−0.133	0.039	−0.031	0.359	−0.012	0.147	−0.058	−0.202
放线菌	−0.071	−0.016	−0.004	0.459	0.147	−0.123	−0.014	−0.086
固氮菌	0.048	−0.062	−0.108	0.023	−0.131	0.333	0.094	−0.070
微生物量碳	0.232	−0.030	−0.057	−0.097	−0.058	−0.062	0.002	0.031
微生物量氮	0.213	−0.077	0.057	−0.110	0.071	0.012	−0.077	−0.004
微生物量磷	−0.050	−0.054	0.202	−0.183	0.133	0.483	−0.251	−0.057

表 5.27 主成分回归方程与指标显著性

Tab. 5.27 Regression equation of principal component and significance of indicators

回归方程	F 值	df	指标显著性				
$Y_{CN因子}=-0.2569+0.2639X_{有机质}+$ $0.2884X_{C/N}+0.0441X_{磷酸酶}+$ $0.2928X_{MBC}+0.352X_{MBN}$	37.01^{**}	(5, 84)	$X_{有机质}$ 0.0038	$X_{C/N}$ <0.0001	$X_{磷酸酶}$ 0.5404	X_{MBC} 0.7162	X_{MBN} 0.1765
$Y_{养分因子}=-0.0295-0.3917X_{全氮}+$ $0.3355X_{全磷}+0.2821X_{全钾}+1.6838X_{速效钾}$	69.87^{**}	(4, 85)	$X_{全氮}$ 0.0089	$X_{全磷}$ <0.0001	$X_{全钾}$ <0.0001	$X_{速效钾}$ 0.0036	
$Y_{质地盐分因子}=0.2472+0.4589X_{黏粒}+$ $0.3876X_{细粉粒}$	635.46^{**}	(3, 86)	$X_{黏粒}$ <0.0001	$X_{细粉粒}$ <0.0001	$X_{电导率}$ 隶属度全为 1		
$Y_{酶活性因子}=0.0686+0.3488X_{蔗糖酶}+$ $0.3922X_{真菌}+0.4988X_{放线菌}$	293.68^{**}	(3, 86)	$X_{蔗糖酶}$ <0.0001	$X_{真菌}$ <0.0001	$X_{放线菌}$ <0.0001		
$Y_{酸碱因子}=0.0746-0.1271X_{CEC}+0.4333X_{pH}$	9.73^{**}	(2, 87)	X_{CEC} 0.4483	X_{pH} 0.0002			
$Y_{细菌因子}=-0.0468+0.3901X_{细菌}+$ $0.3202X_{固氮菌}+0.7387X_{MBP}$	99.25^{**}	(3, 86)	$X_{细菌}$ <0.0001	$X_{固氮菌}$ <0.0001	X_{MBP} 0.0073		

2. 土壤质量评价指标权重的确定

在土壤质量评价中,指标权重的确定至关重要,直接影响评价结果的准确性和可靠性,是土壤质量评价的一个关键问题,以往研究中大多采用专家打分法确定,为了避免主观打分带来的弊端,本书中采用因子分析法来计算各个指标的公因子方差,即共同度,通过计算各个指标公因子方差占其公因子方差总和的比例(转化为 0~1 的数值),将其作为各个单项评价指标的权重值。所有 27 项评价指标的权重根据因子分析法在表 5.27 中已经确定,对筛选出来的 17 项土壤质量评价指标的隶属度再次用因子分析法确定它们的权重(表 5.28)。

表 5.28 土壤质量评价指标权重

Tab. 5.28 Weight on indicator of soil quality assessment

指标	共同度	权重	指标	共同度	权重	指标	共同度	权重
黏粒	0.891	0.064	全磷	0.815	0.058	细菌	0.726	0.052
细粉粒	0.880	0.063	全钾	0.803	0.057	真菌	0.759	0.054
含水量	0.792	0.057	速效钾	0.879	0.063	放线菌	0.805	0.057
有机质	0.930	0.066	pH	0.819	0.058	固氮菌	0.726	0.052
C/N	0.894	0.064	脲酶	0.839	0.060	微生物磷	0.842	0.060
全氮	0.828	0.059	蔗糖酶	0.797	0.057			

四、土壤综合质量评价

土壤质量是众多评价指标的综合作用，本书选择了加权和法指数评价模型将单因素评价结果转化为由各评价因子构成的土壤质量综合评价。加权和法指数评价模型如下式（5.4）：

$$\text{SQI} = \sum_{i=1}^{n}(K_i \times C_i) \qquad (5.4)$$

式中，SQI 为土壤质量指数（soil quality index）；K_i 为第 i 个评价指标的权重，反映各评价指标的重要性；C_i 为第 i 个评价指标的隶属度，反映各评价指标的优劣性；n 为评价指标的个数。

应用加权和法指数评价模型对研究区复垦土壤和原状土壤质量进行综合评价（表 5.29），其中包括了所有 27 项指标的综合评价和筛选的 17 项指标的综合评价，对于复垦土壤全部指标（27 项）的评价结果低于筛选指标（17 项）的评价结果，而对照的原状土壤则正好相反，从变异系数可以看出，不论是复垦土壤还是原状土壤，都表现为全部指标的土壤质量指数的变异小于筛选指标的土壤质量指数的变异，经两种指标求出的土壤质量指数均表现为复垦土壤极显著高于原状土壤，全部指标和筛选指标得出的土壤质量指数复垦土壤分别是原状土壤的 1.36 倍和 1.45 倍，两种指标的评价结果的差异性基本一致，可见筛选出的 17 项指标的评价结果对整个评价指标的评价结果的代表性较高，而且在实际中也是比较可行的。复垦土壤好于原状土壤，一方面是由于矿区开采的经济利益远远优越于当地的农田收入，而且马家塔附近的原状土壤处于陕西、内蒙古交接地带，所以对于原状土壤几乎近于不管不顾，管理保护措施跟不上，再加上矿区环境的影响，土壤质量日趋下降；另一方面，矿区对复垦的管护重视程度比较强，植被的恢复又提高了土壤的地力水平，但是复垦土壤的整体质量还是比较低。

表 5.29　土壤质量指数的描述性统计
Tab. 5.29　Descriptive statistics on soil quality index（SQI）

类别	27 个指标					17 个指标				
	平均	标准差	最小值	最大值	CV/%	平均	标准差	最小值	最大值	CV/%
复垦土壤	0.273 A	0.047	0.172	0.399	17.39	0.282 A	0.051	0.172	0.427	18.21
原状土壤	0.200 B	0.017	0.181	0.235	8.52	0.195 B	0.024	0.165	0.248	12.28

注：CV 表示变异系数

为了更直观地评价复垦土壤质量状况，根据加权和法算出的土壤质量指数大小和土壤质量实际状况，对研究区土壤质量进行了分等定级和出现频率的分布统计（表 5.30），整体上分为 5 级，分别为 1 级（高级水平）、2 级（较高水平）、3 级（中等水平）、4 级（较低水平）、5 级（低级水平），从图 5.24 和图 5.25 中可以明显看出，不论采用全部指标评价还是筛选指标评价，复垦土壤质量指数的等级

表 5.30 土壤质量指数分级及分布频率
Tab. 5.30 Grade of soil quality index（SQI）and their distribution frequency

SQI	0.8～1.0		0.6～0.8		0.4～0.6		0.2～0.4		0～0.2	
等级	1		2		3		4		5	
指标	27 个指标	17 个指标	27 个指标	17 个指标	27 个指标	17 个指标	27 个指标	17 个指标	27 个指标	17 个指标
复垦土壤	0.00	0.00	0.00	0.00	0.00	1.25	93.75	93.75	6.25	5.00
原状土壤	0.00	0.00	0.00	0.00	0.00	0.00	40.00	20.00	60.00	80.00

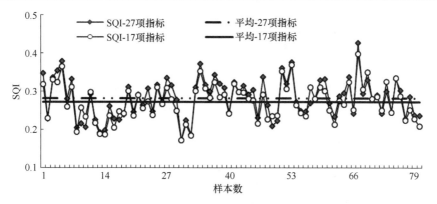

图 5.24 研究区复垦土壤质量指数分布

Fig. 5.24 Scattergram on reclamation soil quality index（SQI）of study areas

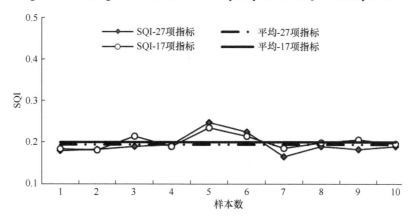

图 5.25 研究区对照土壤质量指数分布

Fig. 5.25 Scattergram on control soil quality index（SQI）of study areas

基本一致，绝大多数属于 4 级（较低水平），对照的原状土壤则绝大多数属于 5 级（低级水平），而且两种评价结果非常接近，SQI 均在 0.2 附近。从分布的频率上可以看出（表 5.30），复垦土壤 93.75%的为 4 级，属于较低水平，5%的为 5 级，属低级水平，仅有 1.25%的为 3 级；对照的原状土壤有 80%的为 5 级的低级水平，20%为 4 级的较低水平。可见，复垦土壤整体属于较低水平，而原状土壤属于低级水平。但是整体上复垦土壤的土壤质量状况离农田用地的土壤质量状况还有很大差距。所以，后续的复垦工作仍需继续进行。

五、土壤综合质量演算模型

根据上述评价结果可知复垦后的土壤质量状况优于原状土壤，说明露天矿区的复垦工作取得了一定成效，因此，在实际工作中，完全可以选择具有高度代表性的评价指标（筛选出的指标）进行土壤质量综合评价，其评价结果同样具有代表性，本书以筛选出的 17 项指标实际测定值为自变量，以加权和法土壤质量指数（SQI）为因变量进行逐步回归拟合，方程为

$$\text{SQI}_{\text{复垦}} = 0.422\ 1 + 0.002\ 32X_1 + 0.001\ 22X_2 - 0.001\ 61X_3 + 0.012\ 3X_4 - 0.004\ 9X_5$$
$$- 0.047\ 3X_6 + 0.015\ 6X_7 + 0.002\ 48X_8 - 0.000\ 13X_9 - 0.030\ 4X_{10} + 0.016\ 9X_{11}$$
$$+ 0.005\ 78X_{12} - 0.000\ 442X_{13} + 0.001\ 37X_{14} + 0.008\ 36X_{15} + 0.000\ 784X_{16}$$
$$+ 0.000\ 128X_{17} \quad F = 51.19^{**} \qquad df = (17, 62) \tag{5.5}$$

式中，X_1 为黏粒；X_2 为细粉粒；X_3 为含水量；X_4 为有机质；X_5 为 C/N；X_6 为全氮；X_7 为全磷；X_8 为全钾；X_9 为速效钾；X_{10} 为 pH；X_{11} 为脲酶；X_{12} 为蔗糖酶；X_{13} 为细菌；X_{14} 为真菌；X_{15} 为放线菌；X_{16} 为固氮菌；X_{17} 为微生物量磷。

在实际评价中，将 17 个主要指标的实际测定值直接带入上述方程即可求出复垦土壤质量指数，再根据前面所述土壤质量分等定级标准进一步判断土壤质量的高低，为以后该地区的复垦工作起一个指导性的作用。

参 考 文 献

白中科, 赵景逵, 段永红, 等. 2000. 工矿区土地复垦与生态重建. 北京: 中国农业科技出版社

曹慧, 孙辉, 杨浩, 等. 2003. 土壤酶活性及其对土壤质量的指示研究进展. 应用与环境生物学报, 9(1): 105-109

陈恩风, 关连珠, 汪景宽, 等. 2001. 土壤特征微团聚体的组成比例与肥力评价. 土壤学报, 38(1): 49-53

陈恩风, 周礼恺. 1985. 土壤肥力实质的研究 II. 棕壤. 土壤学报, 22(2): 113-119

陈利军, 周礼恺, 张帕岚. 1999. 土壤保肥供肥机理及其调节 III. 棕壤型菜园土的氮素保持与供应. 应用生态学报, 10(6): 676-678

李东坡, 武志杰, 陈利军, 等. 2003. 长期培肥黑土脲酶活性动态变化及其影响因素. 应用生态

学报, 14(12): 2208-2212

吕春花. 2006. 子午岭地区植被恢复对土壤质量的影响研究. 西安: 西北农林科技大学硕士学位论文

吕家珑, 张一平, 王旭东, 等. 2001. 农田生态对土壤肥力的保护效应. 生态学报, 21(4): 613-616

马建军. 2007. 黄土高原丘陵沟壑区露天煤矿生态修复及其生态效应研究. 呼和浩特: 内蒙古农业大学博士学位论文

潘成忠, 上官周平, 刘国彬. 2006. 黄土丘陵沟壑区退耕草地土壤质量演变. 生态学报, 26(3): 690-696

史奕, 陈欣, 沈善敏. 2002. 有机胶结形成土壤团聚体的机理及理论模型. 应用生态学报, 13(11): 1495-1498

宋秋华, 李凤民, 刘洪升. 2003. 黄土地区地膜覆盖对麦田微生物体氮的影响. 应用生态学报, 14(9): 512-516

孙波, 赵其国. 1999. 红壤退化中的土壤质量评价指标及评价方法. 地理科学进展, 18(2): 118-128

王秀丽, 徐建民, 姚槐应, 等. 2003. 重金属铜、锌、镉、铅复合污染对土壤环境微生物群落的影响. 环境科学学报, 23(1): 22-27

魏义长, 康玲玲, 王云章, 等. 2003. 水土保持措施对土壤物理性状的影响. 水土保持学报, 217(5): 114-116

武伟, 唐明华, 刘洪斌. 2000. 土壤养分的模糊综合评价. 西南农业大学学报, 22(3): 270-272

胥秀英, 郑一敏, 温寿祯, 等. 2000. 土壤放线菌分离方法的初步研究. 生物学杂志, 17(2): 16-17

徐明岗, 于荣, 王伯人. 2000. 土壤活性有机质的研究进展. 土壤肥料, (6): 3-7

许明祥, 刘国彬, 赵允格. 2005. 黄土丘陵区土壤质量评价指标研究. 应用生态学报, 16(10): 1843-1848

许明祥. 2003. 黄土丘陵区生态恢复过程中土壤质量演变及调控. 西安: 西北农林科技大学博士学位论文

薛立, 邝立刚, 陈红跃, 等. 2003. 不同林分土壤养分、微生物与酶活性的研究. 土壤学报, 40(2): 280-285

杨培岭, 罗远培, 石元春. 1993. 用粒径的重量分布表征的土壤分形特征. 科学通报, 38(20): 1896-1899

张浩, 姚宇卿, 金轲, 等. 2004. 稻田土壤微生物磷变化对土壤有机碳和磷素的响应. 中国农业科学, 37(9): 1400-1406

张会民, 吕家珑, 李菊梅, 等. 2007. 长期定位施肥条件下土壤钾素化学研究进展. 西北农林科技大学学报, 35(1): 155-160

赵传燕, 李林. 2003. 兰州市郊区土壤水稳性微团聚体的组成分析. 兰州大学学报, 39(6): 91-94

Badiane N N Y, Chotte J L, Pate E, et al. 2001. Use of soil enzyme activities to monitor soil quality in natural and improved fallows in semi-arid Tropical regions. Applied Soil Ecology, 18(3): 229-238

Castrignano A, Stelluti M. 1999. Fractal geometry and geostatistics for describing the field variability of soil aggregation. J Agric Engng Res, 73: 13-18

Doran J W, Parpin T B.1994. Defining soil quality for sustainable environment soil science society of America special publication. Madison, Wisconsin, 35: 3-324

Liao H W, Li W Y. 2003. Chinese conservation Tillage. ISTROc Australia: 465-470

Schlesinger W H. 2000. Carbon sequestration in soils: some cautions admist optimism. Agriculture, Ecosystems and Environment, 82: 121-127

Springob G, Buik HK. 2003. Soil C to N ratio as a simple measure of net N mineralization from stabilized soil organic matter in sandy arable soils. Soil Biology ＆Biochemistry, 35: 629-632

Tyler S W, Wheatcrafu S W. 1989. Application of fractal mathematics to soil water retention estimation. Soil Sci Am J, 53: 987-996

Tyler S W, Wheatcrafu S W. 1992. Fractal scaling of soil particle size distributions: analysis and limitations. Soil Sci Am J, 56: 362-369

Wandde M, Yang X. 2000. Influence of tillage on the dynamics of loose and occluded particulate and humified organicc matter fractions. Soil Biol Biochem, (32): 1151-1160

Warkentin B P. 1995. The changing concept of soil quality. J Soil Water Conser, 50: 226-228

第六章　露天矿排土场聚乳酸纤维护坡技术

　　矿区水土保持起源于土地复垦，随着土地复垦的不断发展，矿区土地复垦技术与水土保持措施同步发展（贺跃光，2002）。目前矿区最有效的水土流失治理措施包括工程措施、生物措施及工程与生物相结合的措施，其中以工程与生物相结合的措施最为有效。排土场作为矿区生态恢复的重点区域，一直备受关注。矿区排土场条件特殊，大型露天矿排土场面临的主要问题在于重型卡车碾压使地表严重压实造成植物扎根困难和大量地表径流无法入渗；以及非均匀沉降产生沉降裂缝导致径流汇集钻入裂缝，诱发崩塌、滑坡和坡面泥石流的发生，造成排土场整体失陷。排土场堆置厚度各部位不等，颗粒组成差异大，自然固结率不同，在自重营力及入渗水流的作用下，造成不同部位压缩沉降速率不一，即所谓的"非均匀沉降"（王治国和白中科，1994）。

　　对于排土场这种松散的堆积体，在前期沉降稳定过程中以宏观的地基处理、排土工艺等工程措施为基础，如排土场边缘修建挡水墙，平台内缘坡脚处挖排水渠，平台内采取畦状整地等暂时性工程措施，保证排土场稳定。在其达到稳定后，实施生物措施，因地制宜地选择植物种类、配置方式，充分发挥植被地上和地下部分及在地表形成的枯枝落叶层对防止水土流失起到了积极的作用。排土场的边坡防护是指采用水土保持措施，对开挖的地面及采矿废弃物堆积体所形成的不稳定高陡边坡进行加固。常用的防护措施有坡面固定、挡墙、工程护坡、植物护坡等。而这些措施一般需使用混凝土、砌石等施工材料，普遍存在着成本过高、施工难度大、地形限制因素多、材料运输困难等问题，因此急需寻找新型替代材料以解决上述问题。随着新材料领域的不断发展，由美国卡吉尔道（Cargill Dow）公司与日本钟纺纤维公司共同向世人推出的一种新型环保型纤维——聚乳酸（polylactic acid，PLA）纤维制作的沙障凭借其低成本、运输方便、制作工艺简单、可根据地形而任意铺设等特点，可作为替代传统混凝土、砌石等护坡材料的首选。

第一节　PLA 简介及应用

　　近年来，随着生物可降解纤维材料开发研究的进步，其应用在环境保护和林业等方面越来越受到人们的重视。与常规材料相比，其为解决非生物降解性造成的环境污染等技术难点提供了可能，也为生物可降解纤维护坡的开发研究创造了先决条件。

新型环保型纤维——聚乳酸纤维是一种新型的生物可降解材料,是采用玉米、小麦、甜菜等含淀粉原料,经发酵生成乳酸后,再经缩聚和熔融纺丝制成,故又称玉米纤维。PLA 纤维既有合成纤维的基本特性,又有天然纤维的生物兼容性和可降解性,其纤维材料的生物可降解性优于其他纤维,具有较好的亲水性、卷曲性、可染性、抗菌防霉性、耐紫外光等。因此,PLA 纤维已成为 21 世纪最具发展前景的绿色环保材料之一,受到了世人的关注,并已应用于工业、农用、林业、服装、渔业、卫生医疗等领域(表 6.1)(马君志等,2006;万振江和张弦,2002)。

表 6.1 聚乳酸(PLA)纤维的非服装用途
Tab. 6.1 Un-dress use of PLA

应用领域	制品的品种
农业/园林/林业	种植包装、播种织物、网、薄膜、绳索、袋子、捆扎带、防止杂草袋、保护网
渔业	渔网、海杂草网、鱼线
家用器具	垃圾网、手巾、食品包装、滤器
卫生医疗用品	尿布、卫生用品、手术缝线、医用量器、绷带、一次性工作服
土木工程	网、垫子、沙袋、地面增强材料、排水材料

聚乳酸纤维之所以能成为具有开发前途的新型绿色环保材料,其最大的特点在于在正常的温度和湿度条件下,聚乳酸纤维较稳定,而在一定的作用条件下可完全分解为水和二氧化碳(姚军燕等,2006)。大量实践证明,聚乳酸是完全可以自然循环降解的,其循环系统如图 6.1 所示。

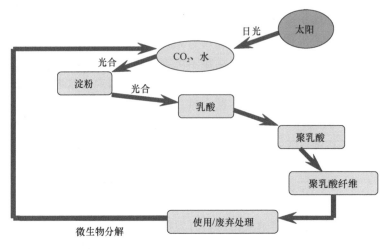

图 6.1 聚乳酸(PLA)纤维的自然循环系统
Fig. 6.1 Natural circulation system of PLA

生物可降解聚乳酸（PLA）纤维目前在防治水蚀领域的应用还较少，此种材料有一项应用是制作沙袋，内里填充以就地取材的沙土，再根据沙障的防护设置参数铺设，即成为可适应不同地形的荒漠化防治工程措施。据了解，日本的科研人员开始实施利用生物可降解聚乳酸纤维在海岸沙丘地进行可行性试验的研究计划，目前大规模的实验研究还未见或较少（周丹丹，2009），目前尚没有任何关于聚乳酸纤维在防治水蚀中应用的文献报道。

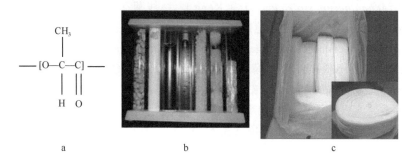

图 6.2　PLA 护坡外层材料详情

Fig. 6.2　Out layer material detail of PLA sand barrie

a. 聚乳酸分子式；b. 聚乳酸纤维生产工艺流程；c. 聚乳酸纤维织物成品及包装

本研究铺设的聚乳酸（PLA）纤维材料从日本东丽公司引进，它是由以玉米为原材料生产的聚乳酸纤维纺织而成，聚乳酸的分子式见图 6.2a，聚乳酸纤维生产工艺过程如图 6.2b 所示。织物基本形状为长的圆筒形，类似于袖筒的形状，将圆筒织物加工好后成卷，每卷长 170m，6 卷打包为一箱，每卷重 3kg，见图 6.2c。研究中将聚乳酸纤维织物充填以就地取材的沙土就形成了最基本的障体，按照一定的设计方案进行铺设即形成护坡，装满后护坡障体高均在 15cm 左右。聚乳酸纤维常被简称为 PLA 纤维，也可简称作 PLA（周丹丹，2009），依据护坡的一般命名习惯，将采用聚乳酸纤维织物制作的护坡统称为 PLA 护坡。

第二节　排土场边坡水蚀研究

伊敏露天煤矿试验区位于伊敏河中游的伊敏河镇境内，属内蒙古自治区呼伦贝尔市鄂温克自治旗管辖。地理坐标为东经 $119°39'20''\sim119°46'35''$，北纬 $48°33'00''\sim48°36'24''$。该区地处大兴安岭西麓呼伦贝尔草原、海拉尔盆地东部、伊敏河中游地区，地貌景观以低山丘陵为主。该矿区位于寒温带与中温带过渡性地带，气候属寒温带大陆性气候，春季多风，夏季温和并且时间短，夏秋季多雨，冬季严寒并且时间长。据气象台统计，年平均气温–0.1℃，年平均降水量 266.25mm，年均蒸发量 1258.75mm，无霜期 119d。由于伊敏地区处于中低山丘陵地区向高平原地区的过渡带，地势复杂，受各种成土因素的影响，本区土壤分布除碱化草甸栗钙土和盐化草甸栗钙土外，主要分布有壤质草甸栗钙土。在土壤分类上，这 3 种土壤均属于栗钙土类，草甸栗钙土亚类。植物以禾本科为主，另有莎草科、毛茛科、十字花科、百合科、石竹科等 22 科，30 个属，42 个种。以贝加尔针茅（*Stipa baicalensis* Roshev.）和羊草[*Leymus chinensis*（Trin.）Tzvel.]为建群种，主要伴生种有羽茅[*Achnatherum sibiricum*（L.）Keng.]、绣线菊（*Spiraca salicifolia* L.）、冷蒿（*Artemisia frigida* Willd.）、盐地碱蓬（*Suaeda heteropera* Kitag.）、碱茅[*Puccinellia tenuiflora glauca*（Bunge.）Bunge.]、克氏针茅（*Stipa kryrowii* Roshev.）、麻花头（*Serratula centauroides* L.）、寸草苔（*Carex duriuscula* C. A. Mey.）、多叶隐子草（*Cleistogenes polyphylla* Keng ex Keng f. et L.）等。

以伊敏露天煤矿排土场实验观测数据为基础，以沿帮排土场、西排土场和内排土场的典型地块为重点研究对象（图 6.3）。

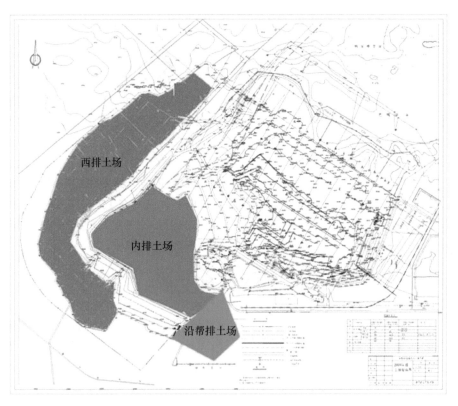

图 6.3 露天煤矿排土场位置（扫描封底二维码获取彩图）

Fig. 6.3 Location of surface mine dump

1. 沿帮排土场

沿帮排土场形成于 1983～1986 年，排土场台阶高 15m，顶部高程为 695m，顶部面积约为 5.9902hm²，放坡面积约为 7.7816hm²，恢复植被是紫花苜蓿（*Medicago sativa* L.）、披碱草（*Elymus dahuricus* Turcz.）、沙棘（*Hippophae rhamnoides* ssp. *chinensis* L.），植被恢复良好，覆盖度达 80%，沉降完全整体坡度为 12.5°～14°。

2. 西排土场

西排土场于 1986 年开始投入作业，排土台阶高 20m，顶部高程为 695m，顶部面积约 232.4706hm²，放坡面积约为 33.1733hm²，是伊敏露天矿最大的排土场，主要恢复植被为紫花苜蓿和克氏针茅，整体植被恢复很好，坡面几乎完全沉降，只有北坡没有沉降完全，东南坡较缓，约为 14°，西北坡未进行放坡处理，坡度较陡，达到 38°。

3. 内排土场

内排土场于 1990 年开始投入作业，整个排土场包括 6 个台阶，其下部 5 个仍正作业中，顶部高程为 695m，顶部面积约 20.4685hm²，放坡面积约为 23.3604hm²，主要恢复植被为披碱草，只有很少一部分有植被恢复，由于仍在使用，大面积都未沉降，整体坡度为 14°～17.5°。

一、排土场边坡侵蚀沟程度测定

排土场边坡由于具有一定的角度，在降水发生时会在坡面汇集形成径流，径流冲刷坡面造成表面细物质被带走，产生面蚀。坡面水流进一步发展，会产生集中股流，冲蚀坡面而形成线状小沟，即产生沟蚀。如处置不当，沟蚀继续发展，可能在坡面上形成较大规模的侵蚀沟，沟沿极易发生坍塌、滑坡现象，严重威胁排土场边坡的稳定性。

选取各实验样地 200m 宽阳坡坡面对其范围内的所有侵蚀沟数量进行统计，并测量各侵蚀沟的长、宽、深度等指标，将坡面侵蚀沟按照轻、中、重 3 个级别进行分类，沟长小于 8m、沟宽小于 20cm、沟深小于 20cm 的侵蚀沟为轻度侵蚀沟，沟长大于 20m、沟宽大于 60cm、沟深大于 60cm 的侵蚀沟划为重度侵蚀沟，介于二者之间的侵蚀沟划为中度侵蚀沟。

在 3 个排土场（沿帮排土场、西排土场、内排土场）随机选取 200m 宽的阳坡边坡坡面作为调查对象，对坡面侵蚀沟的数量、位置进行统计并逐一确定侵蚀沟的侵蚀程度，从而说明各排土场的侵蚀程度。

从表 6.2 中可以看出，整个排土场侵蚀都较严重，坡面水蚀状况不容乐观，因此应加强对坡面水蚀的整治。在 200m 宽的排土场坡面中内排土场具有侵蚀沟 20 条，最长的达到 28m，最宽 2.6m，以重度侵蚀为主，沿帮排土场具有侵蚀沟 6 条，最长达到 16m，最宽 0.3m，且侵蚀程度以轻度居多。结合各排土场的自然地理状况从三组数据对比来看坡面侵蚀程度最严重的是内排土场，最轻的是沿帮排土场。

表 6.2 排土场 200m 宽的边坡侵蚀沟状况

Tab. 6.2 Dump 200m wide trench conditions on erosion

	数量/条	最长/m	最深/m	最宽/m	侵蚀程度	位置
沿帮排土场	6	16	0.16	0.3	轻度 4 条（1 条淡化），中度 2 条	中部发展 5 条，贯穿 1 条
西排土场	12	27.8	0.6	1	轻度 8 条，中度 4 条	中部发展 5 条，贯穿 7 条
内排土场	20	28	1.16	2.6	轻度 6 条，中度 8 条，重度 6 条	中部发展 6 条，贯穿 14 条

二、排土场边坡地表糙度测定

地表糙度作为地面主要物理性状指标，是一个反映地表微地貌形态的阻力特征值。对于不同学科，表现出不同的含义。从风蚀角度出发，由于地面起伏不平或地物影响，在风速轮廓线上风速为零的位置不在高度等于零的地表，而在离地面某一高度的地方，把这一高度定义为地表粗糙度（张强等，2012）。而从水力侵蚀角度讲，地表糙度反映的是地表在比降梯度最大方向上凹凸不平的形态或起伏状况。可见，后者对地表糙度的理解既包括了地表某点在垂直方向的高度，又包含了其在水平方向上的距离。在水力侵蚀过程中，这种变化既与雨前的粗糙度有关，又受降雨、径流、坡度、土壤等因素的影响。

地表粗糙度的测量参照美国人 Atisaleh 的链条法，如图 6.4 所示，测量时链条沿径流方向贴地面放置，链条长度 $L_1=100$cm，其顺坡长度 L_2 随地形起伏增大而减小，通过计算链条长度的减小值 L_1-L_2，即可计算出地表粗糙度指标 C_r。$C_r=(L_1-L_2)/L_1$。通过对各排土场的地表糙度测量，得到表 6.3 数据。

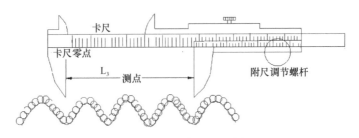

图 6.4 地表糙度测量示意图

Fig. 6.4 Measurement of ground surface roughness

表 6.3　排土场边坡粗糙度

Tab. 6.3　The slope of each undulation dump

		1	2	3	4	5	6	7	8	9	平均
沿帮排土场	坡顶	0.013	0.016	0.009	0.012	0.011	0.008	0.014	0.015	0.013	0.012
	坡中	0.009	0.010	0.013	0.010	0.008	0.011	0.008	0.010	0.011	0.010
	坡底	0.011	0.015	0.012	0.011	0.017	0.014	0.016	0.014	0.016	0.014
西排土场	坡顶	0.013	0.016	0.021	0.019	0.025	0.019	0.022	0.025	0.027	0.021
	坡中	0.012	0.019	0.018	0.017	0.021	0.027	0.024	0.023	0.019	0.021
	坡底	0.021	0.022	0.016	0.023	0.031	0.032	0.030	0.028	0.026	0.025
内排土场	坡顶	0.012	0.010	0.014	0.009	0.012	0.011	0.011	0.010	0.011	0.012
	坡中	0.009	0.008	0.011	0.007	0.009	0.009	0.009	0.009	0.008	0.009
	坡底	0.013	0.011	0.013	0.010	0.016	0.013	0.013	0.012	0.010	0.013

由表 6.3 分析，得出沿帮排土场边坡坡顶、坡中、坡底的平均粗糙度分别为 0.012、0.010、0.014；西排土场边坡坡顶、坡中、坡底的平均粗糙度分别为 0.021、0.021、0.025；内排土场边坡坡顶、坡中、坡底的平均粗糙度分别为 0.012、0.009、0.013；排土场的平均粗糙度大小依次是西排土场>沿帮排土场>内排土场。结合各排土场的自然地理状况和植被恢复情况，通过分析侵蚀沟程度揭示出地表粗糙度大小的作用。地表粗糙度大，拦蓄径流能力强，对防治坡面冲刷的作用大；地表粗糙度小，拦蓄径流能力弱，对防治坡面冲刷的作用小。西排土场地表粗糙度大的一个主要原因在于，西排土场边坡在植被恢复的过程中，挖设鱼鳞坑种植沙棘，而鱼鳞坑很大程度上改变了原地表粗糙度；沿帮排土场由于人工恢复年限较长，地表植被盖度高，从而增加了坡面的地表粗糙度；内排土场由于恢复年限短，且以自然恢复为主，导致其地表植被盖度较低，地表粗糙度最小。

三、排土场土壤容重测定

排土场边坡表层土壤容重的差异变化在大的时空尺度上决定生态系统对物理环境变化的响应，是控制植物种类、数量及生长情况的主要限制因素，也是控制土壤其他理化性质的重要因子，所以可以认为土壤容重是排土场水蚀的关键限制因子。

土壤容重的测定采用环刀法，测定坡面 0～60cm（10cm 一层）的土壤容重。在所选坡面挖长、宽各为 100cm，深 80cm 的坑，将环刀垂直压入各层土壤中（10cm 为一层），用铁铲将环刀从土壤中挖出，将上下端多余土壤削平，环刀内的土壤体积为 100cm³，将环刀内的土壤无损的移入铝盒中，带回实验室称重。然后将铝盒盖打开放入 105℃的烘箱中烘 8h，测得样品含水率。土壤容重的计算公式式（6.1）为

$$容重=干土重/体积=g×100/V×(W+100) \tag{6.1}$$

式中，g 为环刀内湿样重/g；V 为环刀内容积/cm³；W 为样品含水百分数。

在 3 个排土场边坡各选取 3 个样点，取土样测其容重得到表 6.4 的数据。

表 6.4　排土场边坡土壤容重

Tab. 6.4　The slope of the soil bulk density dump

容重/（g/cm³）	样点	土层深度/cm					
		0~10	10~20	20~30	30~40	40~50	50~60
沿帮排土场	坡顶	1.2012	1.3283	1.3452	1.4689	1.5601	1.5011
	坡中	1.3256	1.3371	1.3695	1.4061	1.4985	1.5421
	坡底	1.238	1.3052	1.3541	1.4285	1.4619	1.4825
	平均容重	1.2549	1.3235	1.3563	1.4345	1.5068	1.5086
西排土场	坡顶	1.3011	1.544	1.3524	1.5698	1.625	1.7252
	坡中	1.328	1.456	1.505	1.6254	1.5568	1.6245
	坡底	1.2564	1.4025	1.5687	1.6245	1.5681	1.661
	平均容重	1.2952	1.4675	1.4754	1.6066	1.5833	1.6702
内排土场	坡顶	1.3505	1.5593	1.4146	1.3998	1.5028	1.6203
	坡中	1.4146	1.4988	1.4233	1.4587	1.5026	1.5641
	坡底	1.3336	1.5046	1.4687	1.4912	1.5461	1.5517
	平均容重	1.3662	1.5209	1.4355	1.4499	1.5172	1.5787

四、排土场植被调查

在伊敏露天矿区沿帮排土场、西排土场和内排土场的坡面分别设置 5m×5m 灌木样方和 1m×1m 草本样方，样方共计 156 个，其中 5m×5m 样方内设置 3 个 1m×1m 的样方，分别调查各排土场草本与灌木植被的种类，确定各排土场植物优势种并测定植被盖度。

结合基础资料和实地植被调查，得出伊敏矿区排土场边坡植被恢复时间、恢复类型、种类、盖度，见表 6.5。沿帮排土场恢复年限最长达到 20 年，植被以人工种植的沙棘为主，配以自然恢复，植被类型有 13 科 24 属 31 种，恢复效果最佳，植被覆盖度最大到达 85%；内排土场恢复年限最短，且为自然恢复，植被种类仅有 5 科 6 属 6 种，覆盖度最小，仅 35%。通过各排土场物种与群落类型的演替特征表明，排土场群落稳定性随时间推移而增加。排土场的植被恢复程度依次是沿帮排土场>西排土场>内排土场。

表 6.5　排土场坡面植被恢复
Tab. 6.5　Vegetation dump slope

	植被恢复时间	恢复类型	自然恢复种类	优势种	植被盖度
沿帮排土场	15～20 年	全部人工恢复，草灌结合，恢复种类：沙棘、羊草	13 科 24 属 31 种，主要集中于菊科和禾本科，2 科 22 种占总种数的 70.97%，新出现紫草科、百合科、桔梗科、鸢尾科各 1 种。苋科退出消失，禾本科植物增长最快	大针茅（*Stipa grandis* P. A. Smirn.）+羊草+克氏针茅	85%
西排土场	5～10 年	部分人工恢复结合自然恢复，草本植被为主，恢复种类：披碱草，羊草	7 科 14 属 21 种，主要集中于菊科、禾本科和豆科，3 科 17 种占总种数的 80.95%，新出现蔷薇科、蓼科、石竹科各 1 种。蒺藜科退出消失，菊科植物增长最快	白莲蒿（*Artemisia sacrorum* Ledeb.）+羊草+寸草苔	65%
内排土场	1～5 年	自然恢复	5 科 6 属 6 种，其中藜科植物所占比例最大，为 62.5%，其余的禾本科、蒺藜科、苋科、豆科各 1 种	白莲蒿+狗尾草 [*Setaria viridis*（L.）Beauv.]+灰绿藜（*Chenopodium glaucum* L.）	35%

第三节　PLA 护坡的施工设计及改进应用

一、护坡的施工设计

1. PLA 护坡的铺设工艺

（1）护坡准备

护坡准备工作包括材料与工具准备两部分。材料包括 PLA 纤维织物和填充物，填充物经常采用砂石、矿石开采固体废弃物、建筑废渣等，为了节省成本，一般就地取材。护坡工具有铁锹、PLA 护坡装填工具、尼龙细线、卷尺、剪刀。

（2）PLA 纤维织物处理

首先在地面上将 PLA 纤维织物沿一个方向展开，用剪刀截成段，一般截成 5m，以方便移动、填充，并且具有一定长度以备铺设时进行编织。截段完成后将一端打结堵死，以防填充时材料漏出。

（3）材料填充

将 PLA 纤维织物未打结的一端套在装填工具 PVC 管上，再将装填所用的 PVC 管提起，高度至施工人员腰部为宜。用铁锹铲起填充材料，倾倒入 PVC 管中，将管向上提起，以便填充材料进入 PLA 纤维织物中。继续向后提起 PLA 纤维织物，确保填充材料将 PLA 纤维织物填充紧实。依次循环，直至整个 PLA 纤维织物填满为止。填满后将端部打结，即完成填充。

（4）护坡施工放线

在 PLA 护坡铺设前，要在坡面上放线。后期铺设护坡时可直接沿着工程线铺设 PLA 护坡，可有效控制护坡铺设的精度（图 6.5）。

图 6.5　PLA 护坡示意图（扫描封底二维码获取彩图）

Fig. 6.5　PLA slope protection sche

a. 3m×3m 正方形护坡；b. 2m×2m 正方形护坡；c. 1.5m×1.5m 正方形护坡；d. 1m×1m 正方形护坡；
e. 2m×2m 菱形护坡；f. 1.5m×1.5m 菱形护坡

（5）护坡铺设

护坡铺设时按照工程线铺设，铺设方向从坡面上方开始，沿坡面先铺设，按照护坡规格确定护坡间距。再沿等高线方向铺设，间距等同沿坡面方向护坡。铺设完成后，撤去工程线。铺设时按照编席的方式，横纵穿插，相互叠压，编织成大小相同的格状，以加大护坡的稳定性，提高其抗形变和抗冲刷能力。

2. PLA 护坡的铺设形式

铺设地点位于伊敏河露天矿区内排土场西坡，PLA 护坡的铺设规格为：①正方形护坡，设置为 3m×3m、2m×2m、1.5m×1.5m、1m×1m 规格；②菱形护坡，设置为 2m×2m、1.5m×1.5m 规格。铺设面积总计 10 800m²。

3. 其他类型护坡的铺设方法

研究中采用土方格护坡与水泥格护坡与 PLA 沙障进行对比，土方格护坡由人工采用铁锹挖设，铺设形状为正方形，规格 3m×3m，布设深度与 PLA 护坡等深。水泥方格护坡需要多人采用机械设备配合完成，用水泥浇筑的方式进行铺设，护坡的形状为菱形，规格 3m×3m（图 6.6）。

图 6.6　对照类护坡示意图（扫描封底二维码获取彩图）

Fig. 6.6　Contrast type of slope protection sche

二、护坡的施工改进及影响因素分析

1. PLA 护坡适宜灌装工具的优化选用

PLA 纤维材料在作为护坡使用时是以长圆筒状织物灌装填充物（泥土、小石粒）进行设置的，通过借鉴 PLA 沙障装沙工具——PVC 管，选择直径略大于 PLA 纤维织物直径的 PVC 管，这样可以将织物撑起。将 PVC 管切割成 60cm 左右的长度，分割好以后再将 PVC 管的一头用砂纸打平，以避免织物挂套抽丝。但由于 PLA 护坡装填物粒径较大且不规则，导致装填速度受到很大的影响，无法满足装填 PLA 护坡的速度。后经过反复的探索实践，对之前施工技术有所改变，PLA 护坡装填工具依旧选用 PVC 管，将 PVC 管切成 100cm 左右的长度，在其顶端割开至 50cm 处，直接用铁锹进行装填。过程如下：①PVC 管准备好以后，将 PLA 纤维织物剪成需要的长短，最长可达十几米，一头打上结，另一头套在 PVC 管上，除在打结一头留出 50cm 左右盛土的距离外，其余部分全部堆套在管上。②按照画好的护坡格线准备好，将格线走向两侧的沙土用 PVC 管装入，土会沿管壁流入预留的 PLA 织物内，稍加抖动即可将此处装满，本部分障体形成后摆放在护坡格线上，然后将堆放在管上的织物向下先退出 50cm 左右的空间，再装土，并随装满障体的长度不断向前移动。③如此反复，在前进过程中根据需要将障体由 PVC 管引导进行编织。④装填由两人一组，一人移动 PVC 管一人用铁锹取土。如图 6.7 所示。

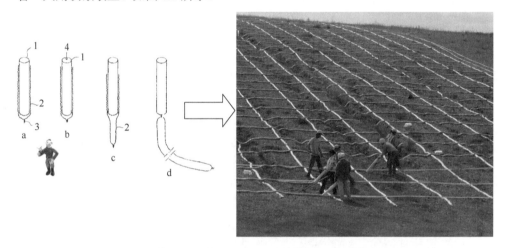

图 6.7　护坡装填工具使用示意图（扫描封底二维码获取彩图）

Fig. 6.7　Schematic diagram of loading tools slope

（a）将 PLA 纤维织物套在 PLA 管上；（b）将沙土经 PVC 管加入 PLA 织物中；（c）沙土装入 PLA 织物内；
（d）提起 PVC 管，铺设内部填充沙土的 PLA 织物

2. PLA 护坡施工的影响因素

　　护坡在施工时像所有的野外作业一样会受到天气条件的影响，除了大风、高温、寒冷或降雨等气候条件的影响外，PLA 护坡还会受到天气状况、坡度、土壤含水量及填装物粗细均一度的影响，针对这些问题，进行了实地试验研究。

（1）天气状况

　　PLA 沙障在铺设时需考虑天气因素。沙障的设置时间一般选择在春节或雨季

之前，春季多大风天气，风速较大时会影响沙障铺设的进度，同时会对技术人员造成较大干扰。同时春季温度变化剧烈，不利于铺设工作进行。因此在沙障铺设前应详细掌握施工地区的天气状况，再制订施工计划。

除大风天气会对施工有影响以外，降水、寒冷或高温等气候条件也会对施工产生影响。大量野外施工经验表明，排土场土壤水分含量对施工速度也有较大影响，针对此问题，作者进行了多次实地试验研究。

（2）土壤水分状况对施工的影响

降雨后排土场边坡土壤比较潮湿，这对 PLA 护坡装填速度的影响很大，与干土相比，湿土不容易装填，装土效率也会降低。

表 6.6 所示为分别在排土场雨后及表层干土较为充足时测定的最大装填速度，制作护坡均为 50m，雨后湿土平均体积含水量为 10.5%。从表 6.6 可以看出，湿土的装填速度明显下降，较干土相比下降超过 1/3。表 6.6 中重复号相对应的同一组的装填速度，即干土 1 号装填了湿土 1 号，一一对应，由此也可以看出，同一组在不同条件下发挥的并不稳定，性别并没有明显作用。2 号组女性工人在装干土时，50m 护坡仅用了 48′27″，装湿土时却用了 79′32″，干土与湿土所用时间的比值为 0.61，2 号女工装填干土与湿土所有时间的比值则为 0.68，1 号男工所用时间的比值为 0.62，几人的所用时间比值的平均值为 0.64，也就是说，在雨后沙土湿度较高的条件下施工，其施工速度会下降 1/3 以上。因此，除非紧急情况，一般建议不要在降雨时及雨后土壤较湿的条件下施工，这样既费时，又费力。

表 6.6　土壤水分状况对施工的影响
Tab. 6.6　Influence of soil moisture status on construction

土壤类型	干土			湿土（平均体积含水量为 10.5%）		
重复	1（男）	2（女）	3（女）	1（男）	2（女）	3（女）
制作 50m 护坡所需时间	44′43″	48′27″	51′14″	71′46″	79′32″	75′21″
平均耗时		48′08″			75′33″	

注：表中数值为以最快速度装填所需时间，各重复之间有足够的休息时间

（3）填装物粗细均一度对护坡设置的影响

排土场是一种巨型人工松散堆积体，堆置厚度各部位不等，颗粒组成差异大，这给护坡设置填装带来极大的不便。

表 6.7 所示为分别在排土场表层干土均一颗粒较为充足和不均一颗粒较多时测定的最大装填速度，制作护坡均为 50m。从表 6.7 可以看出，不均一颗粒的装填速度有所下降，较均一小颗粒相比下降超过 1/8。

表 6.7　填充物粗细均一度对施工的影响

Tab. 6.7　Influence of soil moisture status on construction

土壤类型	均一颗粒			不均一颗粒		
重复	1（男）	2（女）	3（女）	1（男）	2（女）	3（女）
制作 50m 护坡所需时间	44′43″	48′27″	51′14″	50′27″	54′24″	57′34″
平均耗时		48′08″			54′08″	

注：表中数值为以最快速度装填所需时间，各重复之间有足够的休息时间（同时土壤类型为干土的情况）

第四节　PLA 护坡防治坡面水蚀危害效果

一、PLA 护坡对地表粗糙度的影响

PLA 护坡作为小型工程措施使得坡面地表微地形出现随机性或不规则性，对水流形态、净流量、流速、侵蚀量都会产生一定的影响，因此进行测量照区（无护坡措施）和正方形 3m×3m、正方形 2m×2m、正方形 1.5m×1.5m、正方形 1m×1m、菱形 2m×2m、菱形 1.5m×1.5m 6 种规格的护坡地表粗糙度大小，找出减小侵蚀程度的最优规格。这里测量地表粗糙度的方法是本章第三节测定排土场坡面地表粗糙度时所用到的链条法。

6 种规格的护坡对地表粗糙度的影响状况如图 6.8 所示。有 PLA 护坡的地表粗糙度明显增大，相应的降雨形成的径流对坡面的冲刷将会减小，侵蚀作用将会减弱。

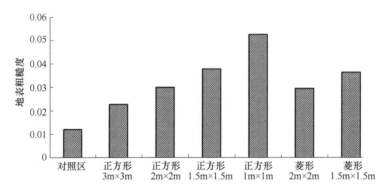

图 6.8　各规格护坡地表粗糙度变化

Fig. 6.8　The slope of the size variation of surface roughness

如图 6.8 所示，铺设 6 种规格的护坡大大增加了坡面地表粗糙度，其中正方形 1m×1m 铺设规格增加的地表粗糙度最大，大约是对照区的 4 倍；正方形 1.5m×1.5m 的铺设规格地表粗糙度增加次之，为对照区的 3.5 倍，正方形 3m×3m 铺设规格增

加地表粗糙度最小，但也比对照区的地表粗糙度高出 1 倍。菱形 2m×2m 和菱形 1.5m×1.5m 的铺设规格对地表粗糙度的增加量与正方形 2m×2m 和正方形 1.5m×1.5m 的铺设规格基本相同，稍微略低一些。在 6 种规格的 PLA 护坡当中，正方形 1m×1m 规格对坡面地表粗糙度增大效果最佳，正方形 3m×3m 规格对地表粗糙度增大效果最差。

二、PLA 护坡对侵蚀沟变化的影响

1. PLA 护坡对侵蚀沟变化的影响测定

正如本节一中所说，PLA 护坡能增大地表粗糙度，减弱侵蚀，然而减弱程度有多大呢？下面将土格护坡、植被示范区、PLA 护坡的防治水蚀效果相比较。

在上面 3 种样地中选取的具有代表性的侵蚀沟，用米尺、激光测距仪等工具测量其长度、深度及其宽度。并且使用油漆、记号笔、标志物（钢筋，长度 30cm，视当地土壤条件调整，初步确定地上 15cm，地下 15cm）对选取点进行定位。对这些定位点进行跟踪观测，观察其发生的变化。

2. PLA 护坡对侵蚀沟变化的影响分析

经过一年的跟踪观察，发现在 6 种规格的 PLA 护坡中，3m×3m 正方形护坡和 2m×2m 菱形护坡，积沙单元格数量达到 90%；2m×2m 正方形护坡、1.5m×1.5m 正方形护坡、1m×1m 正方形护坡、1.5m×1.5m 菱形护坡积沙单元格数量达到 100%。

同时，各区域内侵蚀沟的侵蚀程度也发生一定的变化。对各护坡区侵蚀沟数量及程度进行统计（表 6.8）。

表 6.8　各区侵蚀程度变化表（条）
Tab. 6.8　Changes various degree of erosion

时间 ＼ 区域	土格区	植被示范区	3m×3m 正方形护坡	2m×2m 正方形护坡	1.5m×1.5m 正方形护坡	1m×1m 正方形护坡	2m×2m 菱形护坡	1.5m×1.5m 菱形护坡
2009 年 8 月								
轻度侵蚀	16	8	6	7	6	9	8	8
中度侵蚀	16	2	2	3	4	2	1	4
2010 年 5 月								
轻度侵蚀	21	4	5	5	4	6	5	6
中度侵蚀	18	1	2	2	3	1	1	2
2010 年 8 月								
轻度侵蚀	26	3	4	4	3	5	4	5
中度侵蚀	22	1	2	2	3	1	1	2

通过表6.8可以清楚看到植被示范区防治水蚀效果最佳,PLA护坡防治水蚀效果较好,土格护坡防治水蚀效果最差。虽然土格护坡在一定程度上对水蚀有防治作用,但其容易被水冲开,一旦冲开反而加剧了坡面的侵蚀,2009年8月至2010年8月土方格护坡区轻度侵蚀沟增加10条,中度侵蚀沟增加6条。虽然植被示范区可以有效地控制护坡水蚀,但短期内无法建成,达到减轻水蚀的效果。在各种规格的PLA护坡中,1m×1m正方形护坡区在2009年8月至2010年8月间轻度侵蚀沟减少4条,中度侵蚀沟减少1条,防治效果最好。1.5m×1.5m正方形护坡和1.5m×1.5m菱形护坡次之,综合考虑铺设成本等方面的问题建议铺设1.5m×1.5m正方形护坡和1.5m×1.5m菱形护坡。在排土场边坡达到稳定后,可以在其内种植燕麦草等植物,达到长期稳定的防治效果。

为进一步对比PLA护坡防治水蚀的效果,在内排土场西坡的土格护坡区,植被示范区,自然恢复区及PLA护坡规格为3m×3m正方形、2m×2m正方形、1.5m×1.5m正方形、1m×1m正方形、2m×2m菱形、1.5m×1.5m菱形的区域内各选取1条侵蚀沟观测点,定期对其长、宽、深进行测量(表6.9)。通过一年的跟踪观测发现,自然恢复区侵蚀沟的宽度和深度明显增大,侵蚀程度进一步增加;土方格护坡区侵蚀沟的宽度和深度有所增大,但幅度不大;PLA护坡区侵蚀沟宽度和深度都有所减小,其中以1m×1m正方形护坡效果最好,1.5m×1.5m正方形护坡和1.5m×1.5m菱形护坡次之;植被恢复区对侵蚀沟侵蚀程度控制效果最佳。

表6.9 观测点侵蚀沟变化表

Tab. 6.9 Changes erosion gully in observation point

观测点 \ 指标	沟长/m	最深处/m	最宽处/m
观测一(土格护坡区)			
2009年8月	60	0.36	0.46
2010年5月	60	0.44	0.55
2010年8月	60	0.49	0.61
观测二(植被示范区)			
2009年8月	20	0.27	0.25
2010年5月	18	0.24	0.23
2010年8月	18	0.18	0.17
观测三(3m×3m正方形护坡)			
2009年8月	60	0.30	1.15
2010年5月	59	0.26	1.11
2010年8月	58.5	0.23	1.08
观测四(2m×2m正方形护坡)			
2009年8月	60	0.35	1.30
2010年5月	58	0.30	1.24
2010年8月	57.5	0.27	1.20

续表

观测点 ＼ 指标	沟长/m	最深处/m	最宽处/m
观测五（1.5m×1.5m 正方形护坡）			
2009 年 8 月	60	0.22	0.73
2010 年 5 月	58	0.17	0.66
2010 年 8 月	57.5	0.14	0.62
观测六（1m×1m 正方形护坡）			
2009 年 8 月	60	0.20	0.50
2010 年 5 月	57.5	0.14	0.43
2010 年 8 月	57	0.14	0.38
观测七（2m×2m 菱形护坡）			
2009 年 8 月	55	0.26	0.72
2010 年 5 月	54	0.20	0.65
2010 年 8 月	53.5	0.18	0.62
观测八（1.5m×1.5m 菱形护坡）			
2009 年 8 月	60	0.25	0.70
2010 年 5 月	58.5	0.20	0.64
2010 年 8 月	58	0.17	0.61
观测九（自然恢复区）			
2009 年 8 月	60	0.39	0.69
2010 年 5 月	60	0.44	0.75
2010 年 8 月	60	0.46	0.77

三、PLA 护坡对边坡侵蚀状况的影响

　　伊敏露天矿区夏秋季多雨且午后的对流雨居多，雨水形成的地表径流对排土场坡面的冲刷情况十分严重，进而导致坡面水土流失情况发生。雨水对坡面的冲刷会导致坡面高度发生一定的变化，对 3m×3m 正方形、2m×2m 正方形、1.5m×1.5m 正方形、1m×1m 正方形、2m×2m 菱形、1.5m×1.5m 菱形六种规格的 PLA 护坡，以及对照区降雨后单元格内地表高度变化大小进行测定。使用激光测距仪在每次降雨后各规格 PLA 护坡及天然恢复区的坡顶、坡中和坡底分别选取 5 处进行定点观测，对护坡单元格内坡面高度进行测定，得出每次降雨对边坡坡面的冲刷程度。图 6.9 是放置激光测距仪的模型，将激光测距仪放置在木质方形架的孔上，使激光通过圆孔，打在坡面上，通过计算每次降雨后测量的高度差，得出坡面高度变化。在每次测定前将激光测距仪的模型放置在护坡单元格的中心位置且通过标志物打点保证每次放置位置不变，在第一次测定前对单元格内的大石粒、杂物进行清理，

降低误差，保证数据的准确。

分析在 PLA 护坡的作用下雨水对地表的冲刷的高度变化，得出 6 种规格护坡对坡面水蚀的控制情况。

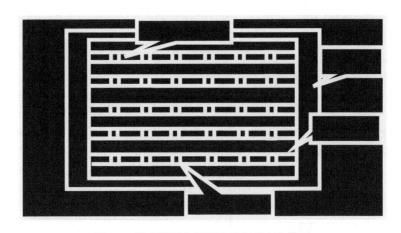

图 6.9 激光测距仪测量边坡高度变化模型

Fig. 6.9 Laser range finder model for measuring the slope height

图 6.10 所示为在经过雨水冲刷后，各规格 PLA 护坡单元格坡面高度变化的平均值。从图 6.10 可以明显发现对照区在雨水冲刷下坡面高度下降速度最快，1m×1m 正方形 PLA 护坡内坡面高度下降速度最慢，对照区坡面下降的高度是 1m×1m 正方形护坡的 9 倍，是 3m×3m 正方形护坡的 2 倍。在 PLA 护坡中坡面高度下降最快的是 3m×3m 正方形护坡，其下降高度是 1m×1m 正方形护坡的 4 倍。在正方形和菱形护坡的对比中，菱形护坡区坡面的下降高度略高于同规格的正方形护坡。1m×1m 正方形护坡的坡面下降高度为 0.006m，与之最为接近的是 1.5m×1.5m 正方形护坡，其坡面的下降高度为 0.011m。因此，在雨水冲刷下，保护坡面减少水蚀的 PLA 护坡规格依次是 1m×1m 正方形护坡＞1.5m×1.5m 正方形护坡＞1.5m×1.5m 菱形护坡＞2m×2m 正方形护坡＞2m×2m 菱形护坡＞3m×3m 正方形护坡。

排土场坡面受到雨水冲刷后，坡底侵蚀程度大于坡顶侵蚀程度，图 6.11 所示降雨后排土场 1m×1m 正方形 PLA 护坡内坡面与对照区坡面的坡顶、坡底高度变化的对比。图 6.11 中 1m×1m 正方形 PLA 护坡单元格内整体颜色从上到下明显由浅变深，表明雨后单元格顶部高度变化较大，即坡面表土被雨水向下冲刷，在单元格底部受到障体的阻碍而停留与单元格底部，形成堆积。同时排土场坡顶和坡底的 1m×1m 正方形 PLA 护坡单元格内颜色差异不大，说明每个单元格能将雨水冲刷下的表土进行拦截，即对坡面的侵蚀分割处理，避免出现过量累积的情况出现。而对照区单元格内整体颜色从上到下由深变浅，说明坡面高度的增加量从上到下始终处于增大的状态，同时坡顶的单元格颜色要比坡底的单元格颜色深，说明坡底要承受坡顶雨水冲刷所造成的侵蚀。

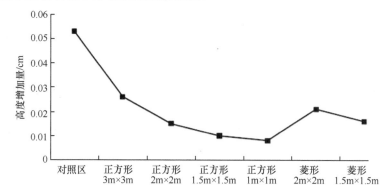

图 6.10　各规格护坡面高度增加量变化

Fig. 6.10　Increase in the amount of size change of slope height

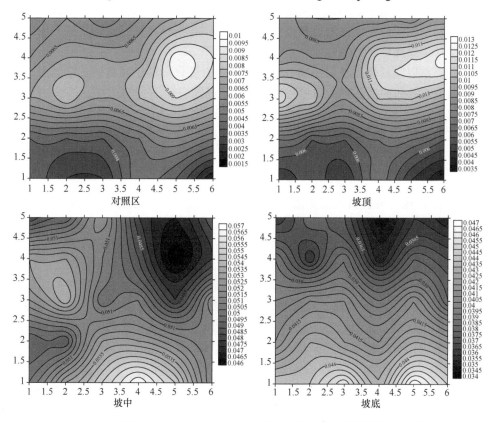

图 6.11　对照区与 1m×1m 正方形 PLA 护坡区单元格内高度增加量变化

Fig. 6.11　Highly increased amount of cell change of 1m ×1m PLA control area and the slope area

第五节　PLA 纤维机械性能

一、PLA 纤维降解特性测定

PLA 和其他合成纤维相比较，优点就体现在自然环境中容易分解，产物为水和二氧化碳，对环境没有污染，分解产物还能通过绿色植物的光合作用重新进入生态循环系统中。PLA 材料的降解方法也很多，主要研究它在雨水浸泡及极低温度下的降解特性。对于水蚀环境下 PLA 纤维材料机械性能变化的研究主要采用织物顶破强力和拉伸强力两个指标进行测定。顶破强力直接反映织物在受外力顶压作用变形和破裂时的耐用性指标。

将野外 PLA 材料采集 1m 长带回实验室进行拉伸、顶破试验，采样时标记障体位置。所带回的 PLA 纤维的机械性能都是采用 YG（B）026H 型电子织物强力机测试完成，包括织物的顶破强力和拉伸强力。所采用的测试方法为国际首选的等速伸长（CRE）原理，测力精度≤±0.2％F.S，各指标在测试时均按照相应国家标准进行（周丹丹，2009）。

试样在取回后需做洗净平衡处理，顶破强力变化只做了暴露面及贴地面，而拉伸强力对障体的拦截正面和拦截背面进行了详细研究。

二、PLA 纤维机械性能变化研究

1. 不同坡位 PLA 护坡顶破强力变化

PLA 纤维材料机械性能变化主要因子包括光照、风、土壤等，同时护坡障体在边坡上下的小环境明显不同，这些都将直接影响到 PLA 纤维材料机械性能变化，因此将 PLA 护坡顶破强力变化分为暴露面和贴地面的不同坡位进行了测定，结果如下。

如图 6.12 所示，PLA 纤维在作为护坡材料使用后其顶破强力随时间的延长有所下降，排土场不同坡位及障体上下不同部位的下降幅度不同。从顶破强力随时间的变化趋势来看，在 2009 年 8 月至 2010 年 8 月这一年期间，各坡位暴露面顶破强力的变化幅度有所减缓，表明 PLA 纤维的顶破强力变化主要受使用初期环境因子影响较大。从顶破强力随坡位的变化趋势来看，排土场边坡坡顶到排土场边坡坡底，PLA 纤维在使用一年后，坡顶、坡中、坡底暴露面顶破强力分别下降了 10.61％、15.83％及 21.12％，排土场边坡底下降最快，坡顶最慢。从顶破强力随障体上下两面变化趋势来看，暴露面的强力下降幅度整体明显大于贴地面，暴露面顶破强力随时间变化较大，且受坡位影响较强烈。而贴地面顶破强力随时间的变化较小，虽然受到一定坡位的影响，但影响效果不大。综合分析各个坡位及障体暴露面、贴地面之间的环境差异，发现暴露面受降雨冲刷活动及光照影响较大，贴地面受土壤条件影响较大，几个坡位相比，排土场边坡底处的降雨冲刷相对最为强烈，因此，降雨强度是影响 PLA 纤维顶破强力下降的主要因子。

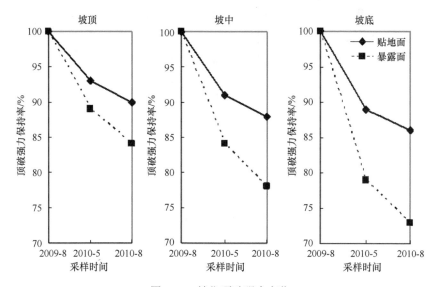

图 6.12　坡位顶破强力变化

Fig. 6.12　The slope change of the bursting strength

2. 不同规格 PLA 护坡顶破强力变化

图 6.13 所示为 6 种规格的 PLA 护坡纤维材料织物随时间延长顶破强力的变化情况，可以看出，障体暴露面的强力下降幅度整体明显大于贴地面，贴地面顶破强力也有所下降但整体下降程度不大。从各规格障体暴露面顶破强力下降情况来看，正方形 3m×3m 规格顶破强力下降最大，正方形 2m×2m 和菱形 2m×2m 规格次之，正方形 1.5m×1.5m 和菱形 1.5m×1.5m 规格顶破强力下降较小，正方形 1m×1m 规格顶破强力下降最小，这主要由于障体的暴露面受到降雨形成的径流冲刷时，正方形 1m×1m 规格的护坡障体间距较小，能较好地控制降雨后形成径流从而减少雨水对障体的冲刷；而正方形 3m×3m 规格护坡障体间距大，加大了径流对障体的冲刷程度导致暴露面顶破强力大大降低。

6 种规格的 PLA 护坡纤维贴地面的顶破强力变化中，正方形 1m×1m 规格顶破强力下降最小，正方形 3m×3m 规格顶破强力下降最大，但整体下降幅度较为均匀。出现这种结果的原因除了降雨后形成径流对障体的冲刷外，主要受到坡面土壤水分含量较为均匀的影响。总之，矿区排土场环境下 PLA 纤维织物的顶破强力是随时间延长而逐渐下降的，降水是主要的影响因子，土壤水分含量也是一个重要因子。

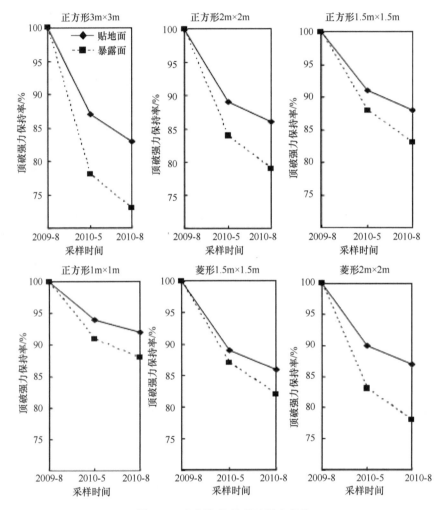

图 6.13　各规格护坡顶破强力变化

Fig. 6.13　The specification changes of slope bursting strength

3. 不同规格 PLA 护坡拉伸强力变化

护坡障体对降雨过程中从坡面上冲刷下的泥土具有拦截作用，其拦截正面和拦截背面受小环境影响有所差异，故对其进行详细研究，采用各规格拦截正面和拦截背面的单纱强力指标来说明。护坡铺设类型分 3m×3m 正方形护坡、2m×2m 正方形护坡、1.5m×1.5m 正方形护坡、1m×1m 正方形护坡、2m×2m 菱形护坡、1.5m×1.5m 菱形护坡，将各类型护坡障体分为拦截正面与拦截背面，通过现地取样进行综合分析，详细研究不同规格各护坡拦截正面与拦截背面拉伸强力的变化特点，结果如图 6.14 所示。

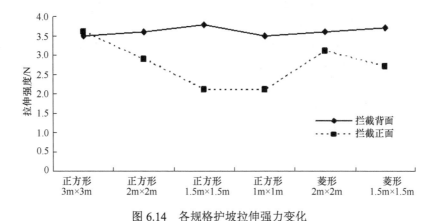

图 6.14　各规格护坡拉伸强力变化

Fig. 6.14　The specification changes of slope tensile strength

　　图 6.14 显示了 PLA 纤维作为护坡材料使用一年后，障体拦截正面与拦截背面在不同规格的铺设方式下的变化情况。由图 6.14 可知，无论是正方形护坡还是菱形护坡，拦截背面的单纱拉伸强力在一年后整体最高，强力降低幅度最小。对于不同规格的护坡，总体变化不大。而拦截正面的单纱拉伸强力在一年后整体下降，强力降低幅度较大，这主要由于试验区夏季午后对流雨居多，对护坡冲刷较重；同时冬季温度过低也会导致障体机械性能的下降。对于不同规格障体的拦截正面，1.5m×1.5m 正方形护坡和 1m×1m 正方形护坡的单纱强力下降较大，3m×3m 正方形护坡的单纱强力降低幅度最小，是由于 3m×3m 正方形护坡单元格之间间距较大，从而阻拦下冲刷沙土的量较大，出现堆积甚至覆盖在障体表面的情况，对障体起到一定的保护作用。

　　总之，护坡障体的拦截正面 1.5m×1.5m 正方形护坡和 1m×1m 正方形护坡机械性能损失最大，护坡在阻挡雨水冲刷的同时自身也受到了损害，且作用越强，损害越大。雨水冲刷是影响 PLA 护坡材料性能的最主要因子，温差变化的影响其次。从拦截背面的损失较小来推断，排土场土壤对 PLA 材料的降解作用较小，主要由于排土场土壤中微生物活动较少。但随着植被的恢复，土壤微生物会逐步增加，从而最终影响拦截背面的机械性能。

第六节　PLA 护坡成本分析及推广应用前景

一、PLA 护坡成本分析

护坡作为排土场水蚀防治的主体工程措施，具有较好的防护效果，起到控制水蚀的作用。通过本章前几节，可以看出 PLA 护坡具有较大的防护效益和生态效益。但 PLA 护坡作为一种新型护坡，其成本效益问题是关系到该护坡能否被推广应用的重要问题。各类护坡成本方面都存在各自的限制因素，如材料成本高、运输不便导致费用上升、使用时间及更新维护周期短等，这些因素导致各类护坡的成本效益差。因此，这里将就这点 PLA 护坡的铺设成本进行分析，与土方格护坡和水泥格护坡进行比较。

1. 护坡材料成本分析

土方格、水泥格和 PLA 3 种材料铺设 1m 护坡所需材料的实际情况见表 6.10，3 种的障高均为 15cm，需要注意的是 PLA 护坡材料装满障体后发生了变形，1m 长的原材料装沙后变为 1.5m，表 6.10 中价格为折算后实际价格。从表 6.10 可以看出，PLA 纤维材料成本最贵，是土方格成本的 13 倍，但随着 PLA 材料受重视程度的增加，其生产规模将会不断扩大，预计不久的将来 PLA 纤维材料价格也将会大幅降低，成本应该在可承受范围之内。

表 6.10　铺设 1m 护坡所需各种材料明细

Tab. 6.10　Details of different materials when making 1m slope

材料类型	成本/元	成本比例	质量/kg	质量比例	所占体积/m³	体积比例
土方格	0.5	1	0.525	21	0.00175	15
水泥格	3.76	7.52	1.474	59	0.00240	20
PLA	6.25	12.5	0.025	1	0.00012	1

从材料的质量及体积来看，PLA 纤维材料优势很大，预设置相同面积的护坡，所需水泥格材料的质量是 PLA 纤维材料的 59 倍，土方格材料则是其 21 倍。水泥格和土方格材料因为质量大，所占体积也较大。而 PLA 使用纸箱包装运输，箱子体积约为 0.1m³，内装材料长度为 600m，能够形成实际护坡的长度为 900m。据此可以得出，PLA 纤维材料在运输过程中将大大节约成本。

综合以上分析可以看出，PLA 材料成本与常规的土方格护坡和水泥格护坡相比较高，而在运输费用方面则大幅下降。

2. 护坡施工成本分析

施工是护坡设置的另一个重要方面，PLA 护坡与另两种护坡相比在施工上的关系见表 6.11，以设置 1hm² 1m×1m 规格护坡为例。

表 6.11　设置 1hm² 护坡时施工对比

Tab. 6.11　Compared construction for 1hm² slope

护坡类型	施工速度		备注
	一天内完成需用工/人	一人完成需用时/d	
土方格	236	236	材料需卡车运输，多人合作，增加成本
水泥格	345	345	材料需卡车运输混合、机械搅拌，多人合作，增加成本
PLA	160	160	PVC 管+剪刀+铁锹，两人一组完成

通过对比土方格护坡、水泥格护坡与 PLA 护坡的施工情况，发现 PLA 护坡在施工上具有施工简便、速度快且成本较低的特点。对比设置 1hm² 1m×1m 规格护坡时，PLA 护坡施工速度最快，最少可节省人力 76 人次，每人每天按 150 元计，可节省成本 11 400 元。更重要的是 PLA 护坡在施工时两人一组即可完成，而土方格及水泥格护坡则需要多人合作、运用机械完成。

3. PLA 护坡的使用与维护

护坡的使用寿命是关系到护坡防护效益的重要问题，经试验观察，土方格护坡的使用年限为半年到 1 年，在此期间土方格护坡需要维护甚至翻修，这大大增加了护坡的使用费用。而水泥格护坡的使用年限为 5 年，一般不需要维护、更新，但在使用后残留的水泥会对环境造成一定的影响。与此相比，PLA 护坡在使用 1 年并没有降解情况出现，根据其拉伸、顶破强力变化试验，可推断 PLA 护坡的使用寿命应为 3 年以上，甚至 5 年。从理论上讲，一旦护坡设置完成，一般不会有维护费用产生，同时其可降解性能避免了之后对残留物的处理。

二、PLA 护坡的推广应用前景

PLA 护坡与传统的土方格护坡、水泥格护坡相比，除在防治排土场水蚀危害等方面的效果很好以外，还具有以下优点：①生物可降解，无污染。PLA 纤维是生物可降解材料，降解后分解为二氧化碳和水，因此，使用 PLA 护坡不会对当地环境造成污染。②可操作性强。PLA 护坡在装填后可以根据需要随意摆放，因地制宜，因需设用。③施工操作简单、速度快。PLA 护坡施工技术简单，PVC 管+剪刀+铁锹即可，两人一组，施工速度快。④原料来源充足。PLA 纤维由玉米等再生资源制成，可以通过工厂进行批量生产，从而解除材料来源问题。⑤运输方便、费用低。PLA 护坡的制作是将沙土直接装入 PLA 纤维织物中，因此在运输过程中只有织物的运输，而 PLA 材料体积小，质量轻，从根本上降低了运输费用。且在矿区内不需机械搬运，工人随身即可携带。

上述的优点使 PLA 护坡具备了在排土场水蚀防治中作为小型工程措施推广应用的基本条件。但同时也存在一些不足之处：一方面是目前 PLA 纤维材料价格昂贵，导致 PLA 护坡成本较高；另一方面是 PLA 护坡在防治水蚀方面应用的技术尚不成熟，还需要大量的实践研究。

参 考 文 献

贺跃光. 2002. 露天矿山排土场的变形破坏及其监测. 中国锰业, 20(2): 11-14

马君志, 葛红, 马海健. 2006. 绿色环保纤维——聚乳酸纤维. 纤维与纺织技术, (4): 26-30

万振江, 张弦. 2002. 生物可降解 Lactron 纤维的针织产品开发和应用. 上海纺织科技, 30(3): 40-41

王治国, 白中科. 1994. 黄土区大型露天矿排土场岩土侵蚀及其控制技术的研究. 水土保持学报, (2): 10-17

姚军燕, 杨青芳, 周应学. 2006. 高性能聚乳酸纤维的研究进展. 化工进展, 25(3): 286-291

张强, 曾剑, 姚桐. 2012. 植被下垫面近地层大气动力状态与动力学粗糙度长度的相互作用及其参数化关系. 科学通报, 52(8): 647-655

周丹丹. 2009. 生物可降解聚乳酸(PLA)材料在防沙治沙中的应用研究. 呼和浩特: 内蒙古农业大学博士学位论文